COMPUTER DIY

電腦選購
組裝與維護
自己來！

序 PREFACE

電腦自己裝？對，真的不難。

若說難，那是因為不知道自己需要什麼。那時，一味買貴的，大幅超出效能需要，變成盤子也無法感受到貴的快感；一味買便宜的，效能不足，變成傻子還得接受每次用電腦時的無奈感。

那怎麼辦？誰不想當個精明人啊。

簡單，我們只需要先掌握電腦組裝架構面的基礎知識，這點真不難，因為我們是學來用，而不是來學設計電腦晶片或電路的。

接著，認識各元件在搭配與效能上的表現，就能按自己使用上的需求配置，自行配出電腦元件選購清單了。

買電腦元件？是，不想出門的就上網買，喜歡逛街砍價的就去商場買，喜歡比價的就多查、多問幾家。重點是，商家心裡要掌握，新一代不一定比上一代好，不要三言兩語就忘了自己的需求，追捧新一代產品。這些小小心理攻防戰，也是一定要揭露並了解一下的，遇到時知道怎麼防，沒遇到就是你真好運還遇到好人。

元件買回來，就可以開始裝了。不難，真的不難。書中選來教的算是最難的，難在要鎖螺絲，所以真的不難，因為廠商都儘量把組裝方式簡化了，甚至有些還不用鎖螺絲，直接用卡榫，還有防呆裝置，只要不要用大力出奇蹟的方式硬裝，那電腦 DIY 最簡單的部份就是組裝硬體了。

裝好硬體接著就是裝系統了。這部份可好玩了，你可以像一般人一樣老老實實的裝個系統開始用；也可以像玩家一樣在系統上裝個虛擬系統，在上面測試或使用些好玩又好強，但有人說那可能會造成系統崩潰的軟體，反正在虛擬系統下，系統崩潰了也不會影響實體系統，別怕；又或是像專家一樣，裝個在實體上跑的虛擬系統，這種方式能完全發揮電腦硬體效能，卻不怕系統崩潰，崩潰了就回到沒有崩潰前的穩定狀態繼續。我知道，你好像用不到，但沒問題的，當有天你或你朋友、主管、部屬需要時，你就知道用這種方法來避免讓自己的系統深陷危機與風險中；因為你是專家，有解決方案，只是不一定要用。

話說多了會出毛病，電腦用久了也很可能一樣。因此，保養系統的方法你要會，這能維持系統效能與穩定性；保護資料的方法你也要會，哪天資料不小心刪了或被覆蓋了，都還有機會救回來；備份系統的方法也要會，萬一真崩潰了，很快就能恢復了；維修系統與電腦的常見方法也要懂，雖然機率很低，但遇到時至少能不慌不忙的找到問題癥結點與方法，能自己解決的就動手處理，至於更深層的問題也只能靠錢解決了，但至少那些常見的基本問題是不用花錢的。

最後，祝各位，學得愉快，組裝愉快，用得愉快！

目錄

PART **3**　開始 DIY，讓電腦動起來

掌握與選購電腦硬體

- ◎ 螢幕
- ◎ 鍵盤與滑鼠
- ◎ 機殼與電源供應器

主機

螢幕

鍵盤

滑鼠

01 裝台舒適的電腦螢幕

目前市場上的 LCD 螢幕主要以 IPS/VA 面板來分類，因它們直接影響螢幕顯示品質與價格，應用上則可分為一般文書辦公型、電腦遊戲競技型與影像剪輯、繪圖型，技術細節考量的點則為反應時間、色彩深度與解析度，外型除了造型與輕薄厚重外還有正常框與窄邊框之分，最後則是標準平面或曲面螢幕，其他則有低藍光與抗閃爍等附加價值。本章將帶領大家認識 LCD 螢幕及如何根據需求採購 LCD 螢幕。

1-1 我需要哪一種螢幕？

同一台螢幕在我眼中滿是粗糙的顆粒，但在朋友、同事眼中卻一點感覺都沒有。為什麼？因為每個人的生理狀況不同，因此想要買一部令人舒適的螢幕，除了螢幕本身品質與功能外，也需要考量自身生理因素，找出適合自己的解析度、點距、亮度、對比度，進一步則根據用途，如一般文書看電影、電競玩家、有輸出需求之專業攝影師與藝術創作者以及需要看高畫質影片等等。

1-1-1 螢幕成像原理

市場上螢幕的成像原理是一致的，都是螢幕後方光源透過液晶螢幕顯示畫面。其中液晶螢幕以在兩塊特殊玻璃片中填滿液晶材料所組成，液晶分子具有流動的特性，因此在沒有電壓加壓的情況下，光線會沿著液晶分子的間隙前進，並且做出垂直 90 度的轉折；但如果加入電極控制後，光線就會前進至被濾光片阻擋為止，如此一來螢幕上就會顯示成像。

△ 市場上螢幕的成像原理是一致的

從前述成像原理可知，LCD 技術是根據電壓的大小來改變亮度的。目前網路上有許多高畫質影片以及大型 3D 遊戲等，亮度高的 LCD 螢幕於觀看時可以明顯感受到顯示效果上的優越。不過螢幕亮度過高容易引起視覺疲勞，視力也容易受損。因此一個亮度品質佳的 LCD 螢幕，應該是亮度均勻、柔和而不刺眼。

在彩色 LCD 螢幕中，液晶本身是無色的，必須使用濾色片來產生各種色彩。每個液晶的畫素分成三個子畫素，附加的濾光片分別標記紅、綠和藍三原色。子畫素可獨立對其進行控制，進而混合光線明暗產生各種不同的顏色。

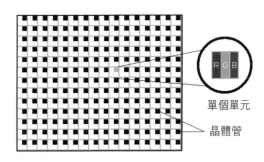

單個單元

晶體管

△ 液晶本身是無色的，必須使用濾色片來產生各種色彩

1-1-2 常見規格與你的關係

LCD 螢幕的規格主要有尺寸、解析度、可視角度、亮度、對比度、反應延遲和色域等。這些規格的參數決定了螢幕的價格和性能，使用者在購買 LCD 螢幕前，最好先瞭解這些參數所代表的意義。下面就為大家介紹螢幕的幾個主要的規格參數。

◎ 尺寸

LCD 螢幕的尺寸指的是液晶面板的對角線長度，以英吋為單位（1 英吋 =2.54 公分），目前電腦上使用的尺寸多在 17 ～ 40 吋之間，而較普遍常見尺寸大小有 22、24 英吋等等。

△ 液晶螢幕的尺寸等於面板對角線長度

◎ 影像傳輸介面

螢幕的顯像來自於顯示卡對資訊的轉換，輸出訊號經由傳輸介面送至螢幕，進而在螢幕上顯示畫面。輸入影像介面在傳輸過程中，扮演著連接埠的作用，在連接傳輸線後，便能透過輸入介面將主機中的影像資訊傳輸到螢幕上。

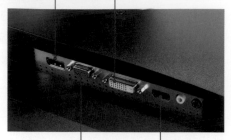

△ 常見的螢幕輸入介面

目前常見的輸入介面有以下四種：

- **D-sub**：為最傳統、最常見的影像傳輸介面，又稱 VGA 端子（其他的名稱包括 RGB 端子、D-sub 15 或 mini D15），是一種 3 排共 15 針的插槽。VGA 端子通常用來傳送類比訊號。

△ 螢幕上的 D-sub 連接埠介面

- **DVI**：DVI（Digital Visual Interface，數位視訊介面）是目前常見的一種視訊介面的標準規格，DVI 可以將未經壓縮的數位訊號直接傳送到螢幕上，色彩表現力較強、畫質佳，且介面還相容於 HDMI 標準。

△ DVI 介面

- **HDMI**：HDMI（High Definition Multimedia Interface，高清晰度多媒體介面）是一種可提供高清晰影像的視訊介面規格，相容支援 DVI，它可以傳送未壓縮的高品質影音訊號，同時支援播放藍光高畫質影像。

△ HDMI 介面

  HDMI 也支援傳輸原生八聲道數位元音效（取樣率 192KHz / 24 位元），以及任何壓縮串流音效，如著名的有損數據壓縮多媒體格式 Dolby Digital、數位影院系統 DTS 等等。

- **DisplayPort**：DisplayPort 的出現與 HDMI 一樣，都是為了取代 D-sub 與 DVI 界面而來，它們在功能上雖類似，但結構上卻完全不同。由 VESA 組織推動的 DisplayPort 介面具有免認證、免授權金的優點。

△ DisplayPort 介面

◎ 面板

目前螢幕面板主要有 IPS/VA 兩種，這裡簡要說明其差異，後面再進一步探討說明。

IPS 面板的色彩表現非常優質，不僅色彩鮮艷，甚至斜看都沒有色差問題，但缺點是反應速度屬中等且價格較貴，適合要求畫面精美或創作者使用。

VA 面板的色彩表現力屬中等，但對比度高，缺點則是反應速度偏慢，適合看影片、純娛樂者，因為在暗部細節上表現較佳。

以下分從幾方面提供面板選擇建議：

- 色彩鮮艷度：IPS > VA
- 反應時間：IPS > VA
- 對比度：VA > IPS
- 泛用性：IPS > VA
- 娛樂影片：VA ≥ IPS
- 遊戲性能：IPS > VA

◎ 螢幕類型

螢幕類型分為平面與曲面兩種，平面螢幕是我們最常見的，曲面螢幕則是近幾年越來越夯的產品，因螢幕彎曲能增加可視範圍，減少眼球轉動，進而帶來更長的沈浸感，許多錢包飽飽的遊戲玩家都開始投入曲面螢幕的懷抱。

◎ 解析度

LCD 螢幕的解析度（Optimum Resolution）是指螢幕的真實解析度（也稱為最佳解析度）。由於 LCD 螢幕是透過點陣方式組成圖像，因此螢幕的像素數目是固定的。以 22 吋的 LCD 螢幕為例，若螢幕上的水平軸有 1920 個點，垂直軸有 1080 個點，表示這台螢幕的最佳解析度為 1920×1080 像素。只有在此解析度下圖像才能達到最好的顯示效果。

在使用 LCD 螢幕時,建議設定解析度為該螢幕的真實解析度,以呈現出最好的畫質。

△ 建議的解析度就是最佳解析度

深入探討　**Full HD 解析度**

　　Full HD 又稱為 1080p,為一種螢幕顯示格式。字母 p 代表螢幕在輸出畫面時採用逐行掃描(Progressive Scan),這種方式能使圖像看起來更平滑,螢幕閃爍更小;而數字 1080 則表示垂直方向有 1080 條掃描線,通常 1080p 的畫面解析度為 1920×1080,即一般所說的高解析度。此外,並非具備 HDMI 輸出介面的螢幕,就一定是 Full HD 的輸出品質,畫面的最佳解析度還必須能支援 1920×1080 才算是真正的 1080p 輸出。

◎ 點距

像素點距就是像素與像素之間的距離,試想在同樣尺寸的螢幕上,像素點距越小,表示可塞進的像素越多,螢幕顯示的畫面也會越精細。一般建議,不論螢幕大小,像素點距都建議選擇 0.35mm 以下。

◎ 可視角度

可視角度（Viewing Angle）是指站在螢幕前某一位置時，仍可清晰看見螢幕圖像的角度，此時與螢幕正中間的一條垂直假想線所構成的最大角度，便稱作「可視角度」。

可視範圍

△ 液晶螢幕可視範圍示意圖

可視角度限制使用者在螢幕前自由活動的空間，一旦超出此範圍，就會出現所見色彩失真的情形，如果可視角度為左右各 80 度的 160 度全角度可視範圍時，表示在與假想線形成 80 度的位置均可清楚看見螢幕上的影像；但如果超出了 80 度，可能什麼都看不見或者只能看見模糊黯淡的圖案。

可視角度小曾經是 LCD 螢幕先天的劣勢，因此在挑選 LCD 螢幕時可視角度是相當重要的參考指標，目前有些廠商已開發出各種「廣視角」技術，嘗試改善液晶螢幕的視角特性，如：IPS（In Plane Switching）、MVA（Multidomain Vertical Alignment）、TN+FILM 等等；此外，採用 LED 背光技術的螢幕，其可視角度能夠增加到 160 度以上。

一般來說，液晶螢幕的水平視角若能在 100 度以上，垂直視角在 80 度以上已經能符合多數人的正常需求。如果使用者需要在大於以上角度觀看螢幕，則可挑選較大可視角度的螢幕。

◎ 亮度

LCD 螢幕的最大亮度值一般都在 250 〜 350cd/m^2（每平方公尺的燭光量）間，但使用上大多建議控制在 80~120cd/m^2 之間。使用 LCD 螢幕時應避免將亮度值設定過高，因為高亮度顯示畫面不僅會對螢幕造成較高的負荷，也可能對使用者

的眼睛產生傷害。因此建議長時間工作時的顯示器亮度調整在 40% ～ 60% 之間即可。

◎ 對比度

對比度（Contrast Ratio）是指螢幕上同一點最黑與最白的亮度單位比值。對比度越高除了色彩越鮮豔飽和之外，也更能凸顯出影像的層次感，反之色彩就越灰暗單調。長時間工作時，建議對比度調整至 60% ～ 80% 之間較為合適。

目前市面上螢幕的對比度可分為靜態與動態兩種，其中靜態對比度是在暗室中，將螢幕白色畫面下的亮度除以黑色畫面下的亮度得出的比值，目前市場上的 LCD 螢幕對比度有 500：1、800：1，也有達到 1000：1 以上的；動態對比度是指 LCD 螢幕在某些特定情況下（如逐一測試螢幕的每個區域）所得到的最大對比度值，該值通常是靜態對比度得數倍到數萬倍，由於不同廠商對動態對比度的測量方法的差別，故當大家看到動態對比度高達 2000 萬：1 時，也不必過於驚訝。建議在選購 LCD 螢幕時，以靜態對比度作為最終參考數值，畢竟靜態對比度擁有對比的絕對性，不會因為廠商不同而產生不同的結果。

◎ 反應延遲

反應延遲是指螢幕上各像素點對輸入訊號的反應速度，這項數值當然是越小越好，這表示螢幕反應速度越快，如果反應延遲的時間過長，在顯示動態影像時就容易出現殘影。

◎ G-Sync 與 FreeSync

G-Sync 與 FreeSync 是一種在高速變換畫面下，避免產生失真、撕裂與卡頓的技術，通常使用在電競遊戲上，讓整個過程更加順暢，不過此技術需要搭配顯示卡才行。G-SYNC 繼續須搭配 nVIDIA 顯示卡，FreeSync 技術則須搭配 AMD 顯示卡。

◎ 色域與色彩標準

色域指的是人眼可見的色彩範圍，然而顯示器的顯色能力畢竟有線，因此產生多種色彩標準，用於界定其特有的色域。常見的色彩標準有 sRGB、Adobe RGB、NTSC 與 DCI-P3。

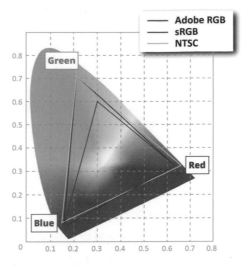

⊿ 色域差異示意圖。圖片取自 ViewSonic 網站

- **sRGB**：sRGB 色域範圍是 1996 年 HP 和微軟共同定義的，從示意圖中可發現色彩範圍比人肉眼可見範圍小的多，只有 35% 而已，因此螢幕規格中常會看到大於 100% 的 sRGB 色域，表示其色彩的豐富性。sRGB 的色域範圍相容於大部分的相機與印刷機，因此當螢幕色域超出印刷機太多時，就很可能造成印刷成品與螢幕所見結果的落差太大。

- **Adobe RGB**：1998 年 Adobe 自行定義了新的 Adobe RGB 色域，色彩範圍擴大了，呈現出的色彩自然更鮮艷豐富，雖然大部分的相機都支援，但印刷機能支援的仍然不多，因此若在 Adobe RGB 標準下檢視影像作品，卻在支援 100% RGB 的印刷機上印刷時，結果自然會有很大的落差了。由此可知螢幕的選擇應完全取決於最終應用目的，若是設計的作品都是印刷品，那就必須與印刷廠商先溝通好，否則很可能功虧一簣。

- **NTSC**：NTSC 是美國國家電視系統委員協會的縮寫（National Television System Committee），主用作為電影製片、放映、電視等等標準，其色域範圍與 Adobe RGB 非常雷同。一般常聽到某電視支援 72% NTSC，這差不多就是 100% sRGB，而 92% NTSC 則是常聽到的「廣色域」國際標準了，只要達到 92% NTSC 以上，都符合廣色域標準，也就能看到更豐富飽滿的色彩畫面了。

- **DCI-P3**：DCI-P3 的出現主要是為了電影建立的色彩標準，雖然色彩範圍比 Adobe RGB 小，但多了紅色與綠色部份，也就是藉此強化的色彩使其更符

合人類的視覺體驗。因此，當螢幕主要用是用來看電影時，選購越高範圍的 DCI-P3，自然就有更好的視覺饗宴囉。

大家或許知道螢幕中每個像素點的色彩都是由紅、綠、藍（R、G、B）三種基本色組成，然而大部分廠商生產的 LCD 螢幕，每個基本色可以顯示 6 位元的不同階層，即 2 的六次方 64 種色彩；換句話說，每個獨立的像素點可以有 64×64×64 = 262,144 種色彩。

目前也有不少廠商使用了所謂 FRC（Frame Rate Control）技術，以模擬的方式來表現全彩畫面，也就是每個基本色（R、G、B）能達到 8 位元（256 種色彩）的顯示，而每個獨立像素就有高達 256×256×256 = 16,777,216 種色彩。

1-1-3 主流的液晶螢幕

經過前面的介紹，大家或許對螢幕已經有了一定的瞭解，下面將帶大家認識主流液晶螢幕的差別，方便大家在選購螢幕時做為參考。

◎ 傳統 LCD 螢幕

傳統 LCD 螢幕採用位於螢幕側邊的冷陰極螢光燈作為背光光源，並透過反光膜（含有螢光物質，可反射光線）將光線反射到螢幕上。由於需要透過高電壓使螢光燈發光，因此比較耗電，會縮短燈管的壽命。由於技術成熟，LCD 螢幕的成本較為低廉。

◎ LED 螢幕

LED 螢幕可以說是輕薄化的再一次革新，它是採用 LED 發光二極體作為影像顯示的光線來源，因此可以向日光燈一樣在通電後主動發光，而不同材質的發光二極體可以發出不同顏色的輝光，如白、橙、紅、綠等，進而可形成更為鮮豔逼真的顯示效果。由於構造上不需燈管，因此比一般螢幕都要薄、輕、省電，亮度和色彩表現力上也更加豐富。無論是在畫面質感，還是外觀、重量等方面，都能讓大多數使用者滿意。

大家或許會問：既然 LED 的整體性能比傳統 LCD 更優越，為何市場上大部分銷售的 LED 與 LCD 價格差不多，甚至將 LED 歸於傳統 LCD 一類中？這其實是廠商的一種巧妙的行銷策略，其將發光二極體取代了傳統 LCD 中的螢光燈作為光源，由於都是透過液晶成像，兩種螢幕的成像原理是一樣的，因而並不需要對螢

幕的其他配件作出重大的變更，進而達到以較低的成本將傳統 LCD 升級為 LED 的目標。

下表分別歸納了 LCD 與 LED 的螢幕厚度、重量、耗電量、價格等各項優缺點，以加深大家對螢幕的認識。大家也可以根據這些結論去選購適合要求的螢幕，我們在本章後續內容還會進一步為大家介紹如何採購符合個人需要的螢幕。

	LCD 螢幕	LED 螢幕
厚度	薄，2～3cm	更薄，1～2cm
重量	輕，4～5kg	更輕，3～4kg
耗電量	高，50W～75W	低，功耗大概是 LCD 的三分之一左右
輻射量	輻射低	理論上為「零輻射」
顯示效果	畫面穩定不閃爍	色彩效果較鮮豔
使用壽命	2 萬到 5 萬小時	長達 10 萬小時
環保	含有微量汞物質（不夠環保）	無汞
購買價格	成本低廉	較為昂貴

1-1-4　解讀 IPS/VA/OLED/QLED 面板類型

液晶面板約占螢幕成本的 70%，因此不同面板類型的螢幕價格差異很大，並且效能也存在差異。目前市場上主要有 IPS/VA/OLED/QLED 等螢幕面板類型，以下將分別說明其優／缺點。

◎ IPS 面板

IPS 面板全稱為 In-Plane Switching，市場上採用 IPS 面板的廣視角螢幕還是比較多，價格從幾千元到數萬元不等。之所以會有如此大的價格差異，主要是因為高階 IPS 螢幕使用頂級的 S-IPS 面板，保留了 IPS 的所有優勢，色彩也非常準確；而低階 IPS 螢幕使用 e-IPS 面板，精簡了色域和控制電路等，但是保留了廣視角的特點，價格也很低廉，適合採購。

優點

IPS 面板可視角度大，反應速度較快，色彩還原準確。與其他類型的面板相比，IPS 面板的螢幕比較「硬」，用手輕劃不會出現水波一樣的變形。

▲ IPS 面板的螢幕比較「硬」

缺點

IPS 面板漏光嚴重，黑色純度不夠，因此需要更多的燈管或更好的背光光源，耗能也就會更高一些。

◎ VA 面板

VA 面板分為富士通的 MVA（Multi-domain Vertical Alignment）和三星的 PVA（Patterned Vertical Alignment）兩種，後者是前者的繼承和改良。市場上採用 VA 面板的產品不多。

▲ VA 面板對比表現方面較好

優點

VA 面板可視角度大，黑色表現也更為純淨，對比度較高，色彩還原準確。

缺點

耗能較高，反應時間較慢，面板的均勻性較差。

◎ OLED 螢幕

OLED 是大家一直期望的下一代螢幕（Organic Light3Emitting Diode，有機發光螢幕），其顯示技術與液晶顯示方式不同，並不是使用燈管或發光二極體作為光源，而是採用了非常薄的有機材料圖層與玻璃基板，當有電流通過時，這些材料就會自動發光。使用了 OLED 技術的螢幕將更薄、更輕、更省電。以下是 OLED 螢幕的特點：

- 色彩生動且精準：自帶發光的特性使其在色彩呈現上更加生動，而顯色能力達到 100% DCI-P3 廣色域，超出一般 LCD 可顯色範圍 33% 以上，色彩呈現更精準。

- 深邃的黑色：全因黑色不發光的特性所致，但仍可由美國視訊電子標準協會公佈的 DisplayHDR True Black 標準來劃分等級，目前最高等級是 600，數值越高等級越高。

- 更多的細節：色彩豐富精準又黑得深邃，因此在如星空、煙火的等等色調黑暗的影像上，就能保留更多的層次細節了。

- 降低藍光傷害：因不需要額外背光光源，OLED 面板較一邊 LCD 面板亮度更低，相對就能降低藍光傷害了，但最好有認證標章，如德國萊因雙認證：抗閃爍及抗藍光。

△ 德國萊因雙認證標章

- 反應更快：OLED 反應快就不會有殘影問題發生，例如高速警匪追逐、光影特效強烈的電競遊戲等等，都能有順暢的視覺體驗。

OLED 沒有缺點嗎？當然有，它有烙印、閃頻、色衰以及壽命短等缺陷，同時它的價格也不平民，27 吋要價八萬，32 吋也要九萬九，而且電腦螢幕產品少，可選擇性低。

◎ QLED 量子點顯示器

量子點顯示器（Quantum dot display）原是由三星等幾家公司生產之特定類型的高畫質 QLED 螢幕，而「Q」這字表示量子點技術，因此，QLED 也被冠以行銷術語之名，然而 QLED 螢幕越來越多，且 27 吋 2K 畫素已降到 9,999 元，對喜歡追求新品者可多加觀望。

QLED 的特點在於能輕易達到 4K、8K 的超高畫質，並能呈現更豐富的色彩，在明亮的環境下仍能有很好的影像呈現效果，但可惜的是無法顯示深邃的黑色，且需要在較近的距離下正面面對螢幕觀看才有最佳效果，反之昂貴的 OLED 螢幕就沒有這方面的問題。

整體而言，VA 和 IPS 是互有勝負，相同價格下 IPS 面板的產品反應時間和可視角度更好，而 VA 面板的產品則在對比度和均勻性上略勝一籌，因此，要如何選擇主要還是看個人需求。

1-2　玩家解惑選購迷思

1-2-1　2k/4k/8K 螢幕？

電腦中的 1K 是指 1024 這個數目，螢幕的 2K、4K 或 8K 是指橫向的解析度達到或接近 2×1024 或 4×1024。實際上標準不太統一，2K 的螢幕通常使用 2560×1440 的解析度，尺寸通常在 27 吋或更大一些。目前常見解析度分為：

- **Full HD**：1920×1080
- **2K**：2560×1440
- **4K（UHD）**：3840×2160 / 4096×2160
- **5K（WUHD）**：5120×1440 / 5120×2160 / 5120×2160
- **8K**：7680×4320

△ 2K 的螢幕通常使用 2560×1440 的解析度

4K 的標準就多一些，3440×1440、3840×2160、4096×2160 解析度的產品都歸為 4K 螢幕了。對於畫面品質來說，解析度越高自然就越清晰，但是這也需要影片或圖片本身有足夠高的解析度。現在高品質的影片還是很少的，所以 4K 的意義主要是可以顯示更多的內容。預算充裕的電競玩家，通常會選用 2K/4K 螢幕，但需要配上夠力的顯示卡方能完美契合。

△ 4K 螢幕顯示的內容更多

1-2-2　如何判斷我需要什麼樣的螢幕？

購買螢幕終究還是為了使用，因此根據需求理智消費更為重要。接下來將根據不同情況提供消費建議，希望能夠對你的選購有所幫助。

◎ 上網與文書處理

雖說 22 吋螢幕在尺寸、解析度和顯示效果上都很一般，但有價格低廉的好處。如果使用者購買螢幕的用途只是為了上網、聽音樂或進行文書處理，22~24 吋的

LCD 螢幕就已經綽綽有餘,實在沒有必要花費更高的價錢去購買一台過大尺寸的大螢幕。

▲ 上網與文書處理適合使用的 24 吋螢幕

◎ 影像設計

由於 LED 螢幕在色彩顯示上有出色的表現,符合影像工作者處理高品質圖片、動畫的要求,因此建議影像工作者將 LED 螢幕作為第一選擇。另外,在螢幕的亮度設定上,使用者也應該注意調整,否則長時間注視亮度過高的螢幕很容易讓眼睛疲勞。在色彩顯示較佳的前提下,再選用較大尺寸的寬螢幕:如 27 或 32 吋寬螢幕規格的 4K 曲面螢幕更是影像設計者的絕佳選擇。預算寬裕的情況下選擇 IPS 或 VA 面板的產品,在色彩上會更讓人滿意。

▲ 適合影像設計的大尺寸 4K 螢幕

◎ 遊戲玩家

如果遊戲玩家喜歡 3D 射擊、格鬥等需要快速變換畫面的遊戲，就應該盡量選擇延遲時間較小的液晶螢幕，另一方面，遊戲玩家會考量所玩遊戲的特點，有些不適合選擇太大螢幕的，專業選手通常會使用 19~22 吋螢幕，以免螢幕太大容易忽略畫面內容，而需要看到更多場景細節的，則會選用 24 吋以上的螢幕，解析度上有時則會要求達到 2k/4K 的精細度，刷新度若在 144HZ 以上就更完美了，還有就是色彩考量與能增加沈浸感的曲面螢幕了。

△ 適合遊戲玩家的小尺寸與大尺寸曲面寬螢幕

◎ 看電影

在高解析電影逐漸興盛的今日，欣賞一部高畫質影片不僅對於螢幕的亮度、解析度、對比度有很高的要求，其他像是螢幕的反應延遲和色域等規格也不能馬虎。因此，喜歡觀看高解析電影的使用者就需要挑選性能參數較佳，特別是亮度、解析度和對比度這些性能都比較好的螢幕，建議欣賞一般電影的使用者選擇最大亮度為 250 cd/m^2 左右，對比度在 800：1 以上，最佳解析度在 1920×1080 的螢幕即可，但若是常用來欣賞超高畫質的影片時，2K/4K/8K 螢幕就視個人需要提高採購預算了。

△ 適合欣賞影片解析度 1920×1080 的螢幕

◎ 其他用途

除了上面常見的用途外，還有些較特殊的用途，這些用途需要使用一些較特殊的螢幕，如 3D 眼鏡、工業用螢幕、提款機螢幕等等。不同的用途需要使用的螢幕也不一樣，因此，只有在瞭解螢幕的具體用途之後，才能選擇最合適的螢幕。

▲ MADGaze GLOW P 4K OLED MR 智慧眼鏡

經過前面的介紹，大家已經大致瞭解到如何根據個人需求選購合適的螢幕，為了讓大家更清楚地確認個人需求，下表列出一些選購螢幕時的建議：

購買需求	建議選購的螢幕類型	優點
上網與文書處理	20 ～ 24 吋的一般螢幕。	價格低廉，可滿足一般的文書處理需求。
影像設計	27 吋以上的 LED 螢幕，注意色域覆蓋面積是否符合設計或印刷需求。	色彩豐富精準的大螢幕，100%sRGB 或 90% Adobe RGB 以上。
玩遊戲	延遲時間為 2~5ms 的螢幕，曲面螢幕增加沈浸感，刷新率避免殘影。	色彩豐富明麗，玩遊戲時可保證畫面的流暢性。
欣賞電影	亮度為 250 cd/m² 左右，對比度在 800：1 以上，長寬比為 16：9 或 16：10，一般解析度為 1920×1080 大螢幕，但超高畫質影片則須配對考量。	可以顯示清晰明亮的畫面，避免長時間對著螢幕而造成眼睛的疲勞，為使用者帶來舒適的視覺享受。
其他特殊需求	根據具體的用途選擇對應的螢幕。	

1-2-3 按壓無紋的硬板技術耐刮嗎？

前面介紹螢幕面板的時候，提到有些面板比較硬，按壓不會凹陷。因此有許多人會以為這種硬板會比較耐刮，其實硬板只是不太怕輕微的擠壓而已。由於螢幕表面都有塗層，所以無論螢幕硬還是軟，其實都不耐刮。

△ 硬板螢幕也不耐刮

1-2-4　反應時間對選購重要嗎？

目前主流 LCD 螢幕的反應時間為 1 ～ 5ms；以 5ms 為例，表示 LCD 螢幕一秒鐘內可以切換的畫面數值為 1000/5=200 張影格，其實這已超出了一般人肉眼所能感知的極限，一般人的反應時間極限為 10ms 左右。因此，若非電競玩家與電影愛好者，選購時不需迷信於高速的反應時間。

> **深入探討**　選購螢幕觀察延遲技巧
>
> 　　在選購 LCD 螢幕時，不妨觀察當執行一些動作類型的遊戲，或播放電影時的效果，檢查螢幕的反應速度是否能達到要求，如果出現殘影，就代表螢幕的反應時間過慢，勢必影響遊戲進行與電影欣賞時的流暢性。

1-2-5　為什麼有的螢幕是彎曲的？

如今許多螢幕採用了曲面設計，這是因為人的眼睛本身是凸面的，到螢幕的各處會有一點距離差異，如果採用了凹面的螢幕可以消除這種差異，會讓人看起來更舒服，也增加了沈浸感。所以有這種設計的螢幕會更好一些，若不考慮價格因素，可以儘量選擇這種螢幕。

△ 有弧度的螢幕

螢幕曲度一般是以 XXXX 四位數字加上「R」來表示，數字越小表示彎曲程度越大，一般常見的有 3800R / 2000R / 1900R / 1800R / 1500R / 1000R。

1-2-6　什麼是壞點？能換貨嗎？

由於螢幕的液晶面板是由數十萬個以上的像素點組成，再精密的製造過程也不能保證每一個液晶點的合格率為 100%。如果液晶螢幕上有一點只能夠顯示一種顏色（例如：白、黑、紅、黃、藍等等），就是所謂的「壞點」。出現壞點的話，除了送修之外，並無其他修復途徑，因此，在購買時一定要張大眼睛仔細檢查。

快速檢查壞點的方法很簡單，將桌面背景分別更換為白、黑、紅、黃、藍五種純色，如果螢幕出現壞點，用肉眼就能很容易地辨認出來。

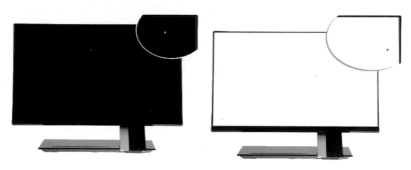

△ 使用單色背景仔細觀察是否存在壞點

如果依照螢幕廠商公定的標準，新購的液晶螢幕有 3 個以內的「壞點」是允許的良品範圍，通常不予退換；但如果超過此數，可直接向商家要求退換。有部分廠商也會打出「無壞點保證」口號，這類 LCD 面板由於保固周全，價位也會相對較高。

1-2-7 螢幕附加的周邊設備需要嗎？

螢幕的附加產品主要是支架和防護薄膜，支架的價格比較高，一般的用戶是不需要購買的，除非特殊需要。例如使用者特別高，購買支架抬高螢幕可以降低疲勞，從這個角度來說值得入手一個。

便宜的防護薄膜多半沒有作用，僅是有點防塵效果，上千塊薄膜還是有防護效果的，但是螢幕本身也有防護塗層，所以通常不需要購買。

△ 附加設備：BENQ 的螢幕用掛燈

1-2-8 選購叮嚀

選購時常會見到廠商促銷手法、規格專有名詞賣弄等情形，這些並非不好，重點是要把握住自己選購的目標，例如什麼規格就能滿足需要，可以接受的價位與廠牌等，免得多掏錢買了享受不到的規格，或是不信任的廠牌。

另外，就是收到網購的商品時，開箱過程與商品細節務必全程高清錄影。若是退貨，也須全程錄影商品主配件逐項打包、封箱的過程，保護好自己，避免後續爭議。

每當打開螢幕時，使用者就像是面對著一扇與能全球資源互動的窗戶，從中探得虛擬世界的全貌。經過本章的介紹之後，相信你可以獨自選購一款最適合自己的螢幕了，重點還是在於親身體驗，畢竟人的眼睛會有差異，所以螢幕的效果是因人而異的。

02 順手的鍵盤與滑鼠

鍵盤和滑鼠是平常使用最多的電腦輸入裝置。無論是初學或進階的使用者，除了新興的觸控式螢幕之外，所有操作都離不開這兩者。雖說有些中繼站類型的伺服器主機可以在無鍵盤、滑鼠的情況下繼續運作，但一般而言，大家如果要操控主機上的系統與程式，絕對少不了它們。

市面上的鍵盤和滑鼠類型種類繁多。其中，鍵盤可根據功能、結構等分為一般鍵盤、多媒體鍵盤、機械鍵盤等數種；而滑鼠可以透過按鈕數量、傳輸介面，甚至可程式化按鍵等等進行分類。由於功能不同，在價格上也會有相對的差距。以下就來認識目前市面上主流的各式鍵盤與滑鼠。

2-1　鍵盤

鍵盤是操作時輸入指令的裝置。透過鍵盤按鍵和特定的功能鍵，能快速啟動電腦上的相關功能。

鍵盤從結構上可以分為機械式、塑膠薄膜式、導電橡膠式和電容式等類別，從用途上可分為競技、多媒體等類別，從傳輸介面則可分為 USB 和 PS/2 兩類。這些分類方式中對鍵盤選購影響最大的是結構分類，不同結構的鍵盤價格差異非常之大，所以接下來就以鍵盤結構的分類方式為你介紹鍵盤。

△ 鍵盤

鍵盤上常見的指示燈為 Num Lock（數字鍵盤鎖定）、Caps Lock（大寫鎖定）和 Scroll Lock（捲動鎖定），但因應鍵盤用途與布局的不同，這些燈號有時會被拿掉，有時會有不同，如 Fn Lock（功能鍵鎖定）、電量警示燈等等。

鍵盤指示燈

三個指示燈的用途

Num Lock 用於鎖定或開啟小數字鍵盤，燈亮表示開啟狀態，燈滅表示鎖定狀態；Caps Lock 主要顯示打字時的大小寫輸入狀態，燈亮時輸入為大寫，燈滅則為小寫；而 Scroll Lock 使用於 Excel 等軟體，可改變視窗捲軸的捲動方式。

一般鍵盤底部的兩側會附有腳架，豎立支架有助於調整雙手擺放的角度，在敲打鍵盤時能更加輕鬆，減少手腕施力不當的情形。使用者應根據個人的使用習慣與環境，選擇是否豎立鍵盤腳架。

▶ Razer Pro Type Ultra 機械式鍵盤之腳架

2-1-1　鍵盤的按鍵結構

若按結構區分，有機械式、塑膠薄膜式、導電橡膠式和電容式鍵盤等四種。

◎ 機械式鍵盤

最大的優點是耐用、易打，如果你是編輯或文字工作者，經常需要輸入大量文字的工作，最好能夠選擇一款敲擊質感優越的機械式鍵盤，這對你的作業效率將有明顯的助益；當然，如此高品質、高享受的鍵盤也有著不俗的價位，機械式鍵盤的價格差異比較大，入門產品一般千元有找，高階產品要價數千元也不稀奇。如果平時只是上上網、玩玩 Facebook、聊聊 Skype 等，就不需特別購買此種鍵盤了。

機械式鍵盤採用機械軸做開關的動作，所以在使用壽命上遠比使用塑膠片要長，如一般薄膜式鍵盤鍵入次數可達 2,000 萬次，但機械式鍵盤因使用材質的不同，「一個按鍵」就可使用 5,000 萬次以上，因此壽命可說是薄膜式鍵盤的數倍。

▶ Razer Pro Type Ultra 機械式鍵盤之按鍵架構

◎ 塑膠薄膜式鍵盤

塑膠薄膜式鍵盤具有成本低廉、低噪音等特點，而且鍵盤可以做到超薄，鍵帽透明等特殊設計，為目前廠商的生產主力，價格一般在 300 ～ 700 元。這種鍵盤在使用半年或更長一段時間後，觸感就會下降，當然以其低廉的價格而言，經常更換並非什麼大問題。況且就其清潔起來很麻煩這一點，使用便宜的薄膜式鍵盤時，以換掉鍵盤代替清潔的方式，也不失為一種解決方法。

塑膠薄膜式鍵盤內有三層薄膜，最上方為正極電路，最下方為負極電路，而中間為不導電的塑膠片，當按下按鍵時，上方與下方薄膜就會接觸通電，即可進行訊號的傳遞。

▶ 薄膜式鍵盤內部的塑膠膜

◎ 導電橡膠式鍵盤

因採用接觸橡膠觸電方式導電，所以按下後不會影響其他按鍵，按鍵音量小，且按壓舒適，但橡膠的使用壽命較短。

導電橡膠式鍵盤內有一層凸起的導電橡膠，每個凸起部分都對應一個按鍵。當按下按鍵時，凸起部分將與下方觸點連接，即可送出訊號編碼。

導電橡膠觸點

▶ 導電橡膠式鍵盤內部結構

◎ 電容式鍵盤

由於電容式鍵盤採用的是無觸點接觸開關，所以鍵盤磨損率極小，也不會出現觸點接觸不良的情況，同時這款鍵盤具有噪音小、反應靈敏等優點，但是由於研發與生產成本較高，通常價位都在 2,000 ～ 3,500 元之間。

電容式鍵盤是透過電容的變化從而產生訊號的。當按下按鍵時，利用觸點之間的兩個串聯電容產生脈衝訊號，而兩個觸點之間並不會直接接觸。

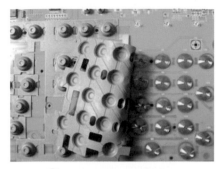

▶ 電容式鍵盤的內部結構

深入探討　N-Key-RollOver 鍵盤

　　N-Key-RollOver 鍵盤是廠商為了解決多按鍵衝突而做的特殊設計，讓鍵盤支援多鍵同時輸出。這種鍵盤特別適合遊戲玩家，可以同時按住方向鍵和攻擊鍵而不發生衝突，當然，這種規格的鍵盤也較貴一些。

2-1-2　鍵盤的外型

依照外型特徵，鍵盤還可分為標準鍵盤與人體工學鍵盤兩種。

◎ 標準鍵盤

為長方形構造，按鍵依照固定的順序排列，也是一般最常見的類型。

△ 長方形為主

◎ 人體工學鍵盤

強調打字時的舒適度,將指法規則的左手鍵區和右手鍵區這兩大區域分開形成一
定角度,使操作者不必夾緊雙臂,而能以較自然的姿勢使用。這種鍵盤對於習慣
盲打的人來說還可以有效減少「左右手打架」的誤擊情形。有些人體工學鍵盤會
貼心的加大常用按鍵,例如空白鍵和 Enter 鍵的面積,並且在鍵盤的下部增加護
手托板,以減少手腕長期懸空的疲勞。

2-1-3 功能性鍵盤

依附加功能進行分類,鍵盤還可分為一般鍵盤和多媒體鍵盤兩種。

一般鍵盤主要是輸入內容通常不會具備控制功能,這也是我們的最常見鍵盤類
型。

多媒體鍵盤主要是提供影音與遊戲玩家使用上的便利,在安裝鍵盤所附的驅動程
式後,即可使用鍵盤上的快速鍵進行 CD 播放、音量調整、開關電腦、休眠啟動、
上網瀏覽等操作。由於附加功能目前沒有統一的標準,所以不同品牌所提供的快
速鍵數量和功能也不盡相同。

影音播放控制按鈕區

△ 多媒體鍵盤

2-2　滑鼠

滑鼠是一種擁有一個或多個按鈕的定位設備。移動滑鼠時，會記錄滑鼠實際的移動距離、路徑及方向，把相對的移動訊息傳送到電腦，經由運算後將移動訊息轉成精準的數位座標，在螢幕上呈現指標移動的過程。

2-2-1　滑鼠的感應器

如今的滑鼠是光電感應器的，早期的機械滑鼠早已淘汰，根據感應器的不同，大致可將滑鼠分為光學滑鼠和雷射滑鼠。

◎ 光學滑鼠

目前市場上主流的滑鼠裝置，改善了過去機械式滑鼠容易積塵、故障的缺點，此外也擁有較好的辨識率，但環境中的灰塵、強光、滑鼠墊材質等都會對辨識情況造成影響。光學滑鼠利用發光二極體（LED）和感光元件測量滑鼠的移動情況，當滑鼠移動時，安裝在滑鼠底部的光學轉換裝置即可定位座標。

△ 羅技無線光學滑鼠 M525

◎ 雷射滑鼠

價格較高，擁有回應速度快、靈敏度高等特點，相較於光學滑鼠，雷射滑鼠改用雷射二極體（LD），定位更加精準，耗電量也較光學滑鼠來得少。

△ SteelSeries SENSEI 雷射滑鼠

2-2-2　DPI 值與滑鼠墊

滑鼠的 DPI 值是非常重要的一個參數，它是指滑鼠移動 1 英吋所經過的像素的數量，數值越高，滑鼠越靈敏。如果用於電腦製圖，DPI 越高也就越精確。實際上，除非是電競遊戲高手，一般使用者恐不容易控制 DPI 過高的滑鼠，不過藉由滑鼠墊的輔助，可以變得更易控制些。

關於滑鼠墊，不是沒有它就不能使用滑鼠，它只是可以讓你更好的使用滑鼠。便宜的滑鼠墊幾十塊錢能滿足多數人的需要，至於那些賣到幾百甚至上千塊的滑鼠墊，就比較特殊了。大致上可以分為兩類，一類是紋理比較大適合精準操作的，另一類是比較光滑適合快速操作，購買的時候要注意區分。

△ SteelSeries QcK 電競滑鼠墊

2-3　鍵盤與滑鼠的傳輸介面

鍵盤和滑鼠的介面大致相同，按接頭類型來說主要有 PS/2、USB 兩種。接下來會帶你認識這兩種介面。

鍵盤和滑鼠如果按傳輸媒介來分，可分為有線和無線兩種，有線沒有什麼需要注意的地方，無線則需要了解一下。

2-3-1　PS/2 傳輸介面

雖然 PS/2 已被 USB 接頭取代，但偶爾仍然能見到用不壞的 PS/2 鍵盤，在低階入門的主機板上仍有機會看到 PS/2 鍵盤與滑鼠傳輸介面。PS/2 連接埠與接頭由藍綠兩色標示，鍵盤為紫色，滑鼠為綠色，兩者對應到主機板上相同顏色的鍵盤連接埠。安裝 PS/2 裝置時，必須在關機狀態下進行，重新開機後才能讓主機與裝置連接。

使用 PS/2 介面的滑鼠已經很少了，主要是部分鍵盤還在使用這種介面，因此主機板上會有一個紫綠各半的連接埠用來連接 PS/2 裝置，這個連接埠是滑鼠和鍵盤通用的。

△ PS/2 接頭

2-3-2　USB 傳輸介面

USB 是目前市面上應用最多的鍵盤接頭類型，由於 USB 具有隨插即用的優點，因此也可以將 USB 鍵盤／滑鼠轉接到筆電上使用。

△ USB 接頭

USB 隨插即用（Plug & Play）技術

　　USB 介面裝置支援隨插即用功能（Plug & Play），而 PS/2 介面裝置則不支援此技術。因此 USB 接頭的鍵盤和滑鼠可以在開機狀態下直接插入使用，省去重新開機才能連接裝置的麻煩。

2-3-3　無線傳輸介面

當使用者的桌面空間受限時，可以使用移動性較佳的無線鍵盤，除了省去理線的問題外，還能方便地改變鍵盤位置，而不受線路與環境的限制。需要注意的是：無線鍵盤需要安裝電池才能使用，可別忘了喔！

無線鍵盤有 2.4GHz 和藍牙兩種，傳輸媒介對靈敏度沒有影響，具體選擇何種可根據你的電腦情況確定，例如筆記型電腦選擇藍牙鍵盤可以充分利用介面，避免佔用連接埠。

△ 無線鍵盤需安裝電池

2-4　觸控滑鼠與觸控板

近年觸控技術的應用越來越多，連滑鼠設備也一起趕上潮流。有的外觀與傳統滑鼠類似，有的則是走平板造型路線。共通之處是表面比較光滑，任意位置都可以完成點擊、拖曳、捲動等操作，初次使用時可能不太習慣，但是用一段時間後，可感覺瀏覽網頁與捲動頁面比一般滑鼠方便。如果點擊操作較多，可能還是傳統滑鼠手感更好一點。

△ 微軟觸控滑鼠與 Keymecher Mano 觸控板

2-5 玩家解惑選購迷思

經過上述介紹後，相信你對不同鍵盤和滑鼠的功能已有了大致了解。可是什麼樣的鍵盤和滑鼠才適合自己呢？本節將從用途上面分析鍵盤和滑鼠的選購要點。

2-5-1 什麼是機械鍵盤？

機械鍵盤的每一個按鍵都有一個單獨的 Switch（即開關），用於控制閉合，此開關也被稱之為「軸」。機械鍵盤出現的比較早，不過當時多配備在伺服器上，有一段時間被薄膜鍵盤替代，但是因為手感好，機械鍵盤並沒有完全消失。如今人們越來越追求使用電腦的舒適度，因此機械鍵盤又重新流行起來。

△ 紅軸機械鍵盤

2-5-2 機械鍵盤的軸與好壞有關嗎？

機械鍵盤因手感好、經久耐用而贏得消費者的青睞，目前市場上也有不少低價機械鍵盤推出，讓許多人也可以過一下使用機械鍵盤的癮。

機械鍵盤有青、紅、黑、茶、白五種機械軸，其中白色軸的機械鍵盤已經不再生產，所以能看到的產品只有四種色彩的分類。這幾種機械鍵盤，在手感上差異較大，因此選購時要詢問清楚。

機械鍵盤的機械軸

各色機械軸

△ 機械鍵盤

◎ 青軸

段落感最強，Click 聲音最大，它是機械鍵盤裡最具代表性的機械軸，需要下壓 2.4nm 才能觸發，反饋力度較小，打起字來節奏感十足。聲音大並不一定是缺點，有的人偏愛青軸鍵盤，就是因為它清脆的聲音。

◎ 紅軸

這是最新的一種機械軸，手感比較輕盈，敲擊時段落感不明顯，需要下壓 2.0nm 觸發，反饋力度最小。這種機械軸的產品會比其他產品略貴一些，但因它能較好的兼顧遊戲和打字的需求，所以算是目前較受歡迎的產品。

◎ 黑軸

段落感最不明顯，聲音最小，下壓 1.5nm 即可觸發，不過反饋力度最強。絕大多數遊戲競技選手選用這種機械鍵盤，是因為按鍵回彈迅速，反映更即時。

◎ 茶軸

介於青軸和黑軸之間的一種機械軸，段落感強於黑軸而弱於青軸，下壓 2.0nm 觸發，反饋力度較強。這種機械鍵盤的手感與薄膜式鍵盤接近，所以大多數人可以很快適應。

◎ 銀軸

手感與紅軸類似，直上直下的完全無段落感，觸發點更短，點擊間隔相對也更短了，故適合玩 FPS、OSU 類的遊戲。

◎ 光軸

光軸是一種觸發方式，即將傳統機械鍵盤採用由彈簧鐵片觸發的方式改為使用紅外線光柵觸發，因此解決了傳統軸承用久了可能會卡鍵、雙擊等問題，耐久度則號稱是傳統軸承的兩倍，觸感上則雷同於青軸與紅軸。

2-5-3　該如何選擇適合我的鍵盤？

選購鍵盤時，使用者應從鍵盤的實際用途出發，決定自己需要的鍵盤類型。

一款性能優越、使用舒適的鍵盤，不僅能減輕工作負擔，還可連帶加快輸入的速度。所以在選購鍵盤時，可從以下幾點進行考量。

■ 人體工學：選購時，除了比較鍵盤的外觀，最好能親自敲擊按鍵，感覺按鍵是否符合自己的使用習慣。如果你是一個初學者，在此建議購買符合人體工學設計的鍵盤，讓你及早預防錯誤的使用姿勢。

■ 靜音鍵盤：若工作環境為安靜的辦公室，在使用過程中不希望因敲擊鍵盤聲而影響他人，此時可以優先考慮靜音鍵盤。這種鍵盤的最大特點就是在使用過程中發出的音量極小，能很好地控制音量，避免噪音干擾。一般的靜音鍵盤都是採用電容式、塑膠薄膜式以及剪刀式三種架構。

■ 鍵盤的擺放空間：選購時，大多數人容易忽略綜合環境的因素，即鍵盤擺放的空間，若鍵盤放置的空間太窄，則可考慮選購尺寸較小的巧克力或筆電專用鍵盤。

■ 多媒體鍵盤：市面上的多功能鍵盤通常都會多出一排按鈕。這些按鈕都是生產廠商額外附加的功能鍵。透過這些功能鍵，可幫助初學者或經常開關多媒體的使用者快速開啟瀏覽器、播放器等常用程式。

◎ 文字工作者

若你是作家、編輯、文字輸入等打字頻率較高的工作者，鍵盤除了要有出色的手感和靈活的反應速度外，還必須加上人體工學的舒適性。人體工學鍵盤不僅能延長使用者的工作時間，而且能大大提升文字輸入的效率。因此建議選購一款舒適且耐用的人體工學鍵盤或者是青軸、紅軸機械鍵盤。

青軸機械鍵盤

微軟人體工學鍵盤

△ 文字工作者適用鍵盤

◎ 重度玩家

若你是一位遊戲狂熱愛好者，那麼一定要注意鍵盤的手感與反應速度。建議選購具有按鍵舒適、音量小或附帶其他功能等優點的競技專用鍵盤或黑軸機械鍵盤。

附有可編程按鍵及巨集記錄
快速件等的茶軸機械式鍵盤

△ 遊戲專用鍵盤

◎ 影音愛好者

對於追求高品質影音的使用者來說，一款多媒體鍵盤是必不可少的工具，利用鍵盤上附加的功能按鈕，可以輕鬆播放音訊與視訊等多媒體。

△ Logitech 羅技 G910 多媒體機械式電競鍵盤

2-5-4　該如何選擇適合我的滑鼠？

選購滑鼠與選購鍵盤的原則大致相同，使用者首要考慮的仍然是實際用途。

選購滑鼠時，除了考慮精美的外觀外，還應考慮良好的操控性能。

■ 人體工學：由於現代人使用電腦的時間極長，常會引起肌肉酸痛或滑鼠手等症狀，因此，選購一款符合人體工學的滑鼠顯得非常重要，使用人體工學滑鼠可以防止肌腱過於勞累而造成損傷。

■ 便利性：由於有線滑鼠傳輸線過長，難以整理，如果你是講求極簡風的裝飾佈置，則可選擇不受傳輸線拘束的無線滑鼠，解決空間不足及整理電線的麻煩。

◎ 一般使用者

若平時僅進行文書編輯、瀏覽網頁等，可使用價格低廉的一般光學滑鼠。

◎ 遊戲玩家

如果你是一位重度的遊戲玩家，則需要留意滑鼠的手感、定位精確與靈敏度等。建議使用者選購一款具備 5,000DPI 解析度以上的光學滑鼠或者雷射滑鼠。

△ 16,000 DPI 之 HyperX Pulsefire Surge 電競滑鼠

◎ 圖形工作者

對於美術設計、圖形工作者，除了可選購有精準定位的雷射滑鼠外，同樣必須考慮產品是否符合人體工學。選購符合人體工學設計的滑鼠，才能有效減輕使用上的疲勞感。

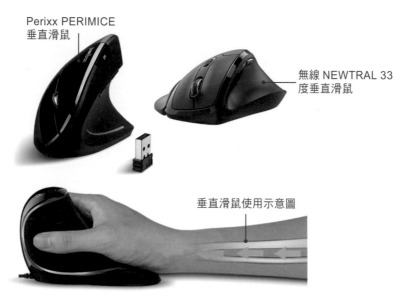

Perixx PERIMICE
垂直滑鼠

無線 NEWTRAL 33
度垂直滑鼠

垂直滑鼠使用示意圖

△ 人體工學滑鼠

◎ 筆電使用者

若你想為心愛的筆記型電腦選購滑鼠，一款小巧簡便的無線滑鼠就是最好的選擇。除了傳統滑鼠外，如果顧慮在外使用筆電可能會碰到空間較小或桌面不平坦的情況，可考慮使用完全不受空間影響的軌跡球滑鼠。

鍵盤和滑鼠是每日都會接觸到的電子用品，因此選購時可考慮更換一組較舒適的設備，改善自己的操作環境。使用者除了了解這兩項周邊配備的功能和特點外，還應努力充實產品的最新資訊，要是哪天突然故障時，也能盡快換用適合的產品。

△ Nulea 無線軌跡球滑鼠

Chapter

03 合適的機殼與夠力的 電源供應器

機殼（Case）是電腦元件的主要收納場所，藉由機殼內部的多層設計，可安置各種規格大小的元件，提供固定和保護的作用。而其他非置於機殼內的裝置，皆稱為周邊或外接式裝置。在內置元件中，電源供應器（Power Supply Unit，俗稱 Power）是主機板電力的主要供應來源。機殼與電源供應器在電腦中扮演著舉足輕重的角色，假使選購時考慮不周，很容易在之後的運行上發生元件損毀或無法擴充新硬體等問題。建議大家參考本章電源供應器和機殼的相關知識，再選購符合自身需求的機殼與電源供應器。

3-1 認識機殼與電源供應器

機殼是電腦元件中的主要配備之一，其重要性不亞於其他裝置。但許多人在組裝電腦時，經常忽略挑選機殼的環節。電源供應器經常與機殼搭配銷售，兩者關係比較緊密。

機殼

電源供應器

3-1-1 機殼的材質與規格

機殼的種類主要有 ATX、Micro-ATX、ITX 與 EATX 等多種架構類型，其分類標準主要是依據主機板架構，以下逐一介紹這些架構的種類。

◎ ATX 架構的機殼

ATX（Advanced Technology Extended）架構將 I/O 介面統一放置在同一端，改善了 CPU、記憶體及顯示卡等元件的安裝位置。另外，ATX 的散熱設計有效地解決了安裝硬體時阻擋散熱風扇的問題。且由於各種裝置的安裝與連接都很方便，因此 ATX 是目前 DIY 市場、家庭中最常見的機殼類型，而 E-ATX 就是比 ATX 更大的機殼，可裝下更多的周邊設備。

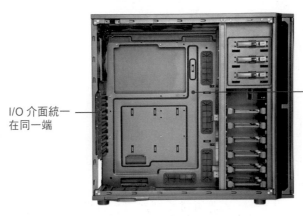

I/O 介面統一
在同一端

ATX 機殼內部空間較
大，能有效避免元件阻
擋散熱風扇的問題

▲ ATX 架構的機殼

◎ Micro-ATX

Micro-ATX 可以說是 ATX 架構的簡化版。它透過減少固定架來達到縮小機殼的目的，但也因此在擴充硬碟與光碟機的空間上較受限制。Micro-ATX 也被稱為 Mini-ATX，即一般人口中的「迷你機殼」，由於外型時尚簡約，因此 Micro-ATX 推出後受到許多人歡迎，成為個人市場中僅次於 ATX 的機殼類型。

◎ ITX 架構的機殼

ITX 也屬於小機殼的類型，其結構更為簡單，同時也加強了機殼的散熱設計、改善熱空氣的對流等，另外還兼具防噪音的功能。但是由於市場上能配套使用的電腦元件較少，因此目前家庭中較少使用 ITX 機殼。

▲ ITX 架構的機殼

近幾年流行的機殼架構，主要改動是電源供應器的位置由上方變為下方，另外可以在背面布線。電源供應器的位置變動，可以提供較好的散熱效果，背面布線看起來也很整潔，同時還有側邊透明與 RGB 燈光效果，資金允許的話，可考慮購置這種機殼。基本上，選購時常會出現外行看造型、內行看散熱的現象。

△ 側透加上 RGB 的潮流機殼

在選購機殼時請注意，各類型的機殼均需對應該類型的主機板，如 ATX 機殼一般安裝 30.5cm×24.4cm 大小的主機板，而 Micro-ATX 架構就得對應尺寸為 24.4cm×22.9cm 的 Micro-ATX 主機板，以免發生尺寸不合的問題。

◎ 機殼的材質

市場上常見機殼的材質一般有全鋁、鋼板、塑膠和塑鋼等類型。全金屬材質對輻射線的阻隔功能較佳，但造價較昂貴，如全鋁或鋼板機殼皆是。而塑膠與塑鋼材質的機殼輕便、易於搬運，造價成本較為低廉。

△ 全鋁機殼最好，但是價格昂貴

3-1-2　電源供應器的規格與認證

隨著硬體技術多樣化發展，周邊裝置越來越多，額外增加的耗電量也隨之攀升，唯有選擇一台合適的電源供應器，才能維持電腦的穩定運作。倘若電源供應器的品質低劣，輕則造成系統不穩、經常重開機，重則燒毀硬體等。本節將為大家介紹電源供應器的相關知識，讓各位在購機時不至於被店家灌迷湯，同時也可以檢視一下目前使用的電源裝置是否得當。

▲ 電源供應器外觀

◎ 輸出功率

一般來說，功率是每單位時間內（如一秒），電源所輸出的能量，其單位是瓦。這些電能供電腦及其周邊裝置使用，因此輸出功率的大小決定了你可以在主機殼內安裝多少裝置、可以再連接多少周邊裝置。

輸出功率的大小是衡量電源供應器功率的重要標準。不同的電源供應器有不同的功率差異，一般常見的有 350、450 及 700W 等規格。

電腦各種裝置運作時需要的功率各不相同，如六～十二核心 CPU 的功率需求約在 65W ～ 100W 左右。下表列出一組常見主機組合使用的約功率：

裝置	功率（W）
CPU（Inter i5-12600）	65W
固態硬碟（威剛 XPG SX8200Pro 512GB M.2 PCie）	3W
物理硬碟（WD 2TB 256M/7200 轉）	20W
記憶體（威剛 XPG GAMMIX D10 16GB（8GBx2））	4W
主機板（華碩 TUM GAMING B660M-E D4）	125W
顯示卡（華碩 TUF-GTX1650-O4GD6-P）	90W
風扇	3

裝置	功率（W）
USB 裝置擴充 *3	50
總功率	350~386

從表格中可以看出，CPU、主機板與顯示卡的消耗功率遠高於其他裝置，若超頻使用，電量也會更加驚人。如果大家不清楚各種元件的功率需求，可以進入網站：http://extreme.outervision.com/psucalculatorlite.jsp，選擇電腦配備的型號後，就可以得知該組合所需的功率。

在決定購買電源供應器之前，除了應該挑選略高於預估瓦數 1.5 倍以上的電源供應器外，還需要考慮該電源供應器的電能轉換效率，如通過 80PLUS 認證的電源供應器，其功能轉換效率皆可達 80% 以上。

深入探討

80PLUS 認證

80PLUS 認証為美國推行的能源效率認證。通過此認證的電源供應器可以保證在 20、50 或 100% 的運作負載下，仍然能發揮至少 80% 以上的效能。電源供應器發揮的效能越高，浪費的電量和熱量就越少，品質也就越有保障。擁有這項認證的產品除了能保證品質外，也能降低能源的消耗，為環保略盡心力。

△ 80PLUS 認證

3-2　玩家解惑選購迷思

當遇到系統不穩定或硬體損壞時，使用者往往不會先想到是電源供應器的問題；還有許多人在挑選機殼時只在乎外觀是否美觀，沒有考慮其內部結構安排是否得當，導致主機板散熱不良，或因規格不合、新買的硬碟無處可放等窘境。所以在組裝電腦時切記，電源供應器和機殼也是很重要的選購項目，選購一個好的電源供應器和機殼，能使電腦運作更加穩定，減少系統無故當機或硬體容易損壞等問題。下面就來分析該如何挑選適當的電源供應器與機殼。

3-2-1　機殼越厚越重越大越好？

大多數機殼都是使用鍍鋅鋼板，厚重說明用料扎實，遮蔽輻射的效果也更好一些。太薄的鋼板會容易共振，使用過程中噪音也大。所以選購機殼不要只看外觀，好的機殼內部設計合理，散熱也會好。如果連原料都節省，設計方面也未必能好到哪裡去。

3-2-2　我需要多少瓦數的電源供應器？

挑選電源供應器時，大家可以先利用前面提到的估算網頁進行評估，然後以 350W、450W 和 700W 區分所需的產品等級。

◎ **450W 以下等級**

對於電腦配備較為低階的使用者來說，使用 400W 左右的電源供應器就足夠了。低階 CPU 與顯示卡的消耗功率並不大，即使全速運作也不超過 300W；若使用者需

△ 電源供應器會在比較明顯的位置標示瓦數

要再增加其他裝置，就必須再將裝置的功率加入評估。目前市面上 450W 以下的電源供應器售價通常在 600~2,500 元之間。

◎ **600W 以下等級**

450W 左右的電源供應器適用於一般使用者，如配備中高階顯示卡及四核心CPU，並配上兩組硬碟與少量外接裝置，450W 電源供應器都可以提供足夠的輸出功率。市面上 450W 電源供應器售價一般為 1,000~3,500 元之間。

◎ **600W 以上等級**

600W 或更高等級的電源供應器適合高階使用者及伺服器使用。倘若大家使用的是更高階的 CPU，如 Core i5 以上，並使用高階專業顯示卡時，建議最好使用更高的 700W 等級以上的產品。對於大型伺服器來說，通常需要連接的附加元件較多，為了使各項裝置都能正常工作，確保伺服器運轉穩定，可選購一款功率較目前所需更高的電源供應器，將未來的擴充性也納入考量。

3-2-3 電源供應器的品牌和認證重要嗎？

從前面的介紹中，想必大家已經了解自己需要哪個等級的電源供應器，但是同一等級的電源供應器品牌何其多，應該如何從中選購呢？選購時主要可以從下面兩個方面進行考量：

◎ 電源供應器認證

許多電源供應器的產品包裝上都貼有認證標籤。排除一些「五四三」的非正規認證標章，選購時可以留意主打 80PLUS 的認證，以確保電源供應器的品質。

◎ 電源供應器品牌

購買電源供應器時，應以大廠牌為佳，如：七盟、海韻和蛇吞象等。大廠牌生產的電源供應器在安檢環節通常都較為嚴格，如有問題也能盡速送修、退換貨。

3-2-4 電源供應器的聲音大是毛病嗎？

電源供應器除了品質要求外，靜音也要考量，因為夜深人靜的時候噪音會非常明顯，所以若感覺聲音太大，應該儘快與商家更換。一款品質優異的電源供應器，噪音是必須得到控制的。

另外，市場上除了傳統的加裝了風扇的電源供應器以外，還有一類為追求絕對靜音而設計的電源供應器，如無風扇（Fanless）電源供應器。如果大家需要在圖書館、家庭劇院等等安靜環境下使用電腦作業，則適宜選購這類電源供應器。

傳統的電源供應器是依靠風扇散熱的，風扇轉動時會帶來一定的噪音，而無風扇電源供應器是沒有加裝風扇的，因此可以保證絕對靜音。

早期的無風扇電源供應器是透過大量的被動式散熱裝置，如體積龐大的散熱鰭片來散熱的，需要配備特殊的機殼，因此不利於 DIY 電腦。在保證散熱效果的前提下，為了有效減少散熱鰭片，市場上推出了一類藉由高電流轉換率而降低耗損熱量的無風扇電源供應器。這類產品的內部將原本是風扇的地方變為散熱鰭片，並將外殼設計為蜂巢狀以加強電源散熱的效果。

由於沒有加裝風扇而加快機殼內部的空氣流通，這類電源供應器在對整個主機的散熱方面尚未達到十分理想的效果，建議在購買此類產品組裝電腦時，搭配選購具有良好散熱效果的機殼。

經過本章的介紹之後，相信大家已經充分了解選購電源供應器和機殼的重要性，在選購時不要忽視這兩項元件的重要性，它們是電腦長期穩定運行的重要保障。

掌握與選購電腦內部元件

- 中央處理器 — CPU
- 主機板 — Motherboard
- 記憶體 — RAM
- 硬碟機 — Hard Disk
- 顯示卡 — Display Card / Graphic Card
- 無線網路裝置

記憶體

PCIe 界面固態硬碟

主機板

CPU

SATA
固態硬碟

顯示卡

04 中央處理器－CPU

C PU 是 Central Processing Unit（中央處理單元）的縮寫，為電腦運作的主要核心，如同人體中的大腦一般，負責所有資料的運算處理、資源控制、裝置分配等重要任務，因此常有人問，CPU 哪一顆比較好？答案是越貴越好，只是不見得適合你。所以，讓我們先從外觀、主流產品及其基本規格與技術認識起，進而挑一顆適合自己的 CPU，避免買到低價卻效能不足，或是效能超出太多而無感的昂貴 CPU。

4-1 認識 CPU

CPU 是作業系統的運算與控制核心。所有在電腦上的操作都必須經過 CPU 讀取、編譯並執行指令後，才能完成相關操作。一旦 CPU 出現問題，整台電腦的機能也必將停擺，系統、裝置等也無法運行，可見 CPU 在電腦中確實扮演著非常重要的角色。

◎ 認識 CPU 的外觀

CPU 的外觀是近似於圓角矩形的扁平物體，一面被鋼質的金屬硬殼包裹，另一面則連結許多金屬針腳。針腳是沿用舊習的說法，目前只有 AMD 的 CPU 會在 CPU 背面保留金屬針，而 Intel 則是以多個金屬觸點替代之，對於 Intel 產品來說，金屬針其實是在主機板上的。

Intel CPU
正面圖

Intel CPU
背面觸點式針腳圖

AMD CPU
正面圖

AMD CPU
背面針腳圖

△ CPU 外觀

◎ CPU 在主機內部的位置

打開機殼後，可以發現 CPU 上方通常都有幫助散熱的風扇覆蓋。在還沒安裝 CPU 的主機板上，一般可以看到一個四方形凹槽，亦即 CPU 預定的安裝位置。

△ CPU 在主機板的位置（ASUS-ROG STRIX Z690-E）

CPU 是科技業中關鍵的進步指標，它同時也左右了電腦周邊裝置的發展。而掌握 CPU 製造技術的兩大龍頭，Intel（英特爾）與 AMD（超微）兩者之間的競爭既加速了電腦技術的演進，同時也帶動了周邊硬體的蓬勃發展。

△ CPU 兩大廠商

深入
探討

Intel 的摩爾定律

　　1965 年由 Intel 共同創辦人戈登·摩爾（Gordon Moore）提出的摩爾定律（Moore's Law），其大意是：晶片上的電晶體數量每 18 個月就會增加一倍；而英特爾公司也依照此定律，在過去二十年間不斷推出整合度更高、速度更快的晶片產品。

但由於近些年來，處理器遭遇到頻率提升的瓶頸，迫使 AMD 和 Intel 在不增加晶片組的情況下，改為發展多核心與 64 位元處理器技術。

可能 Intel 一直佔據市場龍頭老大位置，其技術發展開始停滯，年年換代的 CPU 效能每次都只提升一點，被笑稱是在擠牙膏，因此當 2019 年 AMD 推出 Ryzen 2 系列猛超 Intel 並開始搶佔市場時，Intel 才猛然驚醒，若再不推出像樣的 CPU，恐怕龍頭位置就不保了。

Intel 又再撐過 10 代、11 代兩代擠牙膏時代後，終於在 2021 年 11 月推出了第 12 代 CPU，因其架構翻新、較上一代大大提升約 20% 的效能，終於有了一次擠爆牙膏的好評。

4-2　CPU 的規格與技術指標

隨著製程技術的快速發展、研發能力的增強，目前市面上的 CPU 產品已多如繁星，不了解其中技術及其功能的買家，往往難以在眾多 CPU 中挑選到適合自己的產品。下面就為你介紹 CPU 的規格參數及主流的技術指標。

4-2-1　CPU 的規格

隨著 CPU 技術的發展，規格也越來越多，如內 / 外頻、核心數量、針腳數量、製程技術等。不同的規格，性能也會有所差別，其主要的規格如下：

◎ 處理器核心數量
在 CPU 的多核心時代中，四核心、六核心、八核心已是目前市場上最常聽見的名詞。顧名思義，早期的單核心即表示該處理器擁有一個內核，四核心則說明其中有四個功能相同的內核，十二核、十六核同樣依此類推。

橙色部分都是相同的核心，
地位上是平等的

Adler Lake
處理器透視圖

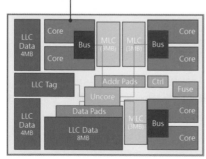

CPU 製造商為什麼要以增加處理核心數量來提高性能，而不是研發更高頻率的產品呢？這個問題與處理器的功耗有關。因為更高頻率的處理器會使得本身核心電壓增加，大幅增加了電源的消耗。耗能大的結果連帶也使溫度攀升，散熱問題無法得到很好的解決，因此各大廠商便決定朝多核心技術發展，自此進入了多核心時代。

其實多核心會增強處理器效能是比較容易理解的，例如一件事一個人做，那麼這個人的效能提升是有限的，分成幾個人做，處理速度就快一些也容易提高效能。

深入探討　是否需要多核心處理器

多核心技術在影音轉碼、遊戲、3D 繪圖等多工作業、高效能需求中，就會有明顯提升的感受。如果你的電腦僅是執行一般辦公軟體或偶而上上網、看看影片等，使用一款單核心的 CPU 即已足夠，當然單核心處理器已經基本上看不到了，如果不常進行多任務，雙核心或是四核心便足以滿足需求。

◎ 主頻、外頻、倍頻與前端匯流排頻率

主頻是指 CPU 內部執行運算、處理數據的工作運算頻率，以 MHz 為單位，也叫內頻，目前主流產品的基本內頻一般為 2,500~4,000MHz（2.5G~4G），然而在條件符合下，也會自動超頻到 4.2G~5.1G，此亦稱為動態超頻。Intel 的動態超頻技術稱為 Turbo Boost 渦輪加速，AMD 稱為 Turbo Core 渦輪核心。

內頻越高，CPU 在一個週期內完成的指令就越多，運算、處理速度也就越快，這同時也反應在辦公處理、影片剪輯、繪圖設計、遊戲、網路等等方面。但由於 CPU 的規格不同，其內部構造也不盡相同，所以內頻相同的 CPU 也不代表其性能都一樣。

外頻是指 CPU 與主機板之間同步運行的速度，單位元也是 MHz，目前主流產品外頻主要為 100。通常說的 CPU 超頻，其中一種方法就是藉由提高外頻來增加 CPU 的處理速度。

主頻與外頻存在一種比例關係，即通常所說的倍頻。一般來說主頻＝倍頻 × 外頻。透過這個公式可以看出，無論是修改倍頻還是外頻都可以達到提高主頻的目的，即超頻。

主頻、外頻與倍頻這些稱謂最早來自對岸，隨著文化交融，也基本上為大家所接受。其實最初我們將主頻稱之為時脈速度，外頻稱之為系統匯流排，倍頻則稱為倍頻系統，對應關係就是如此，各位了解即可。

◎ 針腳數量

CPU 會因產品類型及廠牌的不同，而有不同的針腳數目。如 Intel 的 LGA 1700、LGA 1200、LGA1155、LGA2066、LGA 1151 等等規格，其針腳數就分別為 1700、1200、1155、2066 與 1151 根。12 代的 Intel 的 CPU 使用 LGA 1700，11 代使用 LGA 1200，因此選定 CPU 後也必須對應的選對主機板，否則 CPU 與插槽對不上，是無法插入的。

Intel CPU

年代	CPU	主機板插槽	主機板晶片組	支援記憶體
2021/03~	第 11 代	LGA 1200	H510/B560/H570/Z590	DDR4
2021/11~	第 12 代	LGA 1700	H610/B660/H670/Z690	DDR4 DDR5

AMD 自 2017 年 Ryzen 系列 CPU 推出後即採用了 Socket AM4 界面，針腳數有 1331 根，AMD Ryzen 與 Athlon CPU 皆使用 Socket AM4 插槽。同樣在 2017 年推出的 AMD Ryzen Threadripper CPU 採用的是 4094 跟針腳的 Socket TR4 界面，而 2019 年推出的第三代 AMD Ryzen Threadripper CPU 則改為 Socket sTRX4 插槽。

AMD CPU

年代	Ryzen CPU	主機板插槽	主機板晶片組	支援記憶體
2019/07~	第 3 代	Socket AM4	X370/B450/X570	DDR4
2020/07~	第 4 代	Socket AM4	B450/8550/X570	DDR4
2020/11~	第 5 代	Socket AM4	B450/8550/X570	DDR4

早期 Intel 生產的 CPU 針腳皆為針形，例如：Socket 478 介面類型的 CPU 針腳有 478 根金屬細針。但自從支援 LGA 775 封裝的 Pentium 4 EE、Celeron D 等產品出現後，CPU 針腳就改為觸點狀了。

觸點狀針腳的 CPU

針形針腳的 CPU

△ CPU 的針腳

◎ 製程

製程即 CPU 的製造工藝，多以蝕刻晶片的光波波長來表示，單位為奈米（nm）。CPU 製程越小，晶體的製作也就越精密，除了在運作時消耗的電功率較低外，發熱量也會更少，運行更加穩定，更適於遊戲運行、科學計算、多媒體製作等複雜作業。目前 Intel 第 12 代處理器已採用 10 nm 製程，然而卻稱其為 Intel 7 製程，而 14 代 CPU 則命名為 Intel 4，事實上採用的是 7 nm 製程，因此大眾都認為是為了與競爭對手在製程上一別苗頭所作的命名策略。

世界首款採用 7nm 製程的
AMD 第三代 Ryzen CPU

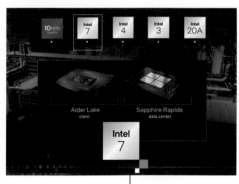

等同於 10nm 製程的 Intel 7

- 內建顯示卡：如果只是上上網、用用辦公軟體，那麼強烈建議選購含內建顯示卡的 CPU，因為實在不需要外加獨立顯卡。遊戲、繪圖、影像剪輯等應用都建議加裝獨立顯示卡，因此有無內顯都無關緊要，但若只是多個幾百塊錢，

會建議購買包含內顯的 CPU，原因是獨立顯卡出問題時，還能立即用內顯替代，另外就是內顯也可以外接兩台螢幕，這對於有多螢幕需求的使用者而言，是很好的選擇。

- 快取記憶體：CPU 快取記憶體越大越好，它比一般記憶體還快，速度接近 CPU 的速度，因此 CPU 直接從此處讀取資料，可比去一般記憶體存取資料來得快多了。應用上會將預判將用到的資料先讀入快取記憶體，如果命中就直接讀取，否則還是要到記憶體中存取資料。

- **TDP** 熱設計功耗：單位為瓦（W）。當 CPU 運算負荷達到最大時所釋放的熱量，因此越大越耗電，反之越省電。

- 代理與平行輸入：代理商正式進口的代理貨，出問題時可找代理商退換貨，而平行輸入就是所謂的水貨，出問題得自己找原廠退換貨，原廠是有保固的。由於代理貨多了一層保障，因此價格會貴一些，水貨當然會便宜一點。

4-2-2　提升 CPU 效能的技術

CPU 效能高低影響作業系統運算、處理數據及系統運作的速度快慢。Intel 與 AMD 的競爭，促使雙方不斷地研發新技術以提高 CPU 的效能。其中比較重要的效能技術有以下幾種：

◎ 超執行緒技術

超執行緒技術（英文全稱為 Hyper-Threading，簡稱 HT 技術）是 2002 年由 Intel 推出的一種技術，然而實際上這類的技術在學術上的名稱是同步多執行緒（SMT,Simultaneous Multirhreading）技術，其運作方式是讓一顆處理器可以同時處理兩組不同的工作，充分利用硬體資源，進而使處理器的效能得到大幅提升。

Intel 一直在使用的都是 SMT2 超執行緒，也就是一個核心虛擬出兩個核心，而 AMD 則從 Zen 系列 CPU 開始加入 SMT2 執行緒。

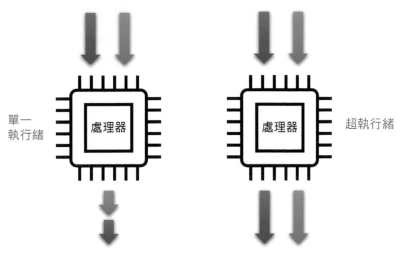

▲ i3 和 i7 使用了超執行緒技術

◎ 多核心處理技術

多核心是指將兩個或兩個以上的獨立處理器封裝在同一個積體電路中。使用這種技術製作的處理器即可藉由各核心分頭運作，以提升運算處理效能。

多核心處理技術不但解決了單核心功耗大、散熱不易的問題，且在節省製作成本的同時，進一步提高了 CPU 的效能。目前，市場上以四～八核心 CPU 為主流。

CPU 的效能與核心數有一定關係，但是並非核心數越多效能就越強，它還受架構、時脈等多方面的影響。

▲ 核心多並不一定效能取勝，價格與效能相關

◎ L1 / L2 / L3 快取

快取（Cache）是指快速裝置與慢速裝置間的記憶體緩衝區，如 CPU 在讀取資料時，會先從硬碟中將資料載入記憶體，然後再放入快取的緩衝區內，之後讀取時便可直接從快取中提用，可以節省不少等待時間。

原則上 L1 快取（Level 1 Cache，第一級快取）的速度與 CPU 相同。一般最近使用的資料都會存放於此快取中，以方便 CPU 快速讀取。因此 L1 快取的容量大小對 CPU 的性能影響也較大。目前常見的 L1 快取有 128KB 或 256KB。

L2 快取最初是獨立於主機板上，後來才與 CPU 核心結合。L2 快取的速度較 L1 慢，成本低，因此容量也比較大。

L3 快取速度比 L1/L2 都慢，另外 L1 和 L2 是 CPU 必備的，但是 L3 就不是每一款都有了。L3 快取的容量比 L2 更大，可達到 8M 以上。

◎ 多媒體指令集

CPU 對數據資料的處理及系統控制，都必須依靠指令來完成。因此指令集是增加 CPU 工作性能的重要參數之一。指令集可分為精簡和擴展兩種：精簡指令集的指令種類較少，但可加強處理器同時執行多項指令的能力，大幅提高了 CPU 的性能；擴展指令集則主要用於提升多媒體、遊戲或網路等效能。

> **深入探討　常見的 CPU 指令集**
>
> 　　常見的擴展指令集有 Intel 的 AVX 指令集與 AMD 開發的 FMA4 指令集，在多媒體指令集方面，兩家公司的競爭關係依然，但是彼此之間也在融合，FMA4 可以看做是 AVX 的子集，但是又有 AMD 自己的特色。

◎ 省電技術

CPU 的省電技術也是許多電腦玩家所考量的要點，畢竟長年累月下來，省下來的電費開銷也是一筆不小的數目。目前 Intel 與 AMD 都各有自己的省電技術，其原理都是由降低 CPU 頻率來減少功耗。Intel 全新的省電技術為 EIST（Enhanced Intel SpeedStep Technology），是由 SpeedStep 技術發展而來；而 AMD Ryzen 的省電技術則用 Pure Power 取代了 Cool&'Quiet! 技術。

◎ 動態超頻

動態超頻最早是由 Intel 提出的一種提升 CPU 效能的技術。其原理是在部份核心沒有使用的情況下，提高使用中核心的能量供給，讓它達到更高的頻率，進而提升少量任務的執行效能。目前 AMD 和 Intel 都有支援動態超頻技術的 CPU，兩者在細節上有些差異，但是目的基本上是一樣的。AMD 採用的是 Precision Boost 技術，而 Intel 則稱之為 Turbo Boost。

動態超頻不會長時間增加耗能，也不會影響 CPU 壽命和穩定性，是最為安全的加速技術。不過並不是全部產品都支援這種技術，廠商通常只在中高階產品中應用動態超頻。

△ 官方的技術說明圖示

4-3 CPU 型號隱藏的意義

CPU 的型號包含了許多訊息，雖然 Intel 和 AMD 在這方面並不統一，但是型號依然是最重要參考依據，接下來就分別介紹一下兩家的命名規則，以及型號中透漏出的訊息。

4-3-1 Intel CPU

十二代的 Intel 這次在效能上被業界稱為把牙膏擠爆了，真是消費者的福音。目前市面上有三個系列產品：Celeron、Pentium、Core i3/i5/i7/i9，分別對應入門、低階、主流三個等級。

一般來說 Core 系列 CPU 中的型號編碼可看出第幾代的 CPU、性能以及有沒有內顯和能不能超頻，例如 Intel Core i5 12600K：

Core i5-12600K
系列　世代　性能　尾碼

△ Core 系列 CPU 型號編碼

- 產品系列：Celeron、Pentium、Core i3/i5/i7/i9，效能由低到高。

- 產品世代：後三位代表性能前的數字，表示產品世代，如 i7-9700、i7-10700、i7-11700、i7-12700，分別代表 9、10、11、12 代 CPU。

- 產品性能：數字越大表示性能越好，如 i5-12500 就比 i5-12400 好。

- 產品尾碼：K 表示可超頻，F 表示沒有內建顯示卡。那麼，i5-12500 表示是顆不能超頻但有內建顯示卡的第 12 代的 i5CPU。

Celeron、Pentium 是低階產品，只有兩個核心，但 Pentiun 有兩個核心、四個執行緒，兩者都內含 UHD 顯示晶片，具備效能低、價格便宜，能勝任上上網用用辦公軟體。

△ Celeron 和 Pentium

來，作個簡單的測驗，在選購時看到以下規格的 CPU，代表什麼意思呢？

Intel i5-12700KF (12 核 /20 緒) 3.6G (↑ 5.0G)/25M/125W

這是顆 Intel 十二代 i5 CPU，有 12 核 20 執行緒，基本主頻是 3.6G，動態超頻最高可到 5.0G，可手動超頻但沒有顯卡，快取記憶體有 25M，最大功耗是 125W。

4-3-2　AMD CPU

AMD 目前在消費者市場上的產品有 Athlon 與 Ryzen、Ryzen Threadripper 系列。Ryzen 系列的效能等級有 R3/R5/R7/R9 之分，可簡單視為對應到 i3/i5/i7/i9 這幾個系列等級。

透過 Ryzen 系列 CPU 中的型號編碼也可看出是第幾代的 CPU、性能以及有沒有內顯和能不能超頻,例如 Ryzen R5-5600G。

Ryzen R5-5600G
系列　世代　性能　尾碼

△ Ryzen 系列 CPU 型號編碼

- 產品系列:目前主要有 Athlon 與 Ryzen 系列,Athlon 是低階 CPU。

- 產品世代:第一位數代表產品世代,如 R5-4650G、R5-5600G,分別代表 4、5 兩代 CPU。

- 產品性能:數字越大表示性能越好,如 R7-5800X 就比 R7-5700X 好。

- 產品尾碼:X 表示可超頻,G 表示有內建顯示卡。那麼,RG-5700G 表示是顆不能超頻但有內建顯示卡的第五代 AMD CPU。

現在我們來看看 AMD R7 5700X 是顆怎樣的 CPU 呢?

AMD R7 5700X 是一顆 R7 系列,五代 700 性能,可超頻但沒有內建顯示卡的 CPU。

△ AMD Ryzen

Athlon 系列 CPU 的定位為企業辦公用 CPU,也就是上上網、用用文書處理軟體這樣的應用,如同 Celeron 與 Pentium CPU 的定位一樣。

讓我們再作個簡單的測驗,在選購時看到以下規格的 CPU,代表什麼意思呢?

AMD R5 5600G (6 核 12 緒) 3.9G(↑ 4.4G) 65W/16M/7nm

這是一顆 7 奈米製程且內建顯卡的第三代 Ryzen 系列 AMD R5 CPU,有 6 核 12 執行緒,基本主頻是 3.9G,動態超頻最高到 4.4G,快取記憶體則有 16M,最大功耗為 65W。

4-4 玩家解惑選購迷思

市場上的 CPU 的品種及規格如此之多,究竟該選擇哪一款呢?下面將把新手常見疑問進行匯總。

4-4-1 3/5/7/9 最主要的差別?

目前市場上的 i3/i5/i7/i9 是 Intel Core 系列處理器,R3/R5/R7/R9 則是 AMD Ryzen 系列處理器它們分別定位在低、中和高階市場,彼此之間是有差異的。以下會從主頻、核心數等方面為你分析最主要的區別,便於大家根據自己的需求選擇產品。

△ Core 系列處理器

- 主頻:由於動態超頻成為主流,單靠主頻高低已不再能決定 CPU 的效能等級,因此 i3/i5/i7/i9 的主頻時脈並非等級越高就主頻就越高,目前基本主頻落在 2.1~3.6GHz 之間,而動態超頻後落在 4.3~5.2GHz 之間。

- 核心數:核心數目前已成為 CPU 效能等級劃分重點指標之一,在 Intel 於第 12 代終於有了重大的技術突破,提供大小核技術,達到核心數增加、效能增加的目的。十二代的 i3 有 4 核心 8 執行緒了,i5 有 6 核心 12 執行緒,i7 有 12 核心 20 執行緒,i9 有 16 核心 24 執行緒。這裡可以發現核心數與執行緒並沒有成倍的對應,就是因為小核心只有一個執行緒。

- 超執行緒:把一個工作分成兩個人一起做,只需要一半的時間就能做完。執行緒的意思大致就是這樣,因此當 CPU 核心能執行多執行緒,而軟體本身也支援將工作劃分成多個軟體執行緒時,當能同時並行執行的執行緒越多,效能也就越高了。

以上是有關處理器效能等級的簡要區別方式,細節差異可能不僅於此,但是大方面基本上就這幾點了。

4-4-2　Intel 12 代的 Alder Lake 微架構改善了什麼？

Intel CPU 年年改版，但每次只提升一點點性能的作法，被大家戲稱為擠牙膏。2017 年 AMD Ryzen 系列處理器上市後，效能大幅領先 Intel，才逼得 Intel 花了幾年的功夫，總算在 2021 年擠爆了整條牙膏，推出 Alder Lake 微架構的第 12 代 CPU 來，在效能上扳回一城。下面就從消費者面向說明幾項重要創新。

Intel 7 製程

10 nm（奈米）製程的 Intel 第 12 代 CPU 不叫 10 nm，叫 Intel 7，聽到都傻眼了。難道是因為競爭對手用 7 nm，所以自己也要是個 7 嗎？

全新的 1700 腳位

全新的腳位代表沒法使用上一代的主機板，甚至是塔扇也得連帶換成 1700 腳位的扣具。

P-Core 與 E-Core 混和式核心架構

混和式核心架構被廣泛稱為大小核架構，大核 P-Core（Performance core）是效能核心，小核 E-Core（Efficient core）是效率核心，大核有雙執行緒，小核就沒有，因此當看到 Intel i9-12900（16 核 /24 緒）時，就能輕易判斷出有八個 P-Core 效能核心（16 個執行緒）與 8 個 E-Core 效率核心（8 個執行緒）了。

混和式核心架構的設計目的就是讓多工處理能力更上一層樓，效能與效率兼顧的情況下也相對節省了功耗。

- **P-Core** 效能核心：主要負責需要大量運算的前景工作，如同以往 CPU 所扮演的角色，一核心雙執行緒，著重在效能上。

- **E-Core** 效率核心：主要處理背景任務，也就是釋放效能核心給真正需要效能的程式，另外則是在需要更多核心效能時擔任支援角色。

舉例來說，在同時執行遊戲與直播串流 P-Core 這樣高強度的環境下，P-Core 就會負責吃重的遊戲執行工作，而由 E-Core 負責直播背景任務，就不會大材小用的吃掉 E-Core 的效能，進而使整體效能大幅提升。

聽起來非常好，想要享受此創新技術嗎？請安裝 Windows 11，Windows 10 不支援此技術。

Intel Thread Director 技術

大小核架構的創新令人感到興奮，然而這些多工任務怎麼判斷？如何分配？答案就是 Intel Thread Director 技術，它能在 30μs 內完成任務性質判斷、需求評估、排程回報而將任務分給最適合的核心。

率先支援 DDR5，且保留 DDR4 支援

DDR4 時脈原生最高就到 3200 MHz，即使超頻到 4000 MHz，也不及 DDR5 原生起跳的 4800 MHz，因此支援 DDR5 就使效能又有了發展空間。那為何要保留 DDR4 呢？因為 DDR4 已經成熟，而 DDR5 正在迅猛發展中，成熟品肯定便宜，發展中的產品也肯定貴，因此還不能丟掉 DDR4 的支援。

選購主機板時要注意，這兩種記憶體是不能混插的，因此必須先想清楚再下手。

支援 PCIe 5.0

PCIe 5.0 的速度是 PCIe 4.0 的兩倍，但選購時還是要注意實際效能，不要買了最新一代的界面卻只比上一代效能增加了一點點。

4-4-3　AMD 的微型架構有什麼優勢？

市面上目前有 Zen2（R4000）與 Zen3（R5000）微架構 CPU，自 2017 年 AMD 推出 Zen 架構斬獲市場之後，2020 年竟打掉重練推出了 Zen3 微架構，其 Ryzen 5000 的核心代號為 Vermeer，Threadripper 500 CPU 的核心代號為 Genesis。下面就讓我們分別來看看這兩種微架構 CPU 的特點。

▲ Zen 系列歷程

◎ Zen2 微架構

自 AMD 推出採用了 AMD SenseMI 技術打造之 Zen 微型架構的 Ryzen 系列 CPU 後,即急起直追的超越了 Intel CPU 而得到普遍好評與青睞,即使 Intel 12 代 CPU 獲得好評,AMD Ryzen 系列仍不遑多讓。

AMD SenseMI 技術的技術理念在於利用機器智慧(MI)而具備學習與適應功能, 亦即能協助 AMD Ryzen 處理器根據執行的應用程式來調整效能,因此稱為懂得 思考的技術。以下是根據官方整理出關於 AMD SenseMI 技術在 RYZEN 系列 CPU 上的使用情形與說明。

	RYZEN™ 桌上型電腦 處理器	第 2 代 RYZEN™ 桌上型 電腦處理器	RYZEN™ 桌上型電腦 處理器,搭載 RADEON™ VEGA 顯示卡	RYZEN™ 行動處理器, 搭載 RADEON™ VEGA 顯示卡
擴展頻率範圍 (XFR)	是	是 (XFR 2)	是 (XFR 2)	是 (行動 XFR)4
精準加速	是	是 (精準加速 2)	是 (精準加速 2)	是 (精準加速 2)
神經網路預測	是	是	是	是
Pure Power 功能	是	是	是	是
智慧預取	是	是	是	是

擴展頻率範圍(XFR)

藉由提供頂級處理器散熱能力,能為狂熱級玩家的系統自動並額外的提升效能。 如允許 CPU 速度超出平常的精準加速限制,讓時脈速度能隨散熱效能表現而調 整,以及無須人工操作干預的全自動化。

擴展頻率範圍 2(XFR2)

所有第二代 AMD Ryzen 系列處理器,都能運用頂級散熱系統的提供的低溫環境, 自動且額外的帶來更高的多核心效能表現。

行動擴展頻率範圍(mXFR)

根據優質的筆記型電腦機殼的冷卻解決方案,讓 AMD Ryzen 行動處理器得以利 用更高的 CPU 時脈速度達到更快的效能。

精準加速

以 25MHz 為間隔的即時微調處理器效能，好符合我們在遊戲與使用應用程式時的需求，且調整時脈速度時不會造成工作暫停。

精準加速 2

在任何 CPU 核心數下，精準加速都能平順優雅的提高處理器時脈而提升效能，即使是搭載了 Redeon 顯示卡的 AMD Ryzen 處理器，也能監控自己的耗能與溫度。因此當處理器處於低溫與安靜的情況下運作時，就能以 25MHz 的間隔，因應任何應用程式的需要來精準的提高時脈速度。

神經網路預測

AMD Ryzen 處理器搭載的人工技術能運用人工神經網絡掌握使用的應用程式，進而即時預測工作流程接下來的步驟。這些「電源預測」可將遊戲與應用程式導向到處裡器內部最有效率的路徑，進而提高了效能與速度。

Pure Power 功能

精確功耗控制，藉由複雜的智慧感應器網格來監督 CPU 溫度、資源運用和耗電量，以使搭載了智慧電能最佳化電路和高階 14nm FFET 製造技術低電量需求的 AMD Ryzen 處理器，能在低溫與安靜的情況下運作。

智慧存取

藉由複雜的學習演算法來掌握應用程式的內部運作，進而預期判斷可能需要哪些資料。因此，Smart Prefetch（智慧型預先擷取功能）可預先為 AMD Ryzen 處理器提供資料，進而加快了預算與回應能力。

型號	多核心處理器（執行緒）	時鐘時脈（赫茲）		快取			GPU型號	Clock	記憶體控制器	熱設計功耗
		基本	動態超頻	CPU快取	L2	L3				
Ryzen 3 4300GE		3.5	4							35 W
Ryzen 3 Pro 4350GE							7nm Vega 6	1700 MHz		
Ryzen 3 4300G	4 (8)									
Ryzen 3 Pro 4350G		3.8	4							65 W
Ryzen 5 4600GE		3.3	4.2							35 W
Ryzen 5 Pro 4650GE				32 KB inst. 32 KB data per core	512 KB per core	8 MB	7nm Vega 7	1900 MHz	DDR4-3200 dual-channel	
Ryzen 5 4600G	6 (12)									
Ryzen 5 Pro 4650G		3.7	4.2							65 W
Ryzen 7 4700GE		3.1	4.3					2000 MHz		35 W
Ryzen 7 Pro 4750GE	8 (16)						7nm Vega 8			
Ryzen 7 4700G										
Ryzen 7 Pro 4750G		3.6	4.4					2100 MHz		65 W

◎ Zen3 微架構

Zen 3 是 AMD 繼 Zen 與 Zen2 架構後重新設計的處理器架構，包含了前端強化、執行引擎、存取、SoC 架構等部份，改善後都帶來了顯著的效能與功能提升。

- 強化前端：改良 Front-end Fetch 及 Pre-Fetch 能力，增加大量分枝的大型程式預取效能。

- 執行引擎：藉由縮短延遲並加大架構來達到提高指令等級平行化的能力。

- 存取：擴大架構並強化預取能力，滿足執行引擎所需之更大量的資料吞吐量，故資料讀取與寫入頻寬都較 Zen2 有所提升。

- **SoC** 架構改進：以降低延遲為主，並縮短處理器核心對核心、核心對快取，以及主記憶體等資料存取的延遲外，還將 L3 快娶叢集增大了 1 倍。

Zen3 採用了台機電 7nm 的製程，且繼承了在 Ryzen3000XT 系列處理器中的改良，因此也能再推升最高時脈。下表整理了 Ryzen 系列處理器的規格。

型號	多核心處理器	時鐘頻率 (GHz)		快取			CPU 插座	PCI Express	記憶體控制器	熱設計功耗
		Base	Boost	CPU 快取	L2	L3				
Ryzen 5 5600X	6 (12)	3.7	4.6	32 KiB 指令 32 KiB 資料 （每個核心）	512 KiB （每個核心）	32 MiB	Socket AM4	24	DDR4-3200 多通道記憶體技術	65 W
Ryzen 7 5800X	8 (16)	3.8	4.7							
Ryzen 9 5900X	12 (24)	3.7	4.8			64 MiB				105 W
Ryzen 9 5950X	16 (32)	3.4	4.9							
Ryzen 5 5500	6 (12)	3.6	4.2			16 MiB				65 W
Ryzen 5 5600										65 W
Ryzen 7 5700X	8 (16)	3.4	4.6			32 MiB				65 W

4-4-4　低階平台選什麼 CPU？

價格是低階平台最在意的，但是又要能保證基本的需求。Intel 的 Celeron 與 Pentium Gold 都是可以考慮的，它們的價格低廉，一般也就一千多到兩千多元左右，裝機預算很容易控制，效能很一般，看個影片、上上網和文書處理這類應

用沒什麼大問題，而 AMD 的 Athlon Pro 也是低階 CPU，他們都已轉向一般企業辦公室應用了。

▶ 便宜而且能滿足基本應用

4-4-5 中階平台選什麼 CPU？

Intel i3/i5 和 AMD 的 R3、R5 都屬於中階產品。其中 i5 與 R5 的價格較高，不過用 i3 玩一般 2D 網路遊戲已能勝任，至於複雜一點的影像處理、辦公或多工應用，肯定是 i5 與 R5 會好一些，畢竟多核心還是有其優勢，但如果想要玩些遊戲大作，i3 或 R3 肯定是不建議了。

▶ 價格適中，效能較強

4-4-6 高階平台選什麼 CPU？

高階平台已不再是 Intel 一家獨大了，而是 Intel 的 i7/i9 與 AMD 的 R7/R9 各有擁護者，當然兩者均價格不菲外，效能亦超出一般使用者需求太多，因此若非專業 3D 繪圖工作者、多媒體影音編輯與高畫質需求的遊戲玩家，實在沒必要選擇這個等級的 CPU。

▶ Intel 十二代 Core i9 CPU

4-4-7　代理與平行輸入的 CPU 差別大嗎？

市面上的 CPU 產品有盒裝與散裝之分，就效能、穩定性等技術層面來說，兩者沒有區別。其區別在於保固方面：代理商的產品是向零售市場推出的原裝正品，可享受廠商的三年保固及售後服務；而平行輸入的 CPU 則是出售給品牌廠商或代理商，再轉而流向市面，可能僅享有經銷商承諾的保固服務。正因為如此，同型號的盒裝 CPU 往往會較散裝來得昂貴些。

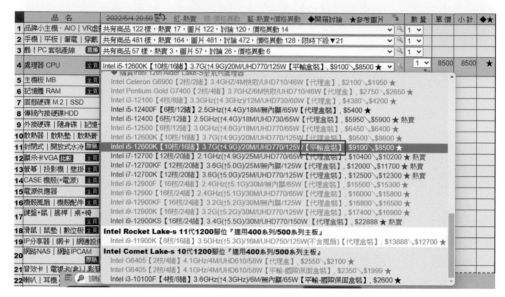

▶ 原價屋網站上的平行輸入產品

🔍 **深入探討**　散熱風扇

　　CPU 風扇是加速 CPU 散熱的必要裝置。通常購買 CPU 時商家都會為 CPU 配備適用的散熱風扇，可以滿足大多數使用者的需求。但是對於喜歡超頻的遊戲玩家來說，可能需要散熱效能更強的風扇，所以產品本身配備的風扇，大多僅能確保在不超頻下正常使用，超頻的話還要另外購買強力風扇。其實這些超頻的 CPU，有的根本就不配風扇。

4-4-8 選好的 CPU 會影響其他元件的選購嗎？

由於 CPU 規格不同，其腳位也有數量上的差異，因此 CPU 只有安裝在與其相搭配的主機板上才能正常工作。

下面就來認識 Intel 與 AMD 兩大品牌 CPU 的搭配。

Intel CPU

年代	CPU	主機板插槽	主機板晶片組	支援記憶體
2021/03~	第 11 代	LGA 1200	H510/B560/H570/Z590	DDR4-3200
2021/11~	第 12 代	LGA 1700	H610/B660/H670/Z690	DDR4-3200 DDR5-4800

AMD CPU

年代	Ryzen CPU	主機板插槽	主機板晶片組	支援記憶體
2019/07~	第 3 代	Socket AM4	X370/B450/X570	DDR4-3200
2020/07~	第 4 代	Socket AM4	B450/8550/X570	DDR4-3200
2020/11~	第 5 代	Socket AM4	B450/8550/X570	DDR4-3200

從晶片組來看，晶片組的等級越高，效能與擴充性也越好，例如：

- **Intel** 晶片組：Z690 > H670 > B660 > H610

- **AMD** 晶片組：X570 > B550 > B450

最後，我想大家都還是想問到底哪一顆 CPU 效能比較好，因此推薦大家開啟「CPU 性能天梯圖」網頁，就能一目了然的看到玩家們的測試比較了。

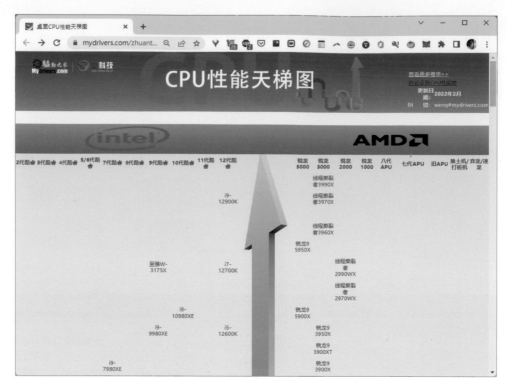

▶ CPU 性能天梯圖：https://www.mydrivers.com/zhuanti/tianti/cpu/index.html

看完本章對 CPU 外觀、主流產品及其基本規格與技術的介紹後，想必各位對市售的 CPU 已經有了基本的概念。另外，在購買 CPU 前，應先思考自己的預算與實際用途，並在了解 CPU 的對應主機板類型，以及記憶體要採用 DDR4 或 DDR5 後，再決定實際選購的目標。

05 主機板－Motherboard

主機板不僅是電腦必備的元件之一，也是機殼內體積最大的電路板。主機板上包括有 BIOS 晶片、南橋晶片、CPU 插槽、記憶體插槽、鍵盤 / 滑鼠和面板控制開關連接埠、直流電源供電模組等元件，同時還會配有 2 ～ 6 個擴充插槽供電腦升級周邊裝置之用。透過這些擴充插槽可以額外加裝記憶體、獨立顯示卡、M.2 SSD 固態硬碟等等，提升主機相對的效能。既然主機板如此重要，那麼在選購前就必須先了解其功能種類與相關的規格參數，以便在選購時做到心中有數。

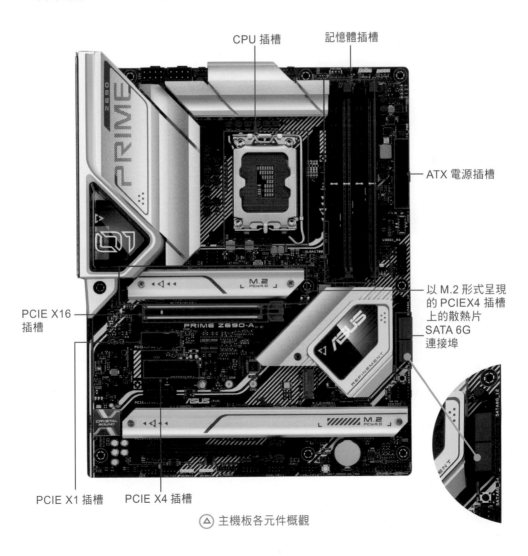

CPU 插槽　　記憶體插槽

ATX 電源插槽

以 M.2 形式呈現的 PCIEX4 插槽上的散熱片

SATA 6G 連接埠

PCIE X16 插槽

PCIE X1 插槽　　PCIE X4 插槽

△ 主機板各元件概觀

5-1 認識主機板

認識了主機板上各元件的大致外觀,接下來將介紹主機板上重要元件的用途,以在了解各元件的規格參數和目前的主流技術,為以後選購主機板打下基礎。

5-1-1 CPU 插槽(Intel / AMD)

CPU 有許多種規格和型號,不僅在快取記憶、超執行緒等性能參數上有所不同,在針腳外觀以及針腳數目上也有差異,而可對應的主機板 CPU 插槽也就各不相同。因此在購買主機板時,必須從規格上了解 CPU 插槽的種類,購買與其對應的 CPU 產品。不同種類的 CPU 插槽在外觀上即可輕易識別,下面就來認識一些常見的主機板 CPU 插槽類型。

Intel LGA1700

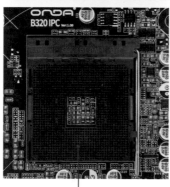

AMD Socket AM4 插槽

AMD Socket TR4 插槽

▷ 常見的 CPU 插槽

下表列出 Intel 與 AMD 兩家廠商知名的主機板 CPU 插槽類型，與其所支援的 CPU：

生產廠商	插槽類型	針腳數量	對應的 CPU
Intel	LGA 21200	1200	支援第 10、11 代 Core i 處理器
	LGA 1700	1700	支援第 12 代 Core i 處理器
AMD	Socket AM4	2066	支援 AMD Ryzen 與 Athlon 系列
	Socket TR4	4094	支援 AMD Ryzen Threadripper 處理器

以上的插槽是隨著 CPU 發展而不斷研發對應的歷代規格，就目前而言，Intel LGA 1700 和 AMD Socket AM4 是目前市場上的主流插槽類型，如有相關的選購需求，可參考上表所列的對應關係。

5-1-2　記憶體插槽（DDR4/DDR5）

目前市場上的記憶體絕大部分都是採用成熟的 DDR4 規格，以及正在快速發展的 DDR 5，選購時記得 CPU、主機板與記憶體規格要一併搭配才行，例如選了 Intel 十二代 CPU、使用 DDR5 插槽的主機板，就不能買 DDR4 記憶體來裝。

▶ 記憶體插槽

說到記憶體插槽，就不得不提起雙通道技術。這種技術簡單來說，就是在不同的記憶體插槽上安裝兩條容量與時脈均相同的記憶體，使 CPU 在處理檔案時，可在不同通道上同時存取資料，進而提升處理速率與記憶體頻寬。

只有兩個插槽的主機板在插入兩條記憶體後會自動組成雙通道，而在兩個插槽以上的主機板上想要組成雙通道，就必須按照標示插入對應的記憶體插槽才行，通常把兩根同廠牌、同頻率、同容量的記憶體插在同色的插槽中即可。選購時要確定主機板有支援雙通道技術喔。

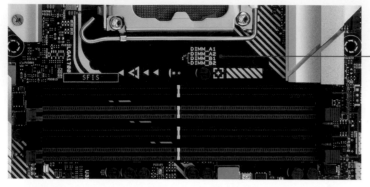

雙通道記憶體插法標示說明

Memory

4 x DIMM, Max. 128GB, DDR5 6000(OC)/ 5800(OC)/ 5600(OC)/ 5400(OC)/ 5200(OC)/ 5000(OC)/ 4800 Non-ECC, Un-buffered Memory*

Dual Channel Memory Architecture

Supports Intel® Extreme Memory Profile (XMP)

OptiMem II

* Supported memory types, data rate(Speed), and number of DRAM module vary depending on the CPU and memory configuration, for more information refer to www.asus.com for memory support list.

△ 支援雙通道記憶體技術

除了雙通道，當然還有單通道、三通道、四通道技術，通道越多，同時間傳輸量越多，也就是說組成雙通道的兩根 16G 記憶體會比 32G 記憶體更快。舉個例子來說，有一間 32G 大小的倉庫，只有一輛每次只能載 1G 容量的貨車，與有兩間 16G 的倉庫，每間都有一輛可載 1G 的貨車，這樣每次就能接送 2G 的貨物，自然就比 32G 倉庫的傳輸量大一倍了。

雖然雙通道傳輸量比單通道大一倍，不過實際應用上幾乎感覺不出來，因此當雙通道成為選購難題時，可完全不必多加考量它，以整體 CP 值來考量即可。

5-1-3　南北橋晶片

早期電腦元件往往有著龐大的體型，主要是因為當時的電子技術落後，各元件需要佔據較多的空間。隨著電子電路元件朝向奈米化發展，許多功能各異的電子元件也開始被整合在一張小小的 IC 電路板上，只需要幾顆晶片，即可完成溝通與控制各部元件、周邊裝置的工作。

主機板上原本有北橋晶片（North Bridge）與南橋晶片（South Bridge）是電腦內最大的兩塊晶片組，如今的北橋晶片已經被併入 CPU 內，所以主機板上已找不着北橋晶片了；南橋晶片通常會被設置於 PCI-E 插槽附近，隨著南橋晶片的發熱量越來越大，大多數廠商為了主機板的穩定，在南橋晶片上也加裝了散熱片。以下是南北橋晶片組主要負責的工作任務：

晶片組	掌控的元件
北橋晶片	CPU、記憶體、PCI-Express 等需要高速傳輸的元件
南橋晶片	PCI、USB、I/O Port、SATA、網路卡等裝置，負責音效連接埠與網路周邊裝置的調配

南橋晶片都會用散熱片覆蓋

電腦技術日新月異，南北橋晶片的資訊交換模式已有明顯的進步。早期的南北橋晶片往往需透過 PCI 匯流排互相溝通，但由於各種組件的傳輸速度越來越快，各家晶片廠也著手研發了各種獨家的傳輸通道技術。早期 Intel 和 AMD 兩家都是用 FSB 技術傳輸資訊，目前已經分家，其中 AMD 使用 HT 技術，而 Intel 使用 QPI 技術。從效能上來看，兩家沒什麼差異，所以，選購時不必糾結於主機板的匯流排參數。

FSB、HT、QPI

早期前端匯流排（Front Side Bus，FSB）也稱為「外頻」，因為兩者頻率相同，是指 CPU 與晶片間的資料傳遞。從上面的介紹可知，晶片掌控著其他電腦元件的工作，也就是說，前端匯流排決定了 CPU 向電腦元件發出指令的速率，而前端匯流排速率越高，CPU 發出指令的速度也就越快，處理速率也越高，因此當前端匯流排傳輸頻寬大為攀升後，兩者就不應再相提並論了。

HT（Hyper Transport）是由 AMD 推出之應用較為廣泛的匯流排技術，它可以在記憶體控制器、磁碟控制器以及 PCI-E 匯流排控制器之間提供更高的數據傳輸速率。

QPI（QuickPath Interconnect）是 Intel 推出，用來取代 FSB 的匯流排技術，可以讓 CPU 直接透過記憶體控制器存取記憶體的數據，因而頻率更高。

5-1-4 硬碟（M.2 PCIe/SATA）

電腦中的硬碟主要分為傳統硬碟與 SSD 固態硬碟兩種，SSD 固態硬碟傳輸速率遠高於傳統硬碟，但壽命較傳統硬碟短，因此都會將 SSD 固態硬碟作為作業系統與工作用硬碟，大大提升電腦效能，而傳統硬碟就作為資料保存或備份碟，避免因 SSD 硬碟損毀而造成資料遺失。當然，現在的 SSD 硬碟也是有好幾年壽命的，並沒有那麼不堪一用的問題。

在傳輸界面上，傳統硬碟一律使用 SATA 界面，而 SSD 硬碟則可選用 SATA 或 M.2 PCIe 界面，由於後者 PCIe Gen4.0x4 的頻寬為 7.88GB/s，高於 SATA 界面且佔據空間小，因此幾乎成了系統碟的標準配備了。

▶ 主機板上的 SATA 6G 插槽

目前 M.2 PcIe SSD 有 Gen3 與 Gen4 兩個規格，Gen4 的速率約是 Gen3 的兩倍，但選購時要注意主機板是否支援，不要買了支援 Gen3 的主機板卻買了 Gen4 的 SSD，沒法跑出預想的效能。

▶ M.2 界面與 PCIe 4.0 SSD

介面的傳輸速率或稱頻寬，只是代表理論上的速度上限，應用上只要不低於硬碟本身的速度就可以了。同樣的，若使用高速插槽，但是硬碟速度比較慢，也不會提升速度。

5-1-5　5-1-1 Intel RST 快速儲存技術

Intel RST 是 Intel 中高階晶片組提供來改善 SSD 應用體驗的技術，簡單來說就是使用一部分固態硬碟作為高速緩衝，以提高 CPU 讀取資料的命中率進而提高速度。另外，該技術還能有效防止資料遺失對系統安全也有好處。

5-1-6 顯示卡插槽（PCI-E）

目前顯示卡插槽統一採用 PCI-E 規格，而主流消費等級的顯示卡採用 PCI-Express 3.0 規格，高階顯示卡則採用 PCI-Express 4.0/5.0。

PCI Express，也稱 PCIe 或稱 PCI-E，是 Intel 主導的第三代（3GIO）泛用型匯流排標準；它沿用了傳統 PCI 介面的通訊標準與優勢，已成為目前顯示卡的主流插槽。PCI-E 具備以下特性：

- 高速傳輸速度：PCI-E 1.0 就具有單向 250MB/s、雙向 500MB/s 的傳輸速度，隨著傳輸倍速技術的演進，目前 PCI-E 3.0 最高可達 15.8 GB/s，PCI-E4.0 則達到了 31.5 GB/s，PCI-E 5.0 達到 63 GB/s，就因 PCI-E 如此高速的傳輸速度，需要高速傳輸的 M.2 PCI-E 3.0/4.0 SSD 固態硬碟也就搭上順風車了。

- ×1～×16 頻寬：PCI-E 的資料傳輸頻寬也稱為管線或通道（Lane），它可以在 ×1、×2、×4、×8、×16 等頻寬下進行作業，其中 PCI-E ×16 為目前最常見的獨立顯示卡插槽；而現在有許多主機板還額外內建迷你的 PCI-E ×1 介面，主要提供給如音效卡、網路卡等裝置使用。

PCI-E ×1 介面　　　　　　PCI-E ×16 介面

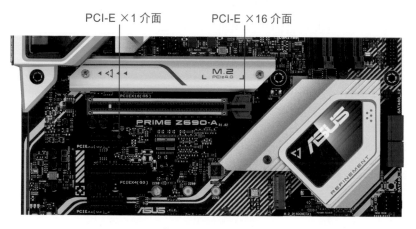

▶ PCI-E 擴充插槽

下表是目前 PCI-E 介面不同標準之間的傳輸速度（單向）與通道數：

PCI Express 版本	推出	原始 傳輸率	頻寬（每個方向）				
			×1	×2	×4	×8	×16
1.0	2003	2.5 GT/s	250 MB/s	0.50 GB/s	1.0 GB/s	2.0 GB/s	4.0 GB/s

PCI Express 版本	推出	原始 傳輸率	頻寬（每個方向）				
			×1	×2	×4	×8	×16
2.0	2007	5.0 GT/s	500 MB/s	1.0 GB/s	2.0 GB/s	4.0 GB/s	8.0 GB/s
3.0	2010	8.0 GT/s	984.6 MB/s	1.97 GB/s	3.94 GB/s	7.88 GB/s	15.8 GB/s
4.0	2017	16.0 GT/s	1969 MB/s	3.94 GB/s	7.88 GB/s	15.75 GB/s	31.5 GB/s
5.0	2019	32.0 GT/s	3938 MB/s	7.88 GB/s	15.75 GB/s	31.51 GB/s	63.0 GB/s
6.0	2021	64.0 GT/s	7877 MB/s	15.75 GB/s	31.51 GB/s	63.02 GB/s	126.03 GB/s

PCI-E 3.0 的理論速度是 PCI-E 2.0 的一倍，目前主機板有 PCI-E 3.0 與 4.0 兩種介面可選，而 4.0 速度又是 3.0 的兩倍。這裡要說的是，PCI-E 4..0 向下相容 PCI-E 3.0/2.0，所以即便是 PCI-E 2.0 裝置也可以插在 PCI-E 4.0 的插槽上，只不過速度是 PCI-E 2.0 的速度。由此可知，選購時要留意規格搭配，不要出現買了保時捷卻跑在鄉間泥地上，跑不出應有的速度。

PCI-E 5.0 用在顯示卡　　　PCI-E 4.0 用在 M.2 SSD

PCI-E 3.0 用在顯示卡

5-1-7　BIOS 晶片

BIOS（Basic Input Output System）為基本輸入 / 輸出系統，也是電腦開機時必定先執行的程式。BIOS 的主要功能為：開機檢測元件是否正常；對記憶體、晶片組、顯示卡及周邊裝置等硬體做初始化；記錄系統處理器、記憶體等元件的設定值；引導電腦開機載入作業系統等，因此 BIOS 被認為是專門與硬體溝通的微型系統。若要修改系統 POST（Power On Self Test，開機自我檢測）項目、系統的初始化程式、硬體參數程式（由內建於 BIOS 中的 CMOS 晶片負責），都需要透過 BIOS 系統進行調整。BIOS 晶片是主機板的啟動器，一旦損壞極可能導致整塊主機板不能使用，某些廠家為了保險，在主機板上設計了備用的 BIOS 晶片。

主機板上還有一項與 BIOS 晶片有關的設計，就是 Jump（即跳線），它主要是為了方便使用者清空 BIOS 設定的，當你因 BIOS 設定錯誤而無法開機時就可以將跳線帽順次後移，以達到清空設定的目的。它的位置並不一定在 BIOS 晶片附近，不過主機板上帶跳線帽的插針就此一處，還是很容易分辨的。

▶ BIOS 晶片

由於 BIOS 的設定較為複雜，建議使用者先參考主機板本身的說明手冊再進行操作，以避免不必要的操作失誤。

```
Phoenix - AwardBIOS v6.00PC , An Energy Star Ally
Copyright (C) 2006-2010  Phoenix Technologies ,LTD

iP45 Series 668F1P13 081106



CPU Brand Name : Inter(R) Pentium(R) E CPU   2.80GHz
EM64T CPU

Memory Frequency For DDR2 800MHZ (Dual Channel Mode Enabled)
2048KB
IDE Channel 0 Master : TssIcorpDVD-ROM TS-H352C CH01
IDE Channel 0 Slave  : None

SATA Channel 1     : HDS72800PLA380 PF20A68A
SATA Channel 2     : None
SATA Channel 3     : None




Press DEL to enter SETUP , ALT+F to enter AWDFLASH
08/11/2010-Lakeport-6A79HFKEC-00
```

螢幕上顯示按下「Del」鍵進入設定目錄

進入 BIOS 後的介面

進入 BIOS

5-1-8　CMOS 電池

一般使用者可能會認為，電腦在關閉後所有
元件也將停止工作，但實際上，在關機後仍
然有部分持續運作的元件。最簡單的證明就
是當重新啟動電腦後，主機內所顯示的時間
仍與實際的時間一致，這代表關閉電源時，
電腦中的時鐘依然持續運行。其原因是主機
板上的一塊 CMOS 電池，它可以提供電力給
CMOS 晶片，以確保 BIOS 中的時間資料可
以持續更新。除了維持時間外，CMOS 電池
還能保存 BIOS 的設定等。

主機板上的 CMOS 電池

當拆下 CMOS 電池，靜置幾分鐘後再裝回去，你會發現電腦內的設定跟之前有
些不同，這是因為當 CMOS 晶片失去電力後，硬體參數會恢復到出廠的預設狀
態。目前的 CMOS 電池多採用無法再次充電的鋰電池，通常可持續使用 5 年以
上，足夠一般使用者維持到下一次電腦升級；而較早使用的鎳鎘電池，會於開機

後自動進行充電，不過使用壽命往往只有 3 ～ 5 年，過了使用期限後同樣得更換新的電池。

5-1-9 電源線插槽

電源插槽是連接電源供應器（Power Supply）的重要介面，其可分為兩種，一種是 ATX 主電源插槽，為 20-Pin 設計；另外一種是 +12V 的電源插槽，為 24-Pin 設計。不過為了滿足主機板越來越高的功率需求，目前出產的主機板已幾乎均改用 24-Pin 針腳設計的電源插槽。

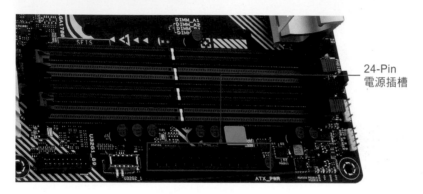

24-Pin
電源插槽

▶ 電源插槽

5-1-10 風扇插槽

「CPU 的溫度都能拿來煎蛋了！」別以為這只是句玩笑話，高速運轉中的 CPU 的確會產生大量熱能，如果這些熱量不能及時散去，將會導致主機板溫度過高，燒毀其上的各項元件。因此，安裝 CPU 完後皆必須加上一組風扇將上升的溫度傳導出來並釋放到空氣當中，以降低 CPU 的溫度，主機板上也有提供用來安裝風扇的插孔，另外在 CPU 插座附近還可以看到風扇的電源插針和 CPU 電源插槽。

主機板上的風扇電源插針

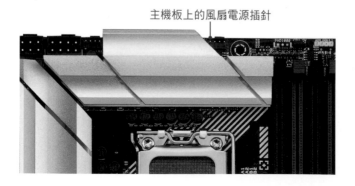

5-1-11　前置面板訊號線插槽

主機板上通常會有兩組或三組 10 根左右的插針，它們就是前置面板（Front Panel）的插槽。

前置面板插槽主要可連接機殼面板的各種指示燈和控制按鈕。如開啟電腦的 Power 鍵及重新啟動的 Reset 鍵都與前置面板的插槽連接在一起，必須正確接上各條連接線後才能使電腦正常啟動。

前置面板插座，此插座的詳細安裝方法請參考主機板說明書

5-1-12　其他外接插槽

主機板內除了以上介紹的各類連接埠外，還有一些對外常用的傳輸插槽，例如：PS/2 滑鼠與鍵盤插槽、USB 插槽、網路線與喇叭插孔等。至於高階主機板則移除了傳統與早期之 PS/2、VGA 等插槽。

◎ 中低階傳統插槽

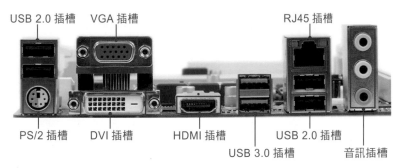

USB 2.0 插槽　　VGA 插槽　　　　　　　　　　　　RJ45 插槽

PS/2 插槽　　DVI 插槽　　　HDMI 插槽　　　USB 2.0 插槽

USB 3.0 插槽　　　音訊插槽

△ 其他常用的傳輸插槽

以下將分別解說主要連接埠的功能和使用方法：

- **PS/2** 滑鼠與鍵盤插槽：PS/2 是安裝鍵盤與滑鼠的插槽。安裝時，只要將淺紫色的鍵盤、綠色的滑鼠接頭對應相同的顏色分別插入即可。不過近年來，已有主機板僅提供一個鍵盤和滑鼠通用的 PS/2 插槽，甚至不提供這種插槽，因此使用這種主機板的電腦只能改用 USB 滑鼠和鍵盤。

- **USB 2.0** 插槽：USB 為目前最流行的電腦周邊插槽，其特點在於與 USB 相容的硬體多，且傳輸速度快，常見的連接裝置包括：光碟機、滑鼠、鍵盤、掃描器、遊戲搖桿、外接式硬碟等。

- **USB 3.0** 插槽：USB3.0 最高速度達到 4.8GB/S，為 USB 2.0 的 10 倍，而且向下相容，Intel 自 7 系列之後主機板全面支援 USB 3.0。

- **eSATA** 插槽：eSATA 其實就是外接式的 SATA2 插槽，如果你的主機板擁有 eSATA 插槽，那麼你可以將硬碟直接接在此插槽上。

- **HDMI** 插槽：是一種數位視訊／音訊插槽，可以用來連接螢幕或擁有此插槽的數位電視。

- 光纖插槽：連接光纖網路線路的插槽，通常只有中高階主機板才具備。

- **VGA** 插槽：即類比視訊插槽，主要用於連接提供此種介面的螢幕。

- **DVI** 插槽：數位視訊插槽，主要用於連接提供此種介面的螢幕。

- **RJ45** 插槽：即網路卡插槽，用於連接網路線，目前主機板都內建網路卡，所以這種插槽所有主機板都會配備。

◎ 中高階插槽

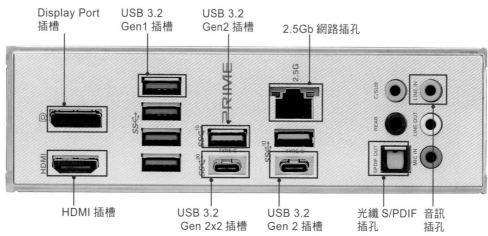

Display Port 插槽　USB 3.2 Gen1 插槽　USB 3.2 Gen2 插槽　2.5Gb 網路插孔

HDMI 插槽　USB 3.2 Gen 2x2 插槽　USB 3.2 Gen 2 插槽　光纖 S/PDIF 插孔　音訊 插孔

- **Display Port** 插槽：除了可以同時傳輸高品質的音訊與視訊外，也能透過串接技術建置多螢幕環境，只要一個 Display Port 就能透過 HUB 或螢幕串連的方式建置起來，而不需要再一台螢幕配置電腦上的一個螢幕連接埠了。

- **HDMI** 插槽：與 Display Port 一樣，可同時傳輸高品質的音訊與視訊，但沒有一個連接埠就可建置多螢幕環境的功用。

- **USB 3.2** 插槽：同樣稱為 USB，插槽卻有好多種形狀，傳輸速率又不同，藉由下表相信大家就可一目了然，不會有插不進去，甚至是速率不同無法發揮最高效能的問題。

	USB 3.2 Gen 1x1	USB 3.2 Gen 1x2	USB 3.2 Gen 2x1	USB 3.2 Gen 2x2
傳輸速度	5 Gbps	10 Gbps	10 Gbps	20Gbps
早期名稱	USB 3.1 Gen 1 及 USB 3.0	--	USB 3.1 Gen 2	--
介面規格	USB TYPE-A、USB TYPE-C、micro USB	USB TYPE-C	USB TYPE-A、USB TYPE-C、micro USB	USB TYPE -C

- **2.5G** 網路插槽：以往主機板上提供的網路插槽速度為 1 GbE（Gigabit Ethernet），但時至今日，中高階主機板已開始提供 2.5GbE 速度的網路插孔，不過也得家中的路由器（Router）、交換器（Switch）、NAS（網路儲存裝置）都達到相同的速度才能享受高速網路的快感。對外連線也一樣，申請的光纖網路也必須達到 2.5 GbE 以上才行。

- 音訊插孔：藍色 LINE IN 是音源輸入，綠色 LINE OUT 是音源輸出、粉紅色 MIC IN 連接麥克風、橘色 C/SUB 可於 5.1 或 7.1 多聲道模式下提供中置聲道和低音聲道輸出、黑色 REAR 可於 5.1 或 7.1 多聲道下提供後置環繞左右聲道輸出，若見灰色插孔，可提供 7.1 多聲道的側置環繞左右聲道輸出。

- 光纖 **S/PDIF** 插孔：S/PDIF(Sony/Philips Digital Interface Format) 是一種數位傳輸界面，能將音訊保持在高傳真度的狀態下完成輸出，被廣泛地應用於 DTS 與杜比數位的音訊輸出。

5-2 玩家解惑選購迷思

電腦產品經常推陳出新，平均不到半年就會推出新的硬體規格，許多消費者可能會因此擔心剛買的電腦會不會一下子就被淘汰；但在 3C 的領域中，追求最新科技是一件需要付出相當代價的事，俗話說得好：「早買早享受，晚買享折扣」，對 90% 以上的民眾來說，只要可以買到好用、C/P 值高的電腦配備，那才是最省荷包的明智之舉！

5-2-1 如何選擇 Intel 晶片組？

用於 Intel 第 12 代 CPU 之晶片組由低階到高階可依序劃分為：

- 低階 **H610**：適用於 i3，文書處理、上網、看影片。
- 中階 **B660**：適用於 i5，繪圖設計、中度遊戲。
- 中高階 **H670**：適用於 i7，影像剪輯、繪圖設計、重度遊戲。
- 高階 **Z690**：適用於 i7、i9，影像剪輯、繪圖設計、重度遊戲，還可超頻。

Intel 600 系列晶片組規格整理如下表：

晶片組	Z690	H670	B660	H610
P-coer / E-core 超頻	支援	不支援		
記憶體	DDR4/DDR5			
記憶體超頻	支援			不支援
雙通道記憶體支援組數	2 對（4 支）			1 對（2 支）
PCIe5.0 通道	1x16/2x8		1x16	
CPU 直通 NVMe 連接埠	PCIe 4.0 x 4			N/A
DMI 4.0 通道	8	8	4	4
晶片組 PCIe 4.0 通道	最多 12		最多 6	N/A
晶片組 PCIe 3.0 通道	最多 16	最多 12	最多 8	8
SATA 3.0 (6 Gb/s)	最多 8	最多 8	4	4
USB 3.2 Gen 2x2 (20G)	4	2	2	N/A
USB 3.2 Gen 2x1 (10G)	10	4	4	2

晶片組	Z690	H670	B660	H610
USB 3.2 Gen 1x1 (5G)	10	8	6	4
USB 2.0	14	14	12	10
Intel Rapid Storage Technology 19.x	支援			
Intel VMD	支援			
PCIe 儲存裝置支援	支援			
PCIe RAID 0, 1, 5 支援性	支援		不支援	支援
整合式 Wi-Fi 6E	支援			

從規格表來看，只有 Z690 有支援 CPU 超頻，記憶體超頻則只有 H610 不支援且最多只能裝 1 對（2 支）記憶體。雖然四組型號晶片都支援 DDR4/DDR5，但要注意主機板是不能混插這兩種類型的記憶體，選購時要注意。

Intel 12 代 CPU 支援了 PCIe 5.0 真是好事，但 600 系列晶片組僅支援 2x8 一種拆分方式，這對想要安裝多個 NVMe SSD 的消費者來說並非好事，若是能提供 x4+x4+x4+x4 就更棒了。

除了 CPU 超頻外，B660 應算是這次 C/P 值最高的晶片組了，它提供了 6 個 PCIe 4.0 與 8 個 PCIe 3.0 通道，能滿足消費族群最多的中階使用者在安裝各種擴充上的需求，同時還支援了完整且豐富的 USB 界面規格。

安裝 NVMe SSD 已經是每台電腦的趨勢，它能讓 SSD 直接直通 CPU 而不必借道 DMI，完全釋放了 SSD 傳輸速度，讓電腦整個效能再次提升。

WIFI 6E 能輕鬆達到 Gb 級的速度，因為它將相同的 WIFI 6 功能延伸到容量更大的 6 GHz 頻段，解決與 WIFI 4、5 和 6 裝置共用而造成連線和網路壅塞的問題，而其高達 160 MHz 的頻道，更適用於高畫質視訊與虛擬實境的應用。

▶ 華擎 ASRockB660 Steel Legend 主機板

660 系列提供的規格雖然琳瑯滿目，然而選購的主機板本身支援了多少呢？這一點務必在選購前將主機版本身的規格看清楚，切莫買到晶片組支援但主機板不支援的問題。

5-2-2　如何選擇 AMD 的晶片組？

Ryzen 3、4、5 代 CPU 可安裝在所有使用 AM4 插槽的主機板上，只是舊一點的主機板都需要把 BIOS 更新到最新版才可以完整支援。

AMD 晶片組的等級劃分，由高到低為 X > V > A，如：

低階 A320，需要「堪用」型電腦嗎？可以配置這片主機板，簡單的上網、看影片用文書軟體。

低階 A520，使用 Ryzen CPU 的低階配置，上網、看電影與文書處理軟體，一般家用與辦公用。

中階 B450，平民版的超頻選擇，透過 AMD StoreMI 儲存體加速技術提高效能，適合需要多 GPU 組態所需的最大 PCIe 頻寬，卻想要彈性與超頻控制的進階使用者。是用輕度遊戲、辦公軟體應用。

高階 B550，適用於使用第三代 AMD Ryzen CPU，以及想使用 PCIe 4.0 NVMe 儲存設備與顯示卡的進階與超頻使用者。適合中重度遊戲，繪圖設計、影像剪輯、高畫質影片欣賞。

高階 X570，追求效能的超頻玩家首選，支援全面的低階空置，並具有兩個 PCIe 4.0 顯示卡插槽而可支援雙顯示卡配置。

▶ 華擎 ASRock X570 Steel Legend WiFi ax 主機板

低階主機板便宜的價格雖然吸引人，但可能為了節省成本而在用料上不夠要求，這時可從保固年限來做一簡易判斷，若保固年限較其他中高階主機板短時，可能就是用料上有問題了，建議還是從中階主機板入手為好。

5-2-3　不是所有主機板都能買？

主機板的插槽一定要與其他元件匹配，如 CPU 或 M.2 介面的固態硬碟就可能出現插不上或無法辨識的問題，這個可以參考前面關於介面的介紹。

另外要注意品牌，ASUS（華碩）、MSI（微星）、GIGABYTE（技嘉）、ASRock（華擎）皆是目前國內最出名的主機板製造商。相較於其他品牌，這四家廠商研發能力出色、產品線齊全，且維修站點遍布全台，售後服務也較有保障。

華碩（ASUS）號稱是世界前三大主機板製造商，不僅擁有頂尖級的研發隊伍，在設計理念與技術上也都處於領先地位，其中高階的產品不僅超頻能力強、品質穩定，更重要的是其均採用無鉛技術、日系電容、防電磁波干擾技術，確實貫徹了節能減碳的綠色理念。

微星（MSI）也是三大品牌之一，它的特色是價格實惠、中低階的產品線選擇多樣化。因此如果是以價格為考量的消費者，微星是不錯的選擇。

技嘉（GIGABYTE）也是目前主機板的龍頭廠商之一，推出的產品均主打外觀精緻、耐操好用的訴求，各系列主機板均經過嚴格的超頻測試，由於擁有較高的品質保證，因此價格上也會高出一些。

綜上所述，這三家廠商的高階產品表現大致難分上下，不過在一般的低價位市場上，有些主機板就會出現為求價格競爭力而將用料「Cost Down」的情形，消費者在挑選時不可不慎。

華碩產品標誌　微星產品標誌　技嘉產品標誌　華擎產品標誌

▶ 主機板製造商產品標誌

5-2-4 常見主機板的尺寸

買主機板的時候，可能會聽到大板、小板的說法。「大板」是標準的 ATX 板型，一般是 305mm x 244mm 左右，板型大散熱會好一些，可安裝裝置也多一些，價格也會高一點。「小板」是 Micro ATX（mATX）板型，一般是 244mm x 244mm，除了價格便宜，不會有什麼特別的優點了，只是能裝在小一點的機殼內。

常見主機板尺寸如下：

E-ATX (305 x 330) >ATX (305 x 244) > mATX (244 x 244) > ITX (170 x170)

如果沒有獨立顯示卡也不超頻、不安裝多顆 SSD 等內置設備時，用大板還是小板都差不多，品質沒有問題就好。反之，最好使用大板，這對散熱影響較大，更可能會影響平台的穩定性。

◎ 選購主機板有多重要？

我們都知道 CPU 幾乎不會壞，但當幾年後主機板壞了，買不到也修不了時，買新主機板就必須連帶換 CPU，心情上願意嗎？多浪費啊，CPU 效能還夠呀。所以，選個品質好的主機板，能最大程度的解決主機板壞掉的機率、避免整台電腦拆掉維修的麻煩，同時延長了 CPU 的可用年限。所以，選購主機板是非常重要的事。目前主機板保固期大致都是三年，但有一些只要去官網註冊，就能延長保固到五年喔，建議去註冊延長保固。

本章詳細介紹了主機板的外觀、架構以及各部位功能等方面的知識，透過以上的學習，除了了解到主機板上各項組成元件的規格和參數外，最後還提供了主機板採購指南。由於主機板升級速度較快，因此你只要牢牢把握目前使用的需求，再依本章介紹的基礎知識和採購技巧，相信你一定可以選購到合適的主機板。

Chapter

06 記憶體－RAM

記憶體是電腦的核心硬體之一，其優劣同樣也影響著整台電腦的效率，它主要用於儲存各種應用程式及資料，以供 CPU 快速運算、讀取。目前的記憶體已發展至 DDR4/DDR5 規格，如果你不清楚這些規格間的差異，可以在閱讀本章的介紹後，對記憶體的基本概念、標準、規格，與主機板的搭配等各方面有更深入的了解。

6-1 認識記憶體

如果說 CPU 是人體大腦思考部份，那麼記憶體就像短暫記憶一樣，不斷的將即時所得的資訊或深層記憶中資訊取出送到 CPU 中處理，直到斷電離開。因此若記憶體無法快速取得資訊，適時的提供給程式開啟所需的運算資料時，電腦的反應就會變得卡卡的。

由於 CPU 的運算速度非常快，當主機中的儲存媒介（如：硬碟）無法跟上 CPU 的存取速度，就會大大拖慢電腦的運作效率。因此為了不影響運行時的效能，使用速度飛快的記憶體作為臨時儲存資料的中介，隨時與處理器直接交換資料，確保電腦能高效運作。所以，記憶體容量大小與傳輸速率就成了它的效能指標。

6-1-1 記憶體的標準與規格

記憶體也和其他電腦產品一樣，有著一系列的標準與規格。選購前，若能了解它們分別代表的意義，再結合使用需求，就能買到合適的記憶體了。下表整理了記憶體代代演進的過程，同時要記得記憶體是不向下相容的，也就是 DDR5 的記憶體是無法插在 DDR4 插槽上的，所以選購主機板時要確定記憶體規格。

	SDRAM	DDR	DDR2	DDR3	DDR4	DDR5
推出年	1988	2000	2003	2007	2014	2021
預取	1 位元	2 位元	4 位元	8 位元	每記憶庫位元	16 位元
資料速率(M)	100~166	266~400	533~800	1066~1600	2133~5100	3200~6400

	SDRAM	DDR	DDR2	DDR3	DDR4	DDR5
傳輸速率 (GB/s)	0.8 - 1.3	2.1 - 3.2	4.2 - 6.4	8.5 - 14.9	17 - 25.6	38.4 - 51.2
電壓 (V)	3.3	2.5 - 2.6	1.8	1.35 - 1.5	1.2	1.1

◎ 記憶體的類型

目前市面上還可買到的記憶體類型有 DDR3、DDR4、DDR5，從編號上可看出第三代到第五代全部都買得到，四代 DDR4 為主流，五代 DDR5 正如火如荼的發展中，其餘則因舊電腦耐用度太高，在舊電腦維修與升級下，舊記憶體仍然能在市場上流通。

不同規格的記憶體主要區別在針腳介面、最大容量及工作時脈等規格參數。下面將介紹記憶體的主要規格參數。

◎ 記憶體時脈（資料速率）

指記憶體與 CPU 每秒交換資料的次數，單位為 MHz；記憶體時脈越高，速度越快，效能也更為出色。

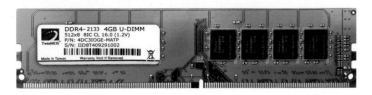

△ DDR4 起始時脈是 2,133MHz

按 JEDEC 官方求穩定的保守標準而論，無論處理器還是主機板在 DDR4 時脈的支援上只有 2133MHz、2400MHz、2666MHz、3200MHz，但市場上卻可見到更高的 3600MHz、4600、4800MHz 時脈，這就是基於時脈越高、速度越快、價錢越高的潛規則下，廠商將生產時通過安全超頻的記憶體放到了市場上，不過要想讓這些超頻的記憶體能發揮效能，還必須透過 XMP（Extreme Memory Profile）進階式記憶體配置技術這樣的統一規範進行超頻，免得隨意設定了造成混亂，也方便消費者選購與使用。

XMP 這項技術是 Intel 於 2007 年 9 月提出的一項記憶體認證標準，DDR3、DDR4、DDR5 記憶體分別對應到 XMP 1.0、2.0、3.0 配置技術。

啟用 XMP 的方法很簡單，在 BIOS 中找到 XMP 設定按鈕，按下要啟用的那一個即可，或從 XMP 選單中選擇設定檔，甚至是自己手動調整參數都可以。各家 BIOS 或許有些不同，請參照使用手冊操作。

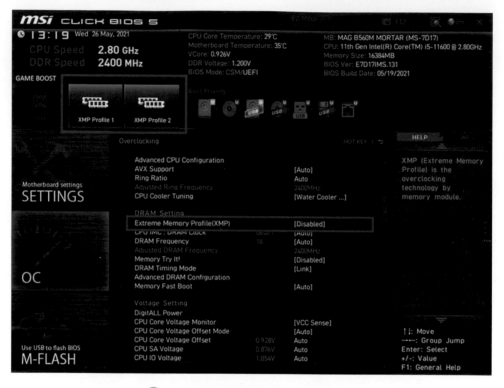

▶ 在 MSI 微星主機板 BIOS 上調整 XMP

◎ 容量

容量或許是大家常聽到的記憶體性能指標之一，同時也是最容易從包裝上獲取的資訊。目前市面上常見的容量為 4GB、8GB、16GB，容量夠大便可同時運作多個程式與大型遊戲；但若容量不足，當執行運作資料較多的程式時，電腦的運作就會變慢，進而影響整體的性能發揮。

容量是迎合需求的，對於一般應用來說超過 16GB 的記憶體並沒有多少提升，所以零售產品以 4GB、8GB、16GB 為主，32 與 64GB 也有許多，並不是做不到那麼大，以 DDR4 來說，單條容量可以達到 256GB，只不過在消費市場實無此需求。

▲ DDR4 單條容量可以達到 128GB

在記憶體容量選擇上，要注意的是，超出需求太多的記憶體容量也是浪費，並不會因此提升電腦效能。一般只要控制在多出常用記憶體需求的 30% 即可。

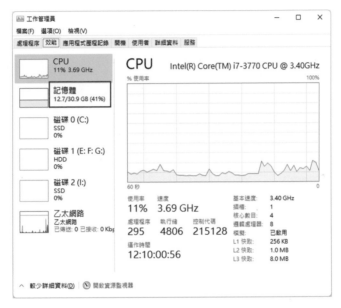

▲ 剩餘記憶體容量太多等於浪費

◎ ECC 記憶體技術

ECC（Error Checking and Correcting、Error Correction Code，指令校正技術）是一種資料傳輸的校正技術，用於檢測存取資料時的正確性，主要用於伺服器電腦。ECC 記憶體只是比一般產品額外多出一顆校驗功能，於外觀上並無太大的區別，而市場上的正品記憶體基本上都是具備 ECC 校驗的。

◎ SPD 功能

SPD（Serial Presence Detect）用於檢測並記錄記憶體模組的相關訊息，如容量、電壓、行 / 列位址數量、頻寬以及各種主要操作時序等。SPD 的主要功能是

免去開機時再次偵測記憶體的動作，可直接讀取 SPD 儲存的訊息，進而充分發揮記憶體的效能。

記憶體上的 SPD 小晶片 ——

▶ SPD

◎ 延遲

記憶體延遲（Latency）表示記憶體反應的速度。由四個連結的數字中的第一個數字表示，如「9-9-9-24」，依次表示 CL、tRP、tRCD、tRAS 等參數。DDR3 的 CL 基本上都是 9，DDR4 則在 15 左右，所以產品標籤上一般就不標示了。

參數 CL、tRP、tRCD、tRAS 代表的意義：

- **CL（CAS Latency）**：表示收到 CPU 命令到執行此命令的時間間隔，它也是延遲中最重要的參數。

- **tRP（RAS Precharge）**：指終止記憶體一行儲存位址到啟動另一行的時間。

- **tRCD（RAS to CAS Delay）**：表示記憶體收到命令請求到請求被啟動的延遲時間，該項參數對記憶體的效能影響較小。

- **tRPD（Active to Precharge Delay）**：表示接收到新命令後到開始初始化列、行位址，以及處理新命令的延遲時間。

◎ 時序

時序（Timing）是儲存在記憶體 SPD 上的一系列參數，它們表示記憶體的搜尋位址時間。因此搜尋位址時間是指記憶體將檔案儲存到儲存位置後，再次讀取該檔案時所需的時間。

◎ 頻寬

如果說記憶體是 CPU 與硬碟的橋樑，那麼頻寬就是此橋樑的寬度，頻寬的大小代表了記憶體的讀取速度。它與時脈的關係為：頻寬 = 傳輸頻寬 * 時脈 /8。記憶體的頻寬與容量一樣，同樣影響著記憶體的效能。

6-1-2　記憶體與主機板的搭配

主機板上通常都有 1～3 對的記憶體插槽，每對皆由兩個不同顏色的插槽組成；若要讓主機運行雙通道或三通道、四通道模式，安裝時必須將記憶體按主機板上標示的插槽中。另外，主機板也有固定的記憶體支援類型，只有在可對應的情況下才能正常使用，例如 DDR4 記憶體是不能安裝在採用 DDR5 記憶體的主機板上。本節將介紹記憶體與主機板的搭配須知。

◎ 支援類型

主機板所支援的記憶體類型一般是固定的，例如：以 B660 晶片組的主機板為例，該主板支援 DDR4，若事先沒了解清楚，為了追求性能而買了 DDR5 記憶體，就會因為主機板不支援而無法安裝。因此在購買之前，務必要確認自己的主機板究竟支援何種類型的記憶體，以免發生白花冤枉錢的情形。

◎ 最高支援容量

容量越高的記憶體，效能自然也更好，但主機板支援的最高容量並非漫無限制，目前市面上的主機板一般配備 2 個或 4 個記憶體插槽，而常見的記憶體單條容量為 8G，即含有 2 條記憶體插槽的主機板最高支援容量為 16G。大家可根據主機板的配置，以及作業系統的要求購買適當的記憶體，通常情況下，8G 的記憶體已經可以滿足一般應用需求，若安裝到 16GB 則能滿足絕大多數使用者的需求了，對於高強度的多工、影像、繪圖、3D 設計則視實際情況增加。

◎ 安裝技巧

購買記憶體後，應該如何安裝到主機板上呢？如果是安裝單一記憶體，只要觀察主機板的插槽類型，並配合廠商設計的防呆裝置，即可輕鬆的將記憶體正確插入對應的插槽中，否則插不進也扣不緊插槽。

◎ 安裝雙通道

目前的主機板都支援雙通道模式，不過如今的記憶體控制技術已經很完善，雙通道與否對效能影響不大，不過對於內建高效能顯示晶片對記憶體頻寬的要求較高，所以組成雙通道能更完全的發揮效能。

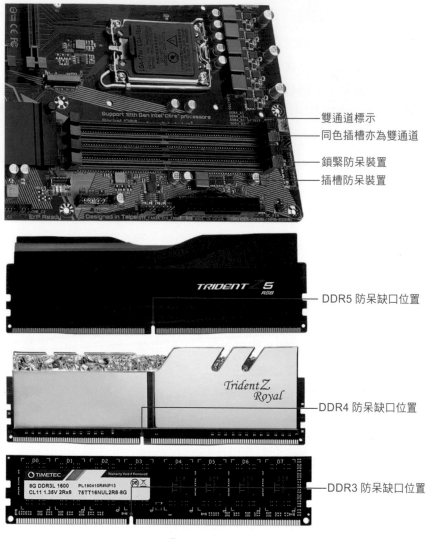

雙通道標示
同色插槽亦為雙通道
鎖緊防呆裝置
插槽防呆裝置

DDR5 防呆缺口位置

DDR4 防呆缺口位置

DDR3 防呆缺口位置

▶ 安裝記憶體很簡單

6-2　玩家解惑選購迷思

近來各種軟體與遊戲佔用的記憶體越來越大，一些早期的 2GB、4GB 記憶體已經不敷使用。雖說市場上記憶體比較便宜，但是一些選購誤區也可能會讓你多花錢，卻得不到效能提升。針對這些情況，以下將對重點方面進行一些分析。

6-2-1 要 DDR4 還是 DDR5？

如果價格一樣，當然是選 DDR5，但要記得 CPU 與主機板都要一併搭配才行。

DDR4 時脈目前看到最高就是 4600MHz，而 DDR5 起跳就是 4800MHz，而理論測速 DDR5 雖比 DDR4 快 1.5 ～ 2 倍，但實際影響電腦效能的主要元件是 CPU 與硬碟的情況下，DDR4 與 DDR5 速度上的差異實在讓人感受不出，因此建議將有限的資源優先投放在 CPU 與 NVMe SSD 固態硬碟上，再從主機板與顯示卡著手，都能更輕易的取得明顯的效能提升感。最後要注意的是，如果電腦效能早已超出使用需求許多，那增加再多的效能也是無感的喔。

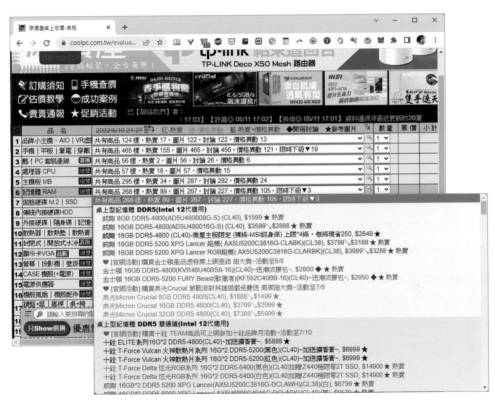

▶ 原價屋網佔有許多記憶體可參考

6-2-2 內建顯示的 CPU 怎麼配記憶體？

對於內建顯示的 CPU 而言，必須將一部分記憶體挪作顯示記憶體用，所以記憶體容量最好大一些，64 位元系統配 8GB 或更多記憶體為好。雙通道幾乎是必須的，買兩條 4GB、8GB 或 16GB 的，而不要買單條的大容量產品。因為便宜，

DDR4 時脈可以選 3200MHz 以上，若超出 3200MHz 但主機板卻不支援記憶體超頻時，記憶體時脈將會受限於 CPU 原生支援，因此使用不具記憶體超頻的主機板時，就不需要買時脈超過 3200Mhz 以上的記憶體了。

6-2-3　記憶體時脈很重要嗎？

時脈越高，基本上價格就越高，如 DDR4 最低時脈的 2,133MHz 8GBx2 價格大約一千五百多元，DDR4 4600MHz 就高達五六千元，DDR5 4800MHZ 最低時脈則是三千多元就能買到。然而，高時脈記憶體是否值得一般消費者購買呢？其實就目前絕大多數應用而言，2666MHz 的記憶體就能滿足需要，一味提升記憶體時脈，對電腦整體效能的影響微乎其微，當然 DDR4 3200MHz 的價格也不高，還是可以購買的。至於價格越來越高之 4600MHz 的記憶體，對一般消費者來說作用不大，畢竟我們的電腦不是整天在進行科學運算，細微差別根本感覺不出來。

還是提醒一句，當感覺必須提升效能時，優先把資源投在 CPU 與 SSD 固態硬碟上，才是上算之道，次要則是顯示卡，主機板則是一定要穩的穩定基礎；想藉由提高記憶體時脈來提升效能的結果，幾乎都是沒感覺收場。

6-2-4　多大容量的記憶體才夠用？

其實前面我們已經對電腦記憶體容量做過一些探討，但是並沒有深入分析。接下來將根據做系統發展和軟體應用來介紹多少記憶體容量才合適。

最新的作業系統 Windows 11 記憶體最低配置要求是 4GB。在 4GB 記憶體下，上網、看電影或者是玩一般遊戲大都沒問題，且大多數程式也是針對這一層進行開發。如果你想多開遊戲，那麼 4GB 記憶體可能會有些吃緊，這時候並不是你的顯示卡不夠力，往往是記憶體容量小導致遊戲卡頓。此時果斷的將記憶體增加到 8GB，一勞永逸的就上到 16GB，卡頓情形肯定可以得到改觀。

一般建議作為文書處理用的 i3 電腦，裝 8GB 記憶體就夠了，多裝也不會變快；i5 的遊戲機則建議至少 8GB，能裝到 16GB 更好；想享受 i7 的效能機，建議至少裝 16GB 記憶體，能上到 32GB 當然更好，但若是效能超出實際需求太多，多裝記憶體是不會提升效能感受的，但記憶體若不夠用，肯定會拖垮電腦效能。

本章介紹了記憶體的標準規格、主機板搭配及常見的性能參數等，並在最後提供各項選購時注意事項。相信經過本章的學習之後，也可以輕鬆完成記憶體的購買、安裝及使用，並選購到適合自己的記憶體。

機械硬碟主要是以磁性碟片和機械馬達構成的,它容量大、價格便宜、安全穩定,依然是多數人裝機的首選。所以這一章就為你介紹機械硬碟的選購知識,同時,也會簡單的與固態硬碟進行一些對比。

7-1 認識硬碟

硬碟是資料儲存的主要裝置,一旦有任何故障問題,均可能導致重要資料遺失,造成難以彌補的缺憾,因此硬碟的精良與否,決定了資料保存上的安全性。而目前市面上的硬碟有各種不同的類型與規格,在價格、效能上也存在著種種差異。本節將向你介紹硬碟的外觀特徵,以及具體的類型與規格,以幫助你認識硬碟。

7-1-1 硬碟類型

市售的機械硬碟通常使用紙盒包裝。打開包裝後,會看到機械硬碟的外觀是一塊被金屬鐵殼包覆著的長方體,正面貼有產品標籤,背面是傳輸介面插槽,底部則有一大塊控制電路板。SSD(即固態硬碟)則背面為標籤,正面可以看到連結埠,並且看不到控制電路板,算是與機械硬碟略有差異,若是 NVMe PCIe 規格的 SSD,則是一張長形小卡。

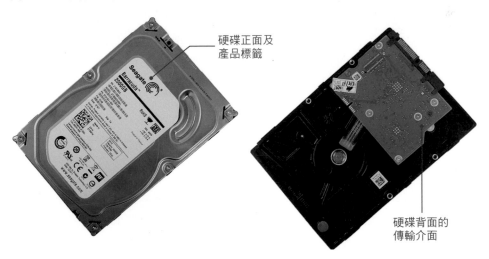

硬碟正面及
產品標籤

硬碟背面的
傳輸介面

SSD 反面

SSD 正面

M.2 NVMe PCIe SSD

硬碟產品標籤上清楚標示了生產廠商、產品編號、容量、緩衝記憶體等相關訊息，根據標籤內容能快速掌握這項產品的重要資訊。

> **深入探討　硬碟編號規則**
>
> 　　各種品牌的硬碟上都有一個流水編號，透過此編號方便廠商得以簡易的管理硬碟相關訊息，包括品牌、尺寸、介面類型甚至轉速等。不同品牌的編號規則皆不盡相同，且會隨著產品更新與新技術的採用而變動，但大致仍可判斷。
>
> 例如 WD（Western Digital）編號通常可區分成五個部分：品牌名＋容量＋轉速＋傳輸介面＋硬碟類型。如在主編號 WD40EZAZ 中：WD 代表品牌名；40 代表容量為 4TB；E 代表轉速為 7,200 轉 / 秒；ZAZ 則示此產品採用 SMR 寫入技術，若是 ZRZ 就是採用 CRM 寫入技術。

◎ 寫入技術

目前傳統硬碟的容量動輒就是 4TB、8TB、12TB 般的起跳，但價格卻依然很漂亮，主要原因就是大量採用了稱為「疊瓦式磁記錄」的 SMR 技術，優點是在同樣的碟片上能提升儲存容量，但因為是藉由重疊的方式除存在軌道上，因此只能

循序而無法隨機寫入，導致性能很差，尤其在儲存大檔案時，會造成長時間寫入緩慢的問題。

由 SMR 技術的特性可見，在單位容量上優於使用傳統磁性記錄技術的 CMR（亦稱 PMR, 垂直磁性記錄），但在傳輸速率上則是 CMR 大勝外，SMR 還有不耐用的缺點與價格低、輕薄的優點。因此使用傳統硬碟的目的若是為了能更久且穩定的保存資料，就建議選購 CMR 寫入技術的硬碟或是高貴的企業碟。目前 2TB以上的硬碟大多使用 SMR 技術，因此選購前除了根據需求外，若一定要買 CMR技術的硬碟，可上網 Google 查詢，在眾多品牌與規格中必找顆適合自己的硬碟。

◎ 介面

硬碟的側面包括了電源插槽與傳輸介面插槽，其中電源插槽用於連接電源供應器，為硬碟提供穩定的獨立電源；而傳輸介面則用於連接主機板，是硬碟與其他硬體之間訊息傳輸、交換的通道。

機械硬碟主要使用 SATA3 介面，能以 6Gb/s 的高傳輸效率極大化的滿足傳統硬碟的讀寫傳輸速率。

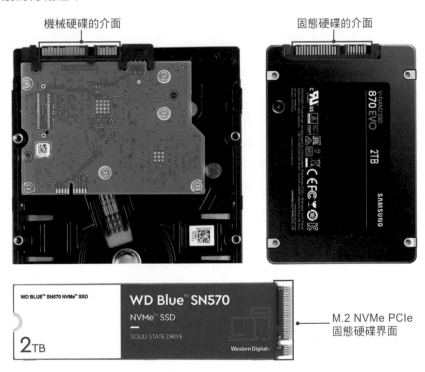

▶ SATA 介面的硬碟

◎ 控制電路板

控制電路板位於硬碟背面底部，顏色為綠色，上面搭載了許多晶片和元件，主要是負責控制碟片轉動、磁頭讀寫、資料傳輸等重要工作，若電路板出現問題，則硬碟將無法執行作業。

注意事項

由於硬碟工作時，非 SSD 的傳統物理硬碟的碟片會以極高的速度旋轉，因此除了要用螺絲將硬碟牢牢固定外，還必須避免主機整體的移動或搖晃，免得在讀寫過程中因震動而造成硬碟損壞。

▶ 控制電路板

7-1-2 硬碟規格

硬碟機的規格參數包括容量、轉速、資料傳輸率、平均搜尋時間和抗震性。這些參數通常可見於硬碟的標籤紙或外包裝盒上，根據這些數值能有效協助使用者判斷產品的效能。

◎ 單雙碟與容量、尺寸

由於硬碟的內部空間有限，通常只能放置 2 ～ 5 個碟片，所以很難透過增加碟片數量來加大容量。因此提高磁碟的記錄密度、增加單碟容量就成為比較可行的提升途徑。而且一旦提高磁碟記錄的密度後，磁頭在讀取、搜尋時所花費的時間也會減少，等於變相地提高了資料傳輸率。

目前主流傳統硬碟的尺寸多為 3.5 英吋，其尺寸的大小也關係到內部碟片的容量，所以擴大尺寸也有利於硬碟容量的提升。採電子式非碟片讀寫的 SSD 固態硬碟尺寸則為 2.5 英吋，最快的 NVMe M.2 SSD 則是一張狹長的小卡。

◎ 轉速與緩衝記憶體

轉速是指硬碟內軸承的旋轉速度，也就是指碟片在一分鐘內所能達到的最大轉數；而緩衝記憶體則是硬碟上儲存晶片的容量，同時也影響了硬碟存取檔案的效率。

◎ 轉速（Rotational Speed）

硬碟轉速以每分鐘多少轉來表示，單位為 RPM（Rotations Per Minute）。轉速是選購硬碟時的重要參數之一，也是決定內部傳輸率的關鍵因素，轉速越高的硬碟，其搜尋資料的速度也就越快，相對的熱量也會越高，需要較好的散熱環境。目前桌上型主流硬碟的轉速有 7,200RPM 及 10,000RPM；基於散熱性的考量，筆記型電腦通常採用 5,600RPM 轉速的硬碟。

◎ 緩衝記憶體（Buffer）

為控制電路板上的儲存晶片。當機械硬碟在讀取資料時，會先將要交換的檔案從硬碟中提取到緩衝記憶體，再透過緩衝記憶體來與其他裝置進行資料傳遞。同樣的原理，如果要從外部裝置寫入資料至硬碟，也會先將資料存放至緩衝記憶體，硬碟再從其中提出資料、寫入碟片。因此，硬碟的緩衝記憶體容量越大，則硬碟在存取上也就越流暢，工作效率越好。

硬碟的轉速與緩衝記憶體資訊除了可以在產品標籤上查詢之外，也可透過 AIDA64 軟體進行檢視。

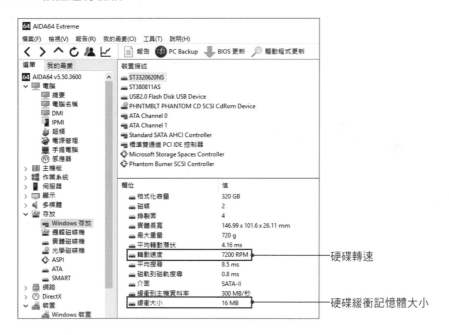

◎ 滾珠軸承與液態軸承

機械硬碟的軸承有滾珠和液態兩種。滾珠軸承是指馬達運轉時，以鋼珠作為軸承進行轉動，而液態軸承則是以液態油膜來替代滾珠。目前的機械硬碟都採用液態軸承，選購時就不用為此費心了。

硬碟的主軸

▶ 內部結構

液態軸承為滾珠軸承後的新式技術，相較於滾珠軸承，具有以下幾項優點：

■ 可避免軸承與金屬零件直接接觸，降低機械的磨損，延長裝置的使用壽命。

■ 軸承的阻力較小，可減少磨擦產生的熱量，也能降低運轉時的噪音。

■ 油膜與金屬面之間有一層細小的空隙，可吸收震動，提高硬碟的抗震性能。

◎ 持續傳輸率（Sustained Transfer Rate）

指在一個週期內，磁頭寫入、存取磁片時相對穩定的速率，其單位通常為 MB/s（百萬位元組 / 秒）。硬碟的資料傳輸率分為內部傳輸率和外部傳輸率兩種，其快慢會直接影響作業系統的效能。

內部資料傳輸率

指磁碟與緩衝記憶體晶片間的資料傳輸速度，單位以 Mbps（百萬位元 / 秒）計算，同時也是影響硬碟效能的關鍵之一。

外部資料傳輸率

指緩衝記憶體晶片向外部裝置傳輸資料的速度，單位為 MB/s。其中插槽的傳輸介面是影響此數值的主要因素，如 SATA 3 硬碟的最大傳輸速度已達到 6Gbit/s（600MB/s）。

雖然硬碟的外部傳輸率遠高於內部，但其整體讀寫的效能還是要受限於內部傳輸率，所以一部硬碟的內部傳輸速度才是真正衡量效能的關鍵。

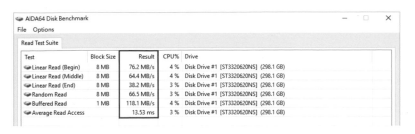

Test	Block Size	Result	CPU%	Drive
Linear Read (Begin)	8 MB	76.2 MB/s	4 %	Disk Drive #1 [ST3320620NS] (298.1 GB)
Linear Read (Middle)	8 MB	64.4 MB/s	4 %	Disk Drive #1 [ST3320620NS] (298.1 GB)
Linear Read (End)	8 MB	38.2 MB/s	3 %	Disk Drive #1 [ST3320620NS] (298.1 GB)
Random Read	8 MB	66.5 MB/s	3 %	Disk Drive #1 [ST3320620NS] (298.1 GB)
Buffered Read	1 MB	118.1 MB/s	4 %	Disk Drive #1 [ST3320620NS] (298.1 GB)
Average Read Access		13.53 ms	3 %	Disk Drive #1 [ST3320620NS] (298.1 GB)

▶ 內部速度與介面速度相去甚遠

◎ 平均延遲時間

電腦的許多周邊裝置都有操作上的延遲時間,當然硬碟也不例外。「平均延遲時間」是指硬碟接收指令到實際完成動作間的時間差,其時間越短,則表示硬碟的效能越好,目前市面上的硬碟平均延遲時間皆少於 6ms。

◎ 平均搜尋時間(Average Seek Time)

指磁頭移動到資料所在磁軌所花費的平均時間,單位為 ms(毫秒)。硬碟的平均搜尋時間越短,代表效能越高,目前產品的平均搜尋時間皆在 9ms 左右。

◎ 平均不出錯時間

MTBF(Mean Time Between Failures)這項參數是指硬碟運作時出現一次故障的平均時間。無故障的平均時間越長,其穩定性越好。目前主流硬碟的平均無故障時間往往都超過 10,000 小時,但是平均無故障時間並不等於產品的保證使用時數,注意不要將兩者混淆了。

◎ 抗震性

硬碟對震動的感應十分敏感,因此部分抗震係數較差的硬碟,很容易因為些微搖晃或移動而損壞碟片。在使用前請務必確認硬碟是否已經固定,並切記在運轉時盡量不要搬移電腦主機。

硬碟的抗震性以 G 為單位,一般滾珠軸承的抗震性約為 150G,而經過改良研發後,新型的液態軸承可達 1,200G 以上的抗震性,幾乎是滾珠產品的 10 倍之多。

7-2 主要硬碟介紹

硬碟發展至今，在傳輸介面與儲存技術上也更迭出現多種類型，如 IDE、SATA、SCSI 及外接式硬碟等，由於目前 IDE 介面已退出市場、SCSI 則非一般消費者所需，因此，以下將簡單介紹幾種市場主流的硬碟。

7-2-1 SATA 硬碟

SATA 是 Serial ATA（Serial Advanced Technology Attachment）的縮寫，亦稱串（序）列 ATA。此種硬碟採用電磁干擾較小的序列線路來傳輸資料，因此速度較以往更快；且由於工作頻率的提升，使得 SATA I 就可達到 150MB/s 的傳輸速率，SATA II 增加一倍為 300MB/s，SATA III 的速率又提升一倍，達到 600MB/s（6 gb/s）的速率。目前市場上的 SATA 硬碟以 SATA III 為主流，SATA I、II 硬碟已退出市場。

SATA 介面還支援了隨插隨用技術，可以在電腦運作時立即插上或拔除硬碟，擁有如 USB 般的便利性。值得一提的是，SATA 介面的排線及接頭也較小，因此更利於機殼散熱，也間接增進了電腦的穩定性。

▶ SATA 硬碟

7-2-2 SSD 固態硬碟

固態硬碟具有防震性能好、讀取 / 搜尋速度快、省電、無噪音等優點，但由於使用壽命無法與傳統硬碟抗衡，因此還無法完全取代機械硬碟。一般都是採用固態硬碟安裝作業系統或工作用資料暫存與交換使用，以在超快的速度下大幅提升運作效能，而傳統機械硬碟就用來儲存與備份資料。

▶ 固態硬碟

7-2-3　外接式硬碟

外接式硬碟具有體積小、容量大、速率快等特點，且具有支援熱插拔的「隨插即用」功能，因此較多作為筆記型電腦的擴充裝置。目前 PC 上使用的傳輸介面主要以 USB 為主，部份產品也會使用 Thunderbolt 介面。

深入探討　Thunderbolt 雷電

　　Thunderbolt 是 Apple 和 Intel 公司的合作產物，旨在取代 USB 與早期的 eSATA 等介面，目前已具有 40Gbps 的傳輸速率，理論上最高傳輸速度可以達到 50Gbps，發展空間很大。前兩代採用的是介面是與 Mini DisplayPort 整合，第三代開始改為與 USB Type-C 結合，並能提供電源。

Mini DisplayPort 介面

USB Type-C 介面

▶ Thunderbolt 接頭

◎ USB 外接式硬碟

市場上的 USB 外接式硬碟以 USB 3.0/3.2 外接式硬碟為主，其最高傳輸速度可達 10 Gbit/s，且其相容性極高，還支援隨插即用功能，為目前大多數外接式硬碟的主流介面。

理論上最高傳輸速度達 5 Gbps 的 USB 3.0 硬碟也已經很多，而 USB 3.2 則提升到 10 Gbit/s，它們不僅能插入 USB 3.0/3.2 連接埠，並且也向下支援 USB 2.0，但當插入 USB 2.0 介面時，由於介面支援的速度有限，此時外接式硬碟就只有 USB 2.0 的傳輸速度了。

使用上，若行動硬碟採用的是傳統的機械式碟片硬碟，USB 2.0 的傳輸速度已足以勝任，即使更改成 USB 3.0/3.2，在效能上的提升也非常有限。但若改用 SSD 硬碟，就能發揮 USB 3.0/3.2 規格的優勢了。

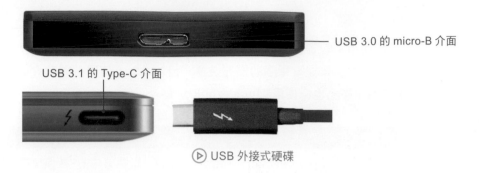

USB 3.0 的 micro-B 介面

USB 3.1 的 Type-C 介面

▶ USB 外接式硬碟

◎ eSATA 外接式硬碟

eSATA 是 External Serial ATA 的簡稱，常用於大容量的外接式硬碟中。它其實是 SATA 介面的延伸擴展，因此傳輸速率與 SATA 標準相同，也支援熱插拔功能；相較於 USB 外接式硬碟，eSATA 不僅傳輸更穩定、傳輸速度也更高。順帶一提，eSATA 採用的連接線有別於 SATA，其最大長度可達 2 公尺，為資料傳輸提供了不少便利性。目前市場上的 eSATA 外接式硬碟往往還會同時支援 USB 介面，不過採用此傳輸介面的硬碟已經越來越少了，甚至快要絕跡了。

eSATA 介面 ——　　　　　　　　　　—— USB 3.0 介面

▶ eSATA/USB 外接式硬碟

7-3　玩家解惑選購迷思

硬碟選購需要注意的事情並不多，不過也不能太馬虎，目前市場上可選的品牌並不是很多，下面會對一些常見的選購疑問進行解答。

7-3-1　固態硬碟比機械硬碟快很多嗎？

機械硬碟的傳輸速度一般在 100MB/s ～ 200MB/s，而 SSD 固態硬碟則可達到 1500MB/s 以上，可以說兩者在速度方面不可同日而語。不過產品上標識的多為理論速度，實際應用中會有一些縮水，總體而言固態硬碟的速度可以達到機械硬碟的十倍以上。

△ 固態硬碟的速度遠高於機械硬碟

由於固態硬碟在傳輸速率上的優勢，因此當電腦效能受到傳統硬碟傳輸速率限制，始終無法完全發揮的情況下，固態硬碟輔一上市就釋放了硬碟傳輸速率的束縛，因此在價位進入一般消費者接受的區間後，大量採用固態硬碟作為開機碟的趨勢就立即應用而生了，當時即使是一部七、八年的舊電腦，只要換用固態硬碟開機，其開機速度提升十倍有餘，程式執行效率也都能直接感受其效能的提升。

◎ 優缺點

與機械硬碟相比，固態硬碟具有下列優點：

- 抗震性能佳。由於固態硬碟拿掉了碟片的設計，因此較不會因震動而造成運作上的影響，具有較強的抗震能力。

- 耗電量、熱量低。

- 無噪音。固態硬碟運作時是完全無聲的。

- 安全性高，存取速度快。固態硬碟由於抗震性好、發熱量低等特點，使其資料保存上具有更高的安全性，同時也支援長時間的連續運轉；存取效率比機械硬碟快十數倍以上，可以有效提升電腦的工作效能。

但固態硬碟也有以下於技術上尚未突破的缺點：

- 成本高、使用壽命僅有數年時間，有的用的久，有的用不長，這也是固態硬碟無法取代傳統機械硬碟的主因。由於每單位儲存容量價格比機械硬碟高，且使用時間也相對較短，因此，在耐操的程度上不如機械硬碟。

- 容量小。雖然技術不斷突破已達 1TB 以上，但相對於傳統硬碟動容量輒數 TB 且價格低廉，以及目前系統與軟體所佔空間容量越來越大的情況下，其容量仍有過小的問題；解決方案就是將其用於系統與工作碟，傳統硬碟作為資料儲存與備份碟，可達到高效能又經濟實惠之效。

由於固態硬碟的生產技術日益成熟，固態硬碟的價格已較平民化，大部分裝機時都會將其列入採購範圍，但因其容量較小，所以通常還會額外購置一塊機械硬碟以儲存與備份大量資料。

7-3-2 要不要買個超大的機械硬碟？

硬碟多大才夠用，這沒有什麼統一標準，多少「夠用」完全根據應用需求而定。一般的家庭 500 GB 就夠用，可是目前幾乎以 1TB 起跳，而 1TB 與 2TB 價格十

分接近,因此建議直接選購 2TB 硬碟。如果有大量資料需要儲存,當然可以考慮買 4TB 甚至 6TB 以上。

7-3-3 舊電腦的硬碟還能用麼?

機械硬碟的使用壽命很長,一般使用 5 年甚至 10 年都不會壞。另外,SATA3 是可以向下相容 SATA2 硬碟的,所以介面也不是問題。早期的 IDE 介面硬碟,現在是無法使用了,主機板都不提供介面插槽了,除非購買轉接設備才能讀取。

本章詳細介紹了機械硬碟的外觀、技術參數及種類,相信你對硬碟已經有了較深的了解。不過在購買產品前,還需要多考量硬碟的主要用途,另外也可以到原價屋網站,或 PChome、Yahoo 等網路商城查閱產品的參數與規格,貨比三家後,才能買到最適合自己的產品。

08 正夯的 SSD 固態硬碟

固 態硬碟的價格已經大幅跳水，用它裝機也是很平常的事。不過固態硬碟之間的效能差異巨大，選購上要比機械硬碟複雜的多，所以我們單獨用一個章節來分析產品優劣以及選購要點，希望能對你有所幫助。

8-1 剖析 SSD

固態硬碟的內部結構相當簡單，就是一塊 PCB 板，上面有緩衝記憶體顆粒、控制晶片和儲存資料的記憶體顆粒。有一部分固態硬碟沒有緩衝記憶體，對效能略有影響，不過價格會便宜一些。結構主要是這樣，接下來會分析一下主要部分。

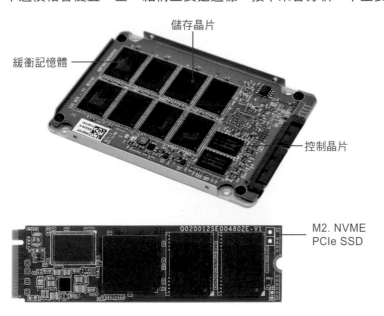

儲存晶片

緩衝記憶體

控制晶片

M2. NVME
PCIe SSD

8-1-1 記憶體的顆粒與製程

作為固態硬碟核心的儲存晶片（Flash 記憶體顆粒），主要四種類型，分別是 SLC（單層）、MLC（雙層）、TLC（三層）、QLC（多層）。SLC 顆粒速度快、使用壽命長但是價格比較貴，一般來說高階固態硬碟才會使用；MLC 速度一般、使用壽命也一般，但是價格相對便宜；TLC 速度慢、使用壽命短，價格最為便宜。QLC 與 TLC 的性能和使用壽命相當，但因儲存密度更高而大幅提升了儲存容量。

從顆粒本身的特點來說，MLC 可能最適合我們，價格、效能和使用壽命適中。SLC 雖好，但其價格大多數人難以接受。在市場上，TLC 的成本非常低，因應技術提升在效能與壽命均超出實用級後，市場上已廣泛銷售中，使用壽命也都有 3 ～ 5 年的保固。

▲ 記憶體的顆粒

比 TLC 壽命更短的 QLC，是在 Intel 英特爾與 Micro 美光合作開發了 3D NAND 技術，可將單位儲存單元堆疊最高 32 級，如此單個 MLC 儲存晶片上最高可增加到 32GB 的儲存空間，TLC 則可增加到 48GB。

在選購上，SSD 雖都有 3 ～ 5 年的保固，但硬碟何時會故障是難以預料的，因此建議將 SSD 作為系統與需頻繁存取資料的工作碟，把重要的與完成的資料備份在傳統硬碟上，如此方為最佳應用解決方案，亦即善用 SSD 的速度、傳統硬碟的保存性。

目前新一代的主機板都會額外提供專用的插槽給 M.2 NVMe PCIe 界面規格的 SSD 使用，由於其傳輸速率比 2.5 吋 SSD 更高更有效率，因此在條件允許下，M.2 規格的 SSD 應當作為選購首選，但要注意與主機板 M.2 規格的適配性，如主機板支援 PCIe Gen4 就要購置 Gen4 的 SSD，才能發揮應有的效能，若購置了 Gen3 的 SSD，效能將會打折扣，反之亦然。

8-1-2 SSD 的大腦－控制晶片

SSD 結構簡單，製作門檻不高，所以它的市場比較混亂。可能各位也看到了：顯示卡生產商在做 SSD、主機板生產商也在做 SSD、記憶體生產商更要做 SSD，其他廠商同樣有可能參與進來。相對來說，記憶體生產商更可靠一點，畢竟記憶體和 SSD 是差不多的。

SSD 是多個儲存晶片組成陣列，以達到高速度讀寫的目的，單獨一個晶片，還沒有磁碟速度快。所以，晶片之間的協調與算法是非常重要的，而這就體現在控

制晶片上。無法衡量哪一家最好，但是建議大家最好不要選擇新加入生產 SSD 的廠商，因為技術成熟是需要時間的，我們沒有必要花錢做測試。

8-1-3　韌體影響穩定性

某某廠商因為韌體有問題，導致固態硬碟在使用一段時間後出現故障，這種新聞並不罕見。這方面跟主控晶片差不多，避免有負面新聞的產品，選擇口碑好且長期以固態硬碟為核心產品的企業，會減少碰到問題的機率。

8-2　玩家解惑選購迷思

選購過程中，可能你會碰到更多問題，所以接下來，會對常見問題進行解答，希望能減少失誤。

8-2-1　M.2 介面是不是一定很快？

不一定，可以很快，但重點是看與 CPU、主機板的支援性與適配性而非由 M.2 單一介面決定，且介面從來都不是衡量速度的標準。

由於所有的 PCIe 通道工作方式都一樣，採用直接與 CPU 連接的 CPU PCIe 通道肯定比使用晶片組通道連接至 CPU 的效率還高，然而 CPU 通道數是有限的，而 GPU 與 NVMe 固態硬碟卻又都很需要，怎麼辦呢？解決方案就是提升 CPU 通道。以 Intel 11 與 12 代 CPU 為例，11 代有 20 個 PCIe 4.0 通道，12 代則有 16 個 PCIe 5.0 與 4 個 PCIe 4.0 通道，如此在 GPU 使用 16 個，NVMe 固態硬碟使用 4 個通道下，會最高效的發揮性能，而且在 12 代 CPU 中使用支援 PCIe 5.0 規格的顯示卡，將能顯著的提升顯示卡效能。反觀若使用的是只有 16 個 PCIe 通道的 CPU，要同時滿足 GPU 與 NVMe 固態硬碟時，只能透過將 GPU 通道頻寬減半的方式處理了。

廠商都在強調 M.2 介面的 SSD 有多高速，但為何 M.2 介面不是衡量速度的標準呢？事實上，M.2 是只電腦內部擴充卡及相關連接器之外觀尺寸與針腳的電氣介面規範，用來取代 PCI-E 介面標準的，理論上能提供 4 個 PCIe 通道，且能選擇支援傳統的 SATA 匯流排，或是使用 NVMe 作為 PCIe 匯流排的邏輯裝置介面，後者能充分發揮 PCIe 高效能的特性。

蓋上散熱片的 M.2 裝置

M.2 介面插槽

△ M.2 介面

為何有時稱 M.2 SSD，有時又稱 NVMe SSD？那是因為 M.2 表示介面外觀，NVMe（Non-Volatile Memory Express，非揮發性記憶體通訊協定）則是一種專為 SSD 量身打造的通訊協定與驅動程式，可以充分的利用 PCIe 提供高頻寬以及與 CPU 直接進行傳輸，所以與使用 AHCI（Advanced Host Controller Interface，進階主機控制器介面）的 SATA 儲存設備相比，速度提升了 900% 以上，現今已成了系統碟的首選。

△ M.2 介面的固態硬碟

SSD 一開始問市時採用了 SATA 介面協定，如今發展到第三代（600 MB/s），接著因 PCIe 高傳輸量的特性，大量的被 SSD 採用，輕易的就超過了 1000 MB/s。

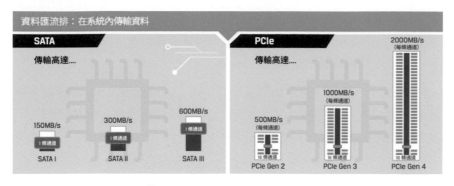

△ 圖片來源：Kingston 官方網站

8-2-2 固態硬碟很容易壞嗎？

固態硬碟不是容易壞，而是使用壽命沒有傳統硬碟長，一般就是三、五年，因此選購 SSD 時會優先以速度考量，而傳統 HDD 作為儲存資料用，所以考量的是穩定耐用。所以，M.2 NVMe PCIe SSD 作為系統碟，空間不夠時用 SATA SSD 作為資料碟，儲存與備份則用傳統 HDD。

你可能好奇，容量不夠時，為何不用兩根 M.2 NVMe PCIe SSD 作為系統碟與工作碟？因為 PCIe 通道數可能不夠分配，例如 CPU 有 20 個 PCIe 通道，16 個給 GPU 顯示卡用，另外 4 個給 NVMe SSD 用就滿了。

8-2-3 買多大容量的比較划算？

如果純粹只是用於系統與上網，128 ～ 256GB 的容量已綽綽有餘，然而目前主流產品多為 512 GB ～ 1TB，價位親民且差異不大，購買主流產品能在容量與效能上達到最好的平衡。

▶ 512GB ～ 1TB 上下的產品是目前 CP 值較高的

由於 SSD 的寫入次數有上限，為了延長壽命，只有當容量不足時，SSD 才會真正的從 SSD 中複寫資料，因此在理論上，SSD 容量越大，重複寫入的機率就相對越低，壽命也就越長越不會壞。

SSD 容量無論大小快慢，也不如機械硬碟耐用，建議購買 SSD 的時候，額外選購一塊機械硬碟。作業系統安裝在 SSD 上，日常資料儲存在機械硬碟中，速度和容量就可以兼顧，也能延長 SSD 的使用壽命。

09 顯示卡
Display Card / Graphic Card

高畫質多媒體影音發展蓬勃下，無論是玩遊戲還是 3D 影像設計，電腦所要處理的影像工作運算量越發龐大，如果擁有一張性能卓越的顯示卡，在處理這些高畫質影像時，便可以帶給使用者更流暢的使用經驗和身臨其境的視覺饗宴。不過，若只是一般上網、文書與玩玩網路遊戲，其實不需要用到獨立顯示卡，內建顯示的 CPU 已足以應付了。

在高階 3D 繪圖與電競 DIY 玩家的主機中，顯示卡常是最昂貴的配件之一，當然與之配套的主機板、CPU、電源供應器和機殼也都非常昂貴的。這昂貴的高階顯示卡價格，甚至超過一台文書應用級電腦的價錢，因此掌握顯示卡的特點，為自己的需求準確定位是非常重要的。

9-1 認識顯示卡

顯示卡（Display Card/Graphic Card）可以將數位訊號轉換後輸出，透過螢幕等顯示裝置來呈現影像。面對市場上種類繁多的顯示卡，究竟該如何分辨其中的優劣呢？本節將從顯示卡的外觀、種類、規格參數以及功用方面詳細分析顯示卡，讓你對顯示卡能有較深的認識，以便挑選到合適的顯示卡。

顯示卡正面

顯示卡散熱器

▶ MSI 微星 Gaming GeForce RTX 3070 Ti 8GB GDRR6X 256-Bit HDMI/DP Nvlink 梅花風扇 4 RGB Ampere 架構顯示卡。

中高階顯示卡外面會有比較華麗的外殼，外殼主要是由散熱片和散熱風扇組成的，如果拆下外殼就可以看到內部晶片。不過請不要輕易去拆，以免失去保固。

▶ 拆解顯示卡

高階顯示卡的包裝也比較考究，看上去就賞心悅目，彷彿藝術品一樣擁有獨特的美感。難怪許多人不惜大量金錢，追趕潮流。

9-1-1　獨立顯示卡

家用電腦的顯示卡原可分為獨立顯示卡和內建顯示卡，獨立顯示卡是指在購買電腦配件時需要另外購買，並且可在主機板上獨立安裝、拆卸的元件。一般來說，CPU 內建顯示晶片所換算的價格較獨立顯示卡低廉，但在效能上則遠遜於中高階獨立顯示卡。

如果電腦平時只是用來上網、玩網路遊戲、聽音樂或進行文書辦公軟體應用，使用內建顯示就夠了，除了能省下一筆開銷外，還能免去奔波選購顯示卡的辛勞。但對於遊戲玩家、繪圖 / 影像 / 影片剪輯設計人員來說，要如何選購獨立顯示卡就是個要好好琢磨的課題了。

目前市場上主流的顯示卡幾乎都是 nVIDIA 晶片組的 GeForce 系列，或 AMD 晶片組的 Radeon 系列，以下將一一為你介紹。

◎ nVIDIA 系列晶片組特性

nVIDIA（nVIDIA Corporation，英偉達）成立於
1993 年，是一家以設計生產顯示晶片及主機板
晶片組的半導體公司。nVIDIA 擁有全球最先進
的影像處理技術，其每一代推出的新產品，往往
都會牽動整個市場的現況及未來發展，因此一舉
一動都受到市場與玩家的關注。

▲ nVIDIA 公司的產品標誌

nVIDIA 的顯示卡型號的開頭數字，原本為一位數，現在已進入二位數的時代，
其表明的是該卡所在的系列，如 RTX 3090，前兩位數字 30 代表它是 3000 系列
的產品，而接著的第三位數字 9 則表明它在這個系列中的等級劃分。如果第三位
數字為 7、8、9 就是高階顯示卡，其中 9 是最高等級；如果第三位數字為 5、6
則為中階產品；但若為 1、2、3、4 就是低階產品。

AMD 目前在市場上的主流系列為 RX6 系列，其等級劃分與 nVDIA 類似，第
一位是產品系列，第二位則是產品在整個系列中的地位，如 RX6900 屬高階，
RX6600 為中階，RX6400 為低階，至於最高階的 RX 6950 在「桌面顯卡性能
天梯圖」網頁上的評比約略等於 RTX 3090 等級。

了解以上這些對選購顯示卡是很重要的，例如你選定了上一代的 RTX 2080
super 顯示卡，而經銷商提出幫你更換為新一代的 RTX 3060，並提出新一代肯
定比前一代好的論調，你買不買帳呢？

想了解各顯示卡的效能評比嗎？進入「桌面顯卡性能天梯圖」網頁就能一目了然
了，實在感謝網站主提供這麼詳盡的資訊。

https://www.mydrivers.com/zhuanti/tianti/gpu/index.html

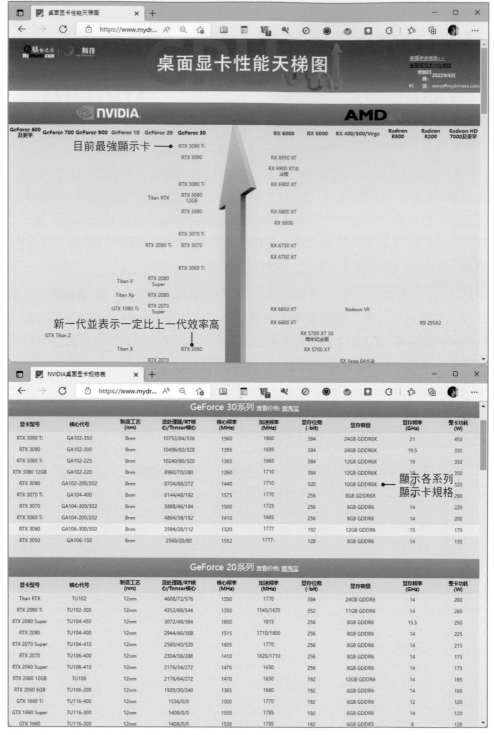

桌面顯卡性能天梯圖

nVIDIA 版本的意義

nVIDIA 在同一系列的產品上，也會用代號區分不同的等級，例如：GT、GTX、RTX、Ti、Super 等。其版本代號意義如下：

- **GT（GeForce Technology）**：低階顯示卡，一般網頁遊戲、文書處理、英雄聯盟等都還能勝任，一般價位落在在 3000 左右，例如 GT 1030。

- **GTX（GT eXtreme）**：中、高階顯示卡，可勝任於高畫質遊戲以及 Autocad、Solidwork 等繪圖軟體上。

- **RTX（Real-time Raytracing 實時光線追蹤）**：高階顯卡，相比於 GTX 系列，多了使用光影追蹤與人工智慧的 Tensor 核心等技術，價位落在 10000~50000 以上，例如 RTX 3050、RTX 3090。

重點技術特色	RTX 30 系列	RTX 20 系列	GTX 16 系列	GTX 10 系列
記憶體	最高支援 24GB DDR6X	最高支援 11GB DDR6	最高支援 11GB DDR5X	最高支援 11GB DDR5X
Turing 架構	有	有	有	無
串流多處裡器	2 個 FP32	1 個 FP32	1 個 FP32	1 個 FP32
NVIDIA 自適應著色（Adaptive Shading）	有	有	有	無
VR Ready	有	有	GTX 1660 或更高等級的顯示卡	GTX 1060 或更高等級的顯示卡
並行浮點及整數運算	有	有	有	無
Turing 架構 NVIDIA 編碼器（NVENC）	有	有	有（1650 除外）	無
RT Cores（光線追蹤核心）	第二代	第一代	無	無
Tensor 核心（人工智慧）	第三代	第二代	無	無
NVIDIA DLSS（深度學習超高取樣）	有	有	無	無
PCIe	第四代	第三代	第三代	第三代

RTX 系列有 Quadro 與 Geforce 兩個品牌。Quadro RTX 主要用於科學和數據計算，對 CAD 渲染，以及專業級視頻製作及 3D 創作等，且穩定性與正確性更高；Geforce RTX 雖也可進行上述工作，但主要仍偏向於一般與遊戲應用，且有更好的 directx 性能。

當我們有高階顯示卡需求時，肯定已經邁向專業領域且知道要使用的軟體或要玩的遊戲為何，這時強烈建議選購的原則應是直接參考這些軟體或遊戲所提出的建議規格進行選購。

- **Ti（Titanium）**：高效能加強版，亦即比同一型號的版本效能更好，例如：RTX 3090Ti 就比 RTX 3090 效能更高。

- **Super**：升級版如同 Ti 一般的加強板，但重點似乎放在於記憶體時脈的提升上。

除了以上代號外，產品型號上還會常見到 OC、PRO、GAMING，分別代表有超頻、加強版與電競顯示卡。

nVIDIA Turing 圖靈架構 GPU

2018 年 8 月 20 日，nVIDIA 發表了 RTX 2080 與 2080Ti，繼 GTX 10 系列後，開啟了使用圖靈架構的 RTX 20 系列，特點在於內建了 RT Cores 加速光線追蹤處理效果，並內建支援 AI 深度學習的 Tensor Cores 核心，還有可提升多 GPU 間記憶體頻寬的 NVLink，多螢幕輸出的 Quadro Sync II 等等。總之，在 3D 繪圖與遊戲畫面的表現上除了效能外，效果更為逼真，只是目前相關軟體與遊戲廠商還未完全支援上來，因此在完全能滿足目前 3D 繪圖與遊戲需求的前提下，其未來性也非常值得期待，對於預算足夠者可以考慮，當支援越來越多，此卡的光線追蹤技術也能順勢發揮。

9-1-2 內建顯示卡

顧名思義，內建顯示卡是將原本外接的顯示卡整合於主機板或 CPU 上，消費者購買主機板或 CPU 的同時也等於購買了顯示卡。目前主機板整合顯示晶片的情況已經不多，今後內建顯示晶片將多整合在 CPU 上。

若 CPU 內建顯示晶片，依然可以安裝獨立顯示卡，且安裝後，仍然可在主機板支援的情況下使用，組建多螢幕環境。

目前 Intel 第 12 代 CPU，除了 F 型號之外，其餘都提供代號為 UHD7.0 的內建
顯示卡核心，效能約與 GTX 750 同，已能暢玩如英雄聯盟、CS：GO、DOTA 2、
魔獸世界、鬥陣特攻這些熱門遊戲，甚至在 720p 的畫質下也能玩玩絕地求生。

i9-12900K 使用 UHD730 顯示核心

i9-11900K 使用 UHD 750 核心

AMD Ryzen 5000 系列的 CPU 中，只有型號上有 G 字樣的 Cpu 才支援內建顯
示功能，R5700G/GE CPU 使用 Vega 8 2000MHz、R5600G//GE 使用 Vega 7
1900MHz、R5300G/GE 使用 Vega 6 1700Mhz。

內建顯示不會附帶記憶體晶片，要與主機共享記憶體，這也是為什麼使用內建顯
示卡後，有些使用者會發現實體記憶體的容量會縮水的原因，就是因為內建顯示
卡佔用了部分記憶體容量。

9-1-3　顯示卡的規格

顯示卡的性能優劣是由一系列的規格參數所決定的，想要了解如何判斷產品的整
體效能，就要從下面的這些參數著手。

◎ 繪圖晶片組

又稱圖形處理器（GPU），同時也是顯示卡的核心，主要用於 3D 渲染和圖形處
理等等。由於在處理較複雜的影像資訊時，晶片組的溫度通常會飆高，因此其上
通常覆蓋有散熱片與散熱風扇等裝置。

◎ 顯示記憶體

Nvidia 新推出的中高階顯示卡大多使用 GDDR6 顯示記憶體，其他中階卡則使用
GDDR5，舊型的入門卡則還停留在 DDR4 與 DDR3 的階段；AMD 目前在市場
上的 Radeon RX5000/6000 系列顯示卡都採用 GDDR6 顯示記憶體。

GPU

顯示記憶體晶片

◎ 記憶體匯流排頻寬

指一個週期內所能傳輸的資料位元數，它同樣是顯示卡的重要性能指標之一。匯流排頻寬越高，則顯示卡效能越好，價格也越高。目前常見的 GDDR 記憶體匯流排頻寬有 128bit 和 384bit 等，而 HBM2 記憶體匯流排頻寬目前最高達到 4,096bit，高頻寬但是時脈較低是 HBM 的特點，總體表現要好於 GDDR。

◎ 最大電源消耗

顯示卡是整台主機中耗能最大的裝置之一，不過因品牌、型號不同，耗能大小也有所區別。一般來說，耗電量大的產品，工作溫度相對較高，需要更多的散熱裝置。不過隨著全球節能減碳的綠色商品趨勢，科技業也越來越重視耗電量低的製程，一般來說，製程先進的顯示卡功耗越小。

◎ 傳輸介面

顯示卡介面所採用的插槽類型由 ISA、AGP、PCI 逐步演進到目前的 PCI-E 介面，而目前主流的顯示卡都採用 PCI-E 3.0/4.0 介面，第五代的 PCI-E 5.0 也正蓄勢待發的準備登場。

◎ 影像輸出介面

影像輸出介面位於顯示卡側面背板上，之前舊款的顯示卡一般都會有 D-Sub 插槽，不過隨著使用者對高清影像需求的不斷增加，目前已被支援高畫質影像數據傳輸的 HDMI 介面代替，除此外，顯示卡上通常還會有 DVI 插槽和音視訊插槽。

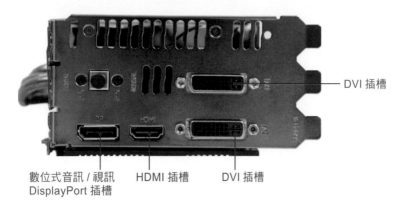

DVI 插槽

數位式音訊 / 視訊　　HDMI 插槽　　DVI 插槽
DisplayPort 插槽

▶ 影像輸出介面

DisplayPort 插槽通常用於與電視機連接，如此電腦的顯示畫面就可輸出到尺寸更大的電視螢幕上；DVI 是一種標準的數位傳輸介面，具有速度快、畫面清晰等特點，目前被廣泛應用於 LCD 螢幕和數位投影機等顯示裝置上；HDMI 是高清晰多媒體介面（High Definition Multimedia Interface）的簡稱，是一種全數位化影像與聲音傳送介面，能夠傳送無壓縮的高清音視訊信號，常用於 DVD 播放機、機上盒、個人電腦等裝置上。

9-1-4　顯示卡的功用

畫面輸出是顯示卡最基本的功能，當使用者坐在螢幕前操縱鍵盤與滑鼠的同時，顯示卡也不停地工作，將各項指令轉換輸出到螢幕上。顯示卡除了能處理 2D 影像外，3D 動畫運算也是它的強項，因此一些高階產品不但可應用於圖形設計領域，更是追求 3D 動感玩家的首選。

◎ 繪圖處理

顯示卡具有許多先進的繪圖處理功能，如 DXVA（DirectX Video Acceleration, 影片播放加速技術）、OpenGL 高效能影像處理運算技術等，減少了影像處理時對 CPU 的依賴性。

◎ 3D 遊戲

顯示卡具有強大的 3D 影像處理功能，可以透過複雜的影像資料運算，模擬出逼真的實境效果。而透過前述的物理加速功能更可使 3D 畫面發揮出擬真的效果。

◎ 影像轉檔

在過去顯示卡技術還不成熟的年代，影像轉檔速率是非常緩慢的，例如，要將一段兩小時的影片轉換成其他格式，至少要花上半天的時間。而現在透過顯示卡內建的硬體編碼，搭配軟體支援，轉檔速度已較過去提高了數十倍之多。

◎ 超高畫質影片播放

播放影片時，顯示卡會對視訊進行如色彩調校和消除雜訊等處理，以便輸出更加清晰分明的影像。如果能利用高階顯示卡的加速處理技術，再配上一組廣色域螢幕加持，便可即刻體驗影片帶來的視覺震撼。

9-2 玩家解惑選購迷思

顯示卡效能越來越高，除了在介面規格上要選用合適的主機板搭配外，另外還有處理器的運行速度，電源瓦數是否充足等，這些也都是需要注意的。接下來將對這些容易讓人困擾的問題進分析。

9-2-1 PCI-E 4.0 會讓我的顯示卡效能更高嗎？

目前主機板和顯示卡普遍使用 PCI-E 4.0/3.0，但少量的 PCI-E 2.0 介面的低階入門顯示卡也在銷售。買到了 PCI-E 2.0 的顯示卡也沒有問題，插在 PCI-E 3.0/4.0，甚至是支援 5.0 的插槽上一樣可以使用，只是依然是 2.0 的性能。這裡的 2.0/3.0/4.0/5.0 指的是 PCI-E 的代數，因此也常用 Gen2/3/4/5 來表示，數字越高代數越高，頻寬速率當然也越高。

代數較高的插槽上插著代數較低的顯示卡，效能會變高嗎？其實這就像馬路一樣，路寬車少，運輸能力還是不變的，插槽決定馬路限速與通道、介面卡就像車速與車載容量，所以兩者是彼此限制，最高的效能取決於採用的最低代數而定，如 3.0 顯示卡裝在 4.0 插槽上，最高速率就是 3.0 速率了。

規格

GPU Features	NVIDIA RTX™ A6000
GPU 記憶體	48 GB GDDR6 含誤差校正碼 (ECC)
顯示器連接埠	4x DisplayPort 1.4*
最大功耗	300 W
圖形匯流排	PCI Express Gen 4 x 16
尺寸	4.4 吋 (高) x 10.5 吋 (長)，雙插槽
散熱	主動式
NVLink	雙向短卡 (2 插槽與 3 插槽橋接器) 連結 2 個 RTX A6000
虛擬化 GPU 軟體支援	NVIDIA GRID®、NVIDIA Quadro® 虛擬資料中心工作站、NVIDIA 虛擬化運算伺服器
虛擬化 GPU 設定檔支援	瀏覽虛擬 GPU 授權指南
VR Ready	Yes

支援 PCI-E 4.0 界面規格

*預設情況下，RTX A6000 的顯示埠為啟用狀態。使用虛擬化 GPU 軟體時則關閉顯示埠。

主機板上的 PCI-E 插槽可分為 x1、x2、x4、x8 和 x16 通道，通道越多表示頻寬更大，而顯示卡通常都安裝在擁有最大頻寬的 x16 插槽中。就資料傳輸速率論，每帶 PCI-E 都比上一代快上兩倍，如 3.0 的資料傳輸速率是 8 Gigatransfer，4.0 為 16 GT/s，5.0 為 32 GT/s，速率雖然差很大，但插槽外型是共用的，因此選購時要同時注意顯示卡與主機板的 PCI-E 規格是否一致。

9-2-2 CPU 的規格較差會影響顯示卡的效能嗎？

顯示卡的運行效能也與 CPU 的運行速度與支援的 PCI-E 代數有關，雖沒有理論作為基礎，但建議購買時除了蒐集選購建議資訊外，也要掌握 CPU 支援的 PCI-E 通道數，如第 12 代 Intel CPU 最多提供了 16 個 CPU PCI-E 5.0 通道與 4 個 CPU PCI-E 4.0 通道，而第 11 代則最多提供 20 個 PCI-E 4.0 通道，所以掌握這些資訊後，即可購買合適的規格，發揮最佳效能。總之，選購時均需以相同等級的顯示卡、CPU 與主機板產品搭配選購。

Chapter
09

顯示卡─Graphic Card

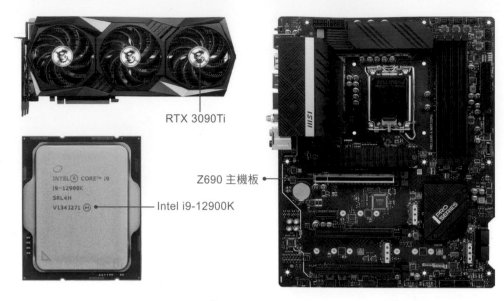

RTX 3090Ti

Z690 主機板

Intel i9-12900K

▶ 好馬還需配好鞍

此外，高階顯示卡對於電源供應器的要求一般也較高，如果「機殼牌」電源供應器無法提供足夠的功率，不僅會使顯示卡運行不穩，甚至會造成硬體損壞等問題。雙卡並聯的話，僅顯示卡就需要 300~450W，再加上其他裝置，最少也要 650W 電源供應器，750W 以上會更穩妥一些。

▶ 顯示卡耗能不能忽視

最後要說一下，中低階顯示卡還無所謂，高階顯示卡往往很長，主機內空間一定要夠大。因此機殼就不能用 mini 機殼了，否則會無法放入顯示卡。

▶ 機殼內空間要夠大

9-2-3　玩網路遊戲需要什麼等級的顯示卡？

許多消費者因為玩遊戲而在顯示卡上大量投入，其實也要看你玩什麼。網路遊戲對顯示卡要求並不高，CPU 內建顯示晶片都足夠了，也就是說中低階顯示卡是完全能夠勝任的。網頁遊戲與顯示卡沒什麼關係，記憶體大就可以多開幾個遊戲畫面，所以玩這些就不用在顯示卡上浪費金錢。

那麼什麼樣的遊戲需要高階顯示卡？答案是：大型的 3D 遊戲，如極速快感、戰地風雲等。玩這類遊戲，即便是最好的顯示卡，也很難用單卡實現最佳效果，許多顯示卡測試其實就是用這種遊戲進行的，當然降低效果的話，中低階顯示卡也能湊合著玩。

如果你的電腦只是簡單上網、進行文書處理和偶爾看看照片、影片等，或是在手頭稍緊卻又有電腦需求的情況下，建議使用已內建顯示卡的產品會比較划算。如果偶爾會玩玩小型的 3D 遊戲，或有進行影像、照片等處理，可以考慮購買入門到中階左右的獨立顯示卡，其價格一般都在使用者可接受的範圍內。但如果你是一位 3D 遊戲的愛好者，或是專職的 3D 影像設計人員，就必須搭配一款高階的獨立顯示卡，才能兼顧你的休閒與工作。

購買顯示卡時，如果不事先考量自身需求，很可能會白花錢又受氣，例如購買了高階顯示卡，卻很少有實際應用的機會；或錯買了低階產品，才發現遊戲根本無法順利運行等。

為了滿足不同需求的消費者，生產商通常會將產品分成幾條產品線 ── 高階、中階和入門級顯示卡。一般來說，日常中只要稍微留意一下產品的相關資訊，或多參考一些網路上論壇的討論，多半可以知道該顯示卡是哪個層級的產品，其中推薦「桌面顯卡性能天梯圖」網站，各顯卡效能一目了然。

另外是從價格判斷產品的等級，雖然價格受許多因素影響而時常變動，但一般主流入門顯示大約在一千元左右，但實在不建議買，直接用 CPU 內顯就可以了；中階顯示卡如 GTX 1050 約在五千元以上，而 RTX 3050 則在萬元以上；高階顯示卡，如 RTX 3070 就要兩萬以上了。確認好需要的顯示卡後，最後要了解一些採購過程中必須注意的事項。

首先，要看世代，如 RTX 30 系列就比 RTX 20 系列新，AMD 顯示晶片組則是 RX6000 比 RX 5000 新。

接著再看等級，就是產品型號中代表世代後的數字，如 RTX 3090 肯定比 RTX 3070 高階，RX 6800 也肯定比 RX 6600 高階。

從顯示卡的記憶體容量來說，容量越高的產品其價格相對也會高一些，但容量並非決定顯示卡效能的主要因素。中階顯示卡至少也要 4GB，高階顯示卡則在 8GB ～ 24GB 之間。

顯示卡的售後服務也很重要，一般顯示卡都會提供一年到三年左右的保固期限，有的產品上網註冊後還能延長成四～五年的保固。在購買當下也要向店家詢問出現故障時的送修管道，是要親自送至維修站，還是會派人上門維修。

最後是產品的品質問題，許多消費者多半會愛用大公司生產的顯示卡，事實上這些大廠雖然價格貴了點，但在品質方面確實給人強烈的信賴感，如技嘉、華碩、微星等都是具有一定商譽的廠商。建議你除了從品牌與型號下手外，最重要的還是考量自身的需求與荷包！

本章介紹了顯示卡的外觀、種類及技術參數等顯示卡相關知識，相信在學習完本章內容之後，你對自身需要何種顯示卡已經有了概念。最後要提醒你的是，顯示卡的價位變化非常快，幾乎每天的價錢都不同，因此，在確定前往選購顯示卡之前，最好先逛逛線上購物網站，如原價屋、光華商場網站，了解一下顯示卡的大概價位，以免被商家當肥羊「痛宰」喔！

Chapter
10 無線網路設備

無線網路的建立較有線來得簡單許多，除了不用佈置纜線外，在架設、維護與範圍涵蓋性上也都有不錯的表現，因此越來越多的使用者選擇使用無線網路。然而，要建立一個符合多人共用的無線網路，必須購置兩項裝置：其一是為每台電腦購置接收端的無線網路卡，其二是於環境中提供一台能連上區域網路或網際網路的無線路由器，這兩種裝置的品牌眾多，介面也不盡相同，要如何才能購買到合適的裝置呢？本章將帶你了解這兩種裝置的選購要點。

10-1　認識網路設備

目前的主機板都提供了網路連線功能，因此若要使電腦連上網際網路，只要再向 ISP 業者申請網際網路服務即可。若想建立多人共用的無線網路，則還需要購置一台無線路由器。本節就將分別介紹網路卡與路由器的相關知識，讓你對無線網路設備能有較深的了解。

10-1-1　網路卡

網路卡是電腦通訊時的基本配備，由於網路使用已完全普及，故市售的主機板均已內建了網路晶片，使用時只需連接上 ISP 業者提供的網路連線數據裝置即可；但是前述的網路晶片僅適用於有線網路的連接，如果是想連接無線網路的使用者，除了部份高階主機板外，均需額外購置一張無線網路卡。

主機板內建網路晶片

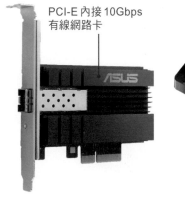

PCI-E 內接 10Gbps
有線網路卡

WiFi 6 USB3.0 無線網路卡

PCI-E 內接
無線網路卡

▶ 常見網路卡

網路卡的種類雖多，但其在網路傳輸中所起到的作用主要可分為以下三個方面：

- 資料封包與拆封：於訊號發送時，網路卡會將電腦中需要傳送的資料分割封包後，再進行傳送；接收時則反向操作，將收到的資料封包拆封還原，送交電腦。

- 資料連結管理：為兩個實體網路提供連線時的建立、維持與釋放等管理。

- 編碼與解碼：使用曼徹斯特編碼處理資訊。

> **深入探討**　曼徹斯特編碼
>
> 在曼徹斯特編碼中，通常使用電位的正負來區分 1 和 0，即用正電位表示 0，用負電位表示 1，因此這種編碼也稱為電位轉換編碼，其目的是讓資料傳輸端與接收端收發同步。

網路卡的分類一般按採用的連接埠來區分，根據連接埠的不同。無線網路卡可以劃分為以下兩種類型：

PCI-E 介面無線網路卡

取代了舊式 PCI 介面，可安裝於主機板中。不過由於 PCI-E 網路卡安裝在機殼內部，天線與主機距離過近，有時容易造成訊號干擾。

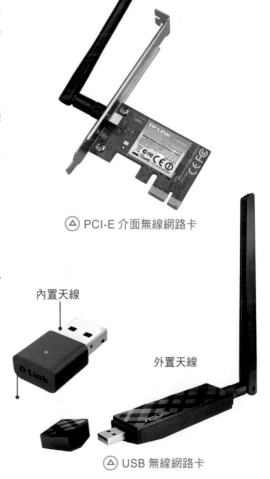

△ PCI-E 介面無線網路卡

USB 介面無線網路卡

這是目前主流的無限網路卡類型，外觀上又分為有無外置天線兩種。

內置天線

外置天線

△ USB 無線網路卡

10-1-2 路由器

在電腦上安裝無線網路卡後，已初步具備了連線的硬體條件，而如果在環境中還有其他電腦有連線需求，則需要購置提供 IP 分享功能的無線路由器，才能將此段網路共用給區域中的所有使用者。

無線路由器是一種可以連接無線網路的通訊裝置，它透過 Wi-Fi 技術收發無線訊號，與擁有無線網路卡的電腦通訊。

△ 無線路由器

> **深入探討　無線寬頻分享器、無線 AP 與無線路由器之差異**
>
> 　　無線路由器和無線寬頻分享器指的是同一種裝置，差別僅在於廠商的叫法不同。它可以為用戶端自動分配虛擬 IP，提供多人連線上網、共用等。另外路由器通常還會附有防火牆、連接埠映射、網路間資料交換等功能。
>
> 　　無線 AP 又稱無線基地台，於早期機型中僅能提供網路間的資料交換，而無 IP 分享功能。為順應目前多功能兼備的潮流，多數廠商已將 IP 分享增加到無線 AP 中，讓其相當於一款簡易的無線路由器，以滿足市場需求。

> **深入探討　無所不在的 Wi-Fi**
>
> 　　Wi-Fi 本身是無線網路通信技術的一種品牌認證，由 Wi-Fi 聯盟製造商頒布。Wi-Fi 是建立於 IEEE 802.11 網路通訊標準的無線區域網路技術，採用 IEEE 802.11 網路通訊標準的無線設備都可以透過該技術實現無線區域網路連線。經過多年的發展，許多個人電腦、無線路由器、遊戲機、智慧型手機、印表機、多功能事務機、筆記型電腦等設備都已具有 Wi-Fi 功能，大部分的無線區域網路都採用 Wi-Fi 技術來進行連線。
>
>
>
> △ Wi-Fi 認證標誌

目前賣場主要有 WiFi 4 的 N 通訊協定系列、WiFi 5 的 AC 系列以及 WiFi 6 的 AX 系列。AX 系列在傳輸效率上肯定優於 AC 系列，AC 又優於 N 系列，且產品設計上大都會向下相容於其他協定，如 a/b/g/n，但購買時要先看一下支援的無線網路協定。

網速要快,必須整體環境設備一起配合才行,也就是通訊協定需要一致。例如內部網路使用 AX 系列的無線網卡與路由器,但用於連外之 ISP 網際網路服務業者提供的小烏龜路由器卻只支援到 n 系列的話,那麼即使申請的頻寬夠大,最快的連外速率也會受小烏龜 n 系列的最高速率所限,但內部網路傳輸部份仍然可達到 ax 系列的高速傳輸。

10-2　玩家解惑選購迷思

在了解無線網路設備的相關知識後,就可以開始著手準備採購符合自己需求的無線網路設備了,這一節將解決選購中的一些常見問題。

10-2-1　802.11 a/b/g/n/ac/ax 有什麼差別?

在支援無線網路的各種產品上,常寫著 IEEE 802.11 a/b/g/n/ac/ax 這類通訊協定規格,這在採購與應用上有什麼影響呢?

首先要知道無線網路能在不同的裝置之間建立連線,例如無線路由器與具備無線路功能的筆電或桌機等設備連線時,這些設備就能透過已連上區域網路或網際網路的無線路由器在網路上遨遊了。而裝置與裝置間的連線速率基本上取決於兩者的規格,如都支援 ax 協定,就能使用最快的速率,若其中一台僅支援 n 而另一台支援 n/ac/ax 協定,兩者就只能使用次高速率的 n 協定完成傳輸了,若兩者都支援 ac 協定,當然也就是使用 ac 協定來完成傳輸。

- 廣域網路介面：
  - 提供一組可與xDSL/Cable 寬頻網路連線之 10/100/1000 Mbps Gigabit網路埠
- 區域網路介面：
  - 提供四埠10/100/1000 Mbps Gigabit乙太網路交換器
- 網路技術標準：
  - IEEE 802.3ab
  - IEEE 802.3u
  - IEEE 802.3x flow control in full duplex mode
  - Negotiation
  - Auto MDI/MDIX
- 無線網路介面：
  - 2.4GHz - IEEE 802.11b/g/n
  - 5GHz - IEEE 802.11a/n、IEEE 802.11ac MU-MIMO
- 無線傳輸速度：
  - 2.4GHz頻段：802.11n模式下，最高傳輸速率400Mbps。
  - 5GHz頻段：802.11n模式下，最高傳輸速率400Mbps。802.11ac模式下，單一最高傳輸速率867Mbps。
- 支援功能：
- 廣域網路連線支援：
  - Static IP
  - Dynamic IP
  - PPPoE

- 無線加密
  - WPA
  - WPA2
- 無線天線：7dBi x 4
- WPS (Wi-Fi Protected Setup)無線安全設定
- QoS
  - D-Link智慧型QoS
- DHCP 伺服器
- 中文化網頁式管理介面
- 支援UPnP 網路協定
- 支援訪客網路
- 支援IPv6/IPv4

- 簡易安裝：
  - 創新單頁圖形化一步安裝
  - 提供Android/iPhone D-Link Wi-Fi app 設定無線路由器
- 電源供應器規格：輸出100-240V(輸出：12V/1.5A)
- 尺寸：
- 溫度：操作溫度0~40度C，儲存-20~65度C
- 濕度：10-90未凝結，5%~%未凝結
- NCC：CCAJ17LP9BD0T9
- BSMI認證

▶ 支援 802.11ac 協定的無線路由器與網路卡規格標示

不同的協定其頻率、頻寬、速率與功能均不同，簡單列表說明如下：

802.11 協定	頻率	頻寬	最高調變
a	5.15-5.35GHz 5.47-5.725GHz 5.725-5.875GHz	54Mbps	
b	2.4-2.5GHz	11Mbps	
g	2.4-2.5GHz	54Mbps	
n	2.4 / 5GHz	150Mbps(40MHz * 1MIMO) 600Mbps(40MHz * 4MIMO)	64-QAM
ac	5GHz	200Mbps(40MHz * 1MIMO) 433.3Mbps(80MHz * 1MIMO) 6933Mbps(160MHz * 8MIMO)	256-QAM
ax	2.4 / 5GHz	600.4Mbps(80MHz*1MIMO) 9607.8Mbps(160MHz * 8MIMO)	1024-QAM

從表中可看到 b/g 協定為 2.4GHz 頻率，g 為 b 的升級版，從 11MMpbs 提高到 54Mbps；a 則為 5GHz 頻率，最大可到 54Mbps，它們所使用的頻寬都是 20MHz。

協定 n 為 a 與 g 的改良版，除了頻寬可使用 40Mhz 來提升速率外，亦具備了 MIMO 技術，可以使用多個通道同時傳送資料。簡而言之就是能使用多個天線裝置，每一支天線有 150Mhz 的話，四支就是 600MHz。

目前主流之一的 ac 協定亦採用 5GHz 頻率，卻擁有 20/40/80/160MHz 頻寬，加上 MIMO 技術，能大幅提升傳輸頻寬，例如一支天線就可達到 886.7Mbps。5GHz 頻率的頻寬肯定比 2.4MHz 頻寬大，然而其缺點在於訊號穿透性較差，距離也相對較短，不過在支援 TxBF 後，穿透性與距離問題就解決了。

採用 ax 協定的主流產品，頻率為 2.4/5GHz，頻寬達到 160MHz，也就最高達到 1000Mbps，MIMO 支援數達到 8，速率高當然價格也貴，還要記得看看與其配合的裝置是否支援，例如無線網卡、筆電、手機、平板若是不支援 ax 協定，空有 ax 協定的路由器也只能降級使用 ac 或 n 協定，因此在預算允許且路由器又很難用壞的情況下，可考慮先買來放，日後更換無線網路行動裝置時，就能馬上享受了。

10-2-2 什麼情況下需要購買獨立的網路卡？

初階主機板內建的網路卡晶片大都只提供給有線網路使用，並且只有一個連接埠。當然這對大多數使用來說已經足夠了，若是電腦需要連接不同的網路，就需要增加網路卡與無線路由器，這時建議選購獨立的 USB 無線網路卡，這樣連接起來更方便。另外若想直接建構無線網路環境以取代有線網路佈線與維修的麻煩時，除了安裝無線路由器外，原本沒有無線網路的桌機，也建議購買 USB 無線網路卡。

△ USB 無線網路卡

內建乙太有線網路與 WiFi 無線網路的中高階主機板目前已經非常普及，約五千元就能購得，其中不乏使用了 Intel 2.5Gb 乙太網路與 WiFi 6 的無線網路規格，大家可視需求選購。

10-2-3　路由器對網路速度影響大嗎？

首先要看路由器傳輸協定的規格，假設使用 1G/600M 的光纖網路，無線網路路由器最大傳輸規格僅有 150Mbps 的話，連上路由器的設備當然也就被限速了。但路由器明明就標明最大傳輸速率為 1750Mbps，為何無法完全用到呢？這可能是因為路由器本身具備雙頻功能，傳輸速率是將 2.4GHZ 與 5GHz 同時運作相加算出，如 450Mbps+1300Mbps。

裝好路由器，興沖沖的測試網速卻發現比產品聲稱的速率還低許多？這通常是因為採用了 MIMO（Multi-input Multi-output，多輸入多輸出）技術，如產品聲稱的 600Mbps 可能是由 150MHz*4MIMO 所構成，其中每一個 MIMO 擁有 150Mbps 的傳輸速率，路由器透過四支天線，每支 150Mbps 與你的設備建立連線，但你的設備卻只有一支天線時，那最大的傳輸速率就被限在單一天線的 150Mbps 了，若這時你同時有三部只有一支天線的無線設備與路由器連線，這三部仍會只與同一根天線連線，並且不是同時傳輸而是一部傳完換另一部傳，因此平均速率就會掉到只剩下三分之一了，那另兩根天線在做什麼呢？就是閒置發呆而已。

你一定會說這路由器太笨了，一根天線配一台設備不就能完全發揮了嗎？是的，這就是 MU-MIMO 出現的原因，它出現的目的就是為了改善路由器天線閒置的情形，而 MU 就是 Multi-User 多使用者的意思。不過，無線路由器與連接設備必須同時支援 MU-MIMO 才有意義，否則是沒有意義的，並且需要在多部同時支援 MU-MIMO 的設備運作時，才會發揮效用，越多效用越高。

基於 MU-MIMO 技術尚未完全成熟，設備也尚未普及的前提下，建議當價位相當但一個有支援一個沒支援 MU-MIMO 技術時，購買 MU-MIMO 技術的無線路由器，否則購買 MIMO 技術的設備即可。購買後，還請分別在啟用與禁用 MU-MIMO 技術的環境下測試家中設備的網速，從中選擇較高網速的方式建構無線網路環境。

另外，訊號穿牆過，多少都會影響訊號品質，當造成訊號不穩定時，網速肯定會受到影響。

▶ 千元級別的入門級路由器

如果網路的建置環境必須涵蓋多個區域,這時對無線訊號的強度要求就必須高一些,否則可能會產生無法連線或連線速率過慢等問題。這種條件下請選擇標示為大功率的穿牆產品,以保證訊號的強度。

△ 廠商號稱 40-80 坪四天線穿牆的大功率無線路由器

時至今日,網路已成為大部分使用者日常生活中不可或缺的一部分,而不用過多線路的無線網路也被越來越多人使用。本章介紹了無線網路最常用的兩種裝置:無線網路卡與無線路由器,相信在學習完本章的內容之後,你對無線設備也已經有了較深的認識,同時也明白了如何選購合適的網路設備。

開始 DIY
讓電腦動起來

Chapter
11 DIY 準備階段

經由前面章節學習之後，相信組成電腦的各項硬體元件種類與規格應都有了較全面的了解。若你已購置了組裝所需的硬體，請先不要急著安裝，為了確保安裝過程順利，建議先備妥安裝工具並了解組裝流程後，再按部就班的進行。

11-1　初識電腦 DIY 流程

事前規劃、按部就班的進行能簡單、高效、穩定的完成各項作業，組裝電腦也同樣如此。除了採購硬體各項須知外，在安裝前，你還需要對組裝的流程有所了解，才能確保電腦於組裝後可正常運行。本節將介紹組裝電腦的流程。

11-1-1　確認電腦配置與零組件

在正式組裝前，你應該先確認購置的硬體是否正確、符合當初的組裝清單，以免發生硬體間規格不符或衝突、排斥等問題。

檢查硬體時，一定要注意所附零件是否完整，儘管有時只是少了一根拇指大的銅柱，也有可能無法完成整台電腦的組裝！

機殼背後的 I/O 背板

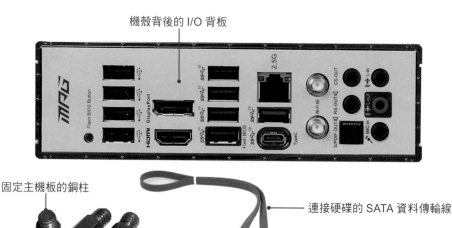

固定主機板的銅柱

連接硬碟的 SATA 資料傳輸線

△ 硬體所附零件

11-1-2　安裝各種電腦元件

如果你希望自己的組裝更加輕鬆、順利，可以參考前人所總結出的安裝流程。下面是傳統的電腦組裝流程：

▶ 傳統電腦組裝流程

透過此圖不難發現，組裝流程中出現一些不合理的地方：當主機板置入機殼後，如果想要再安裝 CPU 和記憶體，就必須將雙手伸進狹窄的機殼空間中進行安裝，此法不僅麻煩、還容易割傷雙手；鑑於上述組裝流程的缺陷，本書重新調整安裝步驟如下：

▶ 重新調整後的安裝流程

重新調整的流程，是先將 CPU 和記憶體等元件安裝到主機板上，再將主機板放置到機殼中，這樣即可避免於安裝時，機殼空間擁擠但又必須安裝細小元件的麻煩！

11-1-3 開機測試及問題排除

當完成電腦各項元件的安裝後，接下來就可以為電腦通電開機，以便進行 POST 測試。

POST（Power On Self Test）是指將電腦接上電源後，自動執行的一個例行檢查程序。由於主機上硬體裝置較多，必須透過 POST 來檢查各項裝置是否處於正常狀態，因此在組裝完成後的 POST 測試，便是檢驗安裝是否正確的重要機制。

POST 的流程大致可分為：通電 → CPU → ROM → BIOS → System Clock → DMA → RAM → IRQ →顯示卡 →其他 PCI 裝置。一旦發現有重要元件出現故障，如 CPU 或顯示卡損毀等，電腦就會停止運行或關機；如果是非開機必要元件的故障，如找不到硬碟機等，螢幕便會跳出錯誤報告並發出警示音。值得注意的是，BIOS 警示音有長短、次數之分，不同的警示音有不同的意義。

部分 POST 測試錯誤可
透過 BIOS 設定來解決

自我檢測主硬碟
辨識錯誤

下表提供螢幕上常見的 POST 錯誤訊息：

錯誤訊息	訊息意義	解決方法
CMOS battery failed	CMOS 電池的電力不足	CMOS 電力不足，可直接更換新電池
CMOS check sum error － Defaults loaded	程式碼在整體檢查（checksum）時發現錯誤	有可能是電池電力不足所造成，如果換了電池後問題依然存在，即表示 CMOS 有問題，最好送回原廠處理
Hard Disk Install Fail	無法驅動硬碟	硬碟的電源線、資料線未接好
Hard Disk(s) Initializing [Please wait a moment...]	正在對硬碟作初始化（Initializing）	屬於正常的檢測步驟，使用者稍待片刻即可
Hard Disk(s) Diagnosis Fail	執行硬碟診斷時發生錯誤	通常表示硬碟本身發生故障，可先進行交叉測試後，確定為硬碟故障後更換硬碟即可
Keyboard Error or No Keyboard Present	鍵盤錯誤或未連接鍵盤	檢查鍵盤連接線是否鬆脫或損壞
Memory Test Fail	記憶體檢測失敗	通常是因為兩條以上記憶體不相容或故障所導致，更換記憶體即可

除此之外，POST 的錯誤訊息還有許多不同的種類，如果你有興趣，可以利用 Google 搜尋引擎查找其他較不常見的訊息及排解問題的方法！

11-1-4　安裝作業系統及備份

光有硬體而無作業系統的電腦是不能運作的，在電腦通過 POST 測試後，即可開始安裝作業系統，安裝完成後，最好能立刻為乾淨的初始系統製作備份。

▶ Windows 11 作業系統

所謂乾淨的系統，指的是電腦中除了作業系統外，尚未安裝任何其他的驅動程式與軟體。備份乾淨系統的目的，在於保證還原後的系統也是乾淨的；若是在安裝了其他軟體後才進行備份，就很難確保證還原所得的系統百分之百安全。

▶ Windows 內建檔案歷程記錄程式

11-1-5 安裝防毒軟體

防毒軟體是電腦重要的防護機制。電腦如果沒有安裝防毒軟體，就等於門戶大開的請病毒與木馬自由進出，造成安全上的嚴重危害！因此，新灌電腦在連線上網之前，一定要啟用防毒軟體，不給病毒任何可趁之機！如果不使用 Windows 11 內建的防毒軟體，亦可安裝其他的防毒軟體。

Windows 11 的病毒與威脅防護功能

11-1-6 　更新作業系統

Windows 11 作業系統提供了 Windows Update 功能，只要使用者執行該功能且
電腦有連線至網路，Windows 便會自動將系統版本更新為最新狀態，修正系統
的安全問題。

正在更新

11-1-7　更新防毒軟體病毒碼及硬體驅動程式

不論是防毒軟體或硬體的驅動程式，對電腦來說都是極其重要的。一旦缺少防毒軟體的保護，電腦就無法安穩工作；若是沒有了驅動程式，許多裝置則宣告停擺。

◎ 更新防毒軟體

防毒軟體的病毒碼更新非常之快，幾乎無時無刻都為了因應新型病毒而建立新的病毒碼，使用者也唯有透過不斷更新，才能讓防毒軟體具備清除新型病毒的能力。如果你想讓自己的電腦更安全，最好時常將病毒碼更新至最新狀態。

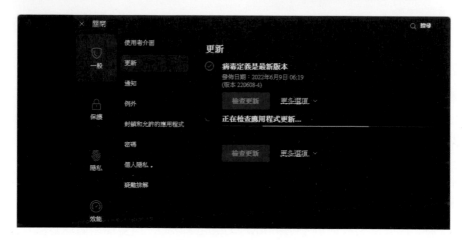

▶ 更新第三方防毒軟體

◎ 更新硬體驅動程式

驅動程式相當於電腦和硬體之間溝通的橋樑，它負責資訊與命令的傳遞，也唯有將硬體驅動程式更新至最佳狀態，才能讓電腦裝置發揮出最佳的效能。Windows 11 內建精靈化的驅動更新方式，可讓精靈自動搜尋合適者，免去你手動操作的麻煩。

▶ 自動搜尋更新的驅動程式軟體

11-1-8　安裝其他應用軟體

初始的系統中僅內建了一些 APP 程式，不足以應付目前種種的文書、影像等編輯的工作需求。為了讓工作能順利完成，下面就為你推薦一些常見的應用軟體，你可以透過網路搜尋並安裝它們。

使用軟體	應用用途
Microsoft Office 辦公軟體	文書處理
Adobe Acrobat Reader DC…等	閱讀 PDF 文件
WinRAR/7-ZIP	壓縮 / 解壓縮檔案
VLC Media Player…等	影音編碼與播放器
MusicBee…等	音樂播放軟體
GIMP…等	影像編輯軟體
Free Download Manager…等	檔案下載工具軟體
CCleaner	系統清理軟體

本書第 31-5 節中有內建 APP 程式的介紹，讓你可以使用 APP 程式完成大多數的日常應用。

11-2　組裝工具準備

組裝電腦時，除了要克服機殼內操作空間狹小、螺絲不易鎖緊的問題外；另外如拆除 I/O 擋板與 PCI 擋板的操作，往往也不易手動拆除。若要避免這些麻煩，就必須使用各種安裝工具。本節將介紹組裝時需要準備的組裝工具及其作用，讓電腦的組裝過程能夠順利完成！

◎ 十字螺絲起子
電腦上大多數的元件均以螺絲固定，因此一支順手的十字螺絲起子絕對是你組裝時不可或缺的工具。

△ 十字螺絲起子

十字螺絲起子分為兩種，一種是不帶磁性的一般起子，另一種則帶有磁性，便於在狹窄的空間內進行作業。建議優先選擇一把具有磁性（可吸附螺絲）的螺絲起子，這樣在安裝過程中就算螺絲不慎失手掉落，還可以從小縫隙中輕鬆地將其收回。

△ 帶有磁性的十字螺絲起子

◎ 尖嘴鉗

組裝過程中，需要拆除機殼上的 I/O 擋板以及部分 PCI 擋板，然而這些機殼擋板的連接可能會比較緊密，用手較難拆卸，此時便可使用尖嘴鉗來協助完成擋板拆除的工作；另外在安裝主機 板的固定螺絲時，亦可用尖嘴鉗幫忙擰緊。

△ 尖嘴鉗

◎ 抗靜電手套

用來避免人體上帶有的靜電與元件接觸而損壞硬體。另外手套同時也有防止割傷的保護作用。

△ 防靜電手套

◎ 束線帶

電源線、硬碟排線等各式傳輸線，容易讓機殼內部顯得凌亂，這時可以用束線帶將這些纜線紮起，讓機殼內變得整潔有序，同時也有利於散熱。

△ 束線帶

用束線帶整理整齊的機殼內部

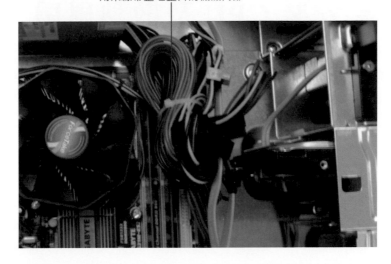

透過本章的學習，相信你對組裝電腦的流程已經有了比較熟悉且全面的了解。至於各類電腦元件的具體安裝步驟，我們將在接下來的章節中一一為你示範操作，建議你一邊看書一邊進行組裝，以免遺漏重要環節。

12 安裝 CPU 及散熱風扇

CPU 是電腦的「心臟」，其處理、運算的速度，決定了一部電腦的基本效能優劣。若 CPU 及其散熱風扇安裝不當，將可能導致系統運作緩慢、頻繁當機、甚至 CPU 損毀等問題。因此本章將實際示範 CPU 及風扇的正確安裝操作，確保 CPU 運行無慮。

12-1　安裝 Intel CPU 與散熱風扇

大多數人在初次組裝電腦時，往往會先將主機板置入機殼中，然後再安裝 CPU、風扇及記憶體等相關元件，但這種安裝的方式容易因狹窄的機殼內部空間，影響到後續其他安裝。若想在組裝時更加順手，建議你先將 CPU 及風扇等元件安裝到主機板上，之後再一次放入機殼中。

12-1-1　安裝 CPU 的原則與注意事項

CPU 為追求效能與利益，年年換代，而換代就可能帶來不便之處，尤以 Intel CPU 為甚，如上一代使用 LGA 1200 針腳，這一代改用 1700，下一代可能改用 1800，若沒有向下支援就只能升級 CPU 的同時也得換掉主機板，因為插槽不同。

CPU 雖然常常換代，但安裝方法有其原則性，只要掌握以下原則，CPU 就算換代改了針腳與尺寸也不必擔心不會裝了。

- 買對主機板，如第十二代 Intel CPU 採用 LGA 1200 規格，主機板就務必搭配選用。
- 掀蓋，拉開插槽旁的撥桿，掀開 CPU 保護蓋。
- 對準金三角，裝對方向。
- 對準防呆凹口，裝對位置。
- 蓋上 CPU 保護蓋，壓緊撥桿，完成。

CPU 是極為精密的電子元件，在安裝前，請先參考以下幾點注意事項：

防止靜電

由於 CPU 和記憶體元件很容易遭受靜電破壞，建議於安裝時戴上防靜電手套，這樣不但能防止身體上的靜電損傷硬體，同時也能保證安裝元件的清潔。

若身邊沒有合適的靜電手套，也可以在操作前用雙手碰觸一些接地的金屬物品，例如鋁合金門窗、鐵質自來水管等，讓電流透過金屬導入地下，同樣可以將手上的靜電釋放出去。

小心 CPU 針腳

CPU 的針腳十分脆弱，因此，在安裝 AMD 出品的 PGA 封裝（針腳式）CPU 時，一定要小心別碰斷了 CPU 的針腳！ Intel CPU 則採用無針腳的觸點式設計，可藉由插槽上的簧片進行連接與密合處理，因此在安裝上比較便利，但要注意別碰歪了主機板上 CPU 插座內的針腳。

採用 Intel LGA 封裝的 Intel 觸點式 CPU

採用 Socket PGA 封裝的 AMD 針腳式 CPU

△ 採用不同封裝技術的 CPU

深入探討　AMD 會改封裝方式嗎

　　傳統 AMD 採用 PGA 封裝的針腳式 CPU，預計在 Ryzen 7000 系列上改成使用觸點式封裝方式，且其安裝方式與 Intel 非常類似，這對消費者而言省去了另學一種 CPU 安裝法的困擾。AMD 目前高端的 ThreadRipper CPU 上，已經使用了與 Intel 一樣的觸點式封裝方式，稱作 Socket TR4（sTR4），但安裝方式則差異較大。

正確的安裝方位

無論是 AMD 還是 Intel 的 CPU，為了避免於安裝時出現方向相反的錯誤情況，在 CPU 及插槽上都採用了防呆設計來限定正確的安裝方向與位置。如果沒有確認 CPU 的防呆設計，即盲目粗魯地將其置入插槽，非常容易會造成針腳變形或折損。

不同廠商的防呆設計也略有不同,如 AMD CPU 採用的是「金三角」設計;而 Intel CPU 除了「金三角」外,還加入了兩側凹口的防呆機制。安裝時應保持 CPU 與插槽兩個三角形的方位一致,具體情形請見後續的實例操作。

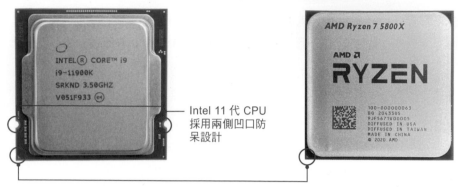

Intel 11 代 CPU 採用兩側凹口防呆設計

Intel 與 AMD CPU 採用的「金三角」防呆標示

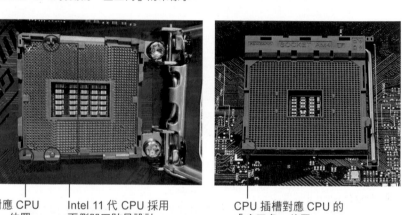

CPU 插槽對應 CPU 的「金三角」位置　　Intel 11 代 CPU 採用兩側凹口防呆設計

CPU 插槽對應 CPU 的「金三角」位置

Intel 12 代 CPU 採用上下兩側四個凹口防呆設計

▶ CPU 的防呆設計

正確拿取 CPU

由於 CPU 是很精密的電子元件，拿取時，應用手指輕捻 CPU 的任意兩側或邊角，千萬不要直接碰觸到背面的金屬接點或針腳，因為直接碰觸可能會導致以下後果：

- CPU 接點在接觸手上的汗漬後形成氧化，造成與插槽間接觸不良。

- 金屬接點容易因靜電而引發短路，嚴重者更會造成 CPU 的損毀。

12-1-2　安裝 Intel CPU

了解安裝 CPU 時的原則與注意事項後，接下來以安裝 Intel CPU 為例，進行說明。

☞ 操作 1：打開 CPU 安全撥桿並取出 CPU

取出 CPU 時，應保證手指不要接觸到 CPU 的針腳，減少因汗漬、靜電等造成的故障。

❶ 將主機板上 CPU 插槽的長撥桿輕微朝外下壓離開卡扣。

❷ 向上拉開撥桿，鬆開固定器。

CPU 固定器

△ 扳開 CPU 插槽

❸ 接著向上掀開 CPU 固定器。注意，只有在安裝前才能將此固定器掀開，以免灰塵或異物掉入插槽中。

▶ 掀開 CPU 固定器

☞ 操作 2：安裝 CPU

AMD 與 Intel 第 11 代 CPU 均採用「金三角」設計，Intel 則多了兩側的凹口防呆設計，Intel 的 12 代 CPU 上雖有金三角標示，但安裝時以四個凹口防呆設計來確定方向與位置，因此主機板上可能不會出現金三角標示。

❶ 取出 CPU 並用手指輕捻 CPU 兩側，避免手指碰觸金屬接點。接著將 CPU 上的防呆凹口與插槽上對應的凸出點對準後，輕輕放入 CPU。當 CPU 四個防呆凹口與插槽上的凸緣正好吻合，即表示安裝方位正確。

▶ 調整 CPU 正確安裝位置

❷ 在確認 CPU 與插槽的凹、凸口對應無誤後，小心地放下 CPU，讓 CPU 完整嵌入插槽。

固定器輔助扣
固定器上的短撥桿

▶ 完全置入插槽後的 CPU

❸ 確認 CPU 被正確放入插槽後，蓋上固定器並下壓固定器短撥桿直到輔助扣扣上，且保護蓋會自動彈出，請將它收好，日後若拔掉 CPU 時可用它繼續保護插槽。

輔助扣　　　防護蓋

▷ 蓋上 CPU 固定器

❹ 將長撥桿壓回插槽並扣住後，即完成 CPU 的安裝。

須將撥桿壓回卡榫固定 ────

輔助扣扣上的情形 ────

▷ 固定 CPU

12-1-3　安裝風扇注意事項

風扇主要是將 CPU 產生的高溫順利導出，安裝時，除了要注意散熱風扇與 CPU 是否緊密結合外，還要在兩者之間均勻塗抹散熱膏，並留意是否有通暢的散熱路徑。

風扇要與 CPU 緊密結合

風扇與 CPU 間必須緊密結合才能發揮散熱的效果。目前市面上的 CPU 雖然都具有防止過熱的保護機制,也就是當達到一定的溫度時,會自動切斷電源以防止燒毀,但較早的 CPU 並不具備此功能,因此安裝時一定要確認散熱器表面與 CPU 是否已緊密接合。

塗抹散熱膏

散熱膏是由特殊化學材料製成的導熱體,用於 CPU 與風扇間的熱量傳導,若沒有塗抹或方法不正確都會影響到散熱的成效。散熱膏可於一般的電腦耗材店自行購買,自行塗抹時需注意其均勻度,太薄或太厚都容易讓導熱成效不增反減。目前新品的風扇在出廠時都已經塗抹好散熱膏,使用者無須再次塗抹。對於想要超頻的使用者而言,可以考慮自行購買風扇並塗抹散熱膏。

已塗抹散熱膏的 CPU 風扇

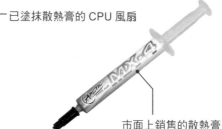
市面上銷售的散熱膏

▶ 預先塗抹散熱膏的盒裝 CPU 風扇

深入探討　CPU 散熱膏的正確使用方法

　　若塗抹散熱膏的方法正確,空閒時 CPU 核心約可下降 4 ～ 7 度,以下提供你簡單的散熱膏塗抹流程:

1. 首先識別風扇底部散熱器與 CPU 的接觸區域,並在風扇的接觸中心擠上約一粒半米飯量的散熱膏。

2. 使用小刮刀順時針抹平散熱膏,讓其均勻佈滿接觸區域。然後用乾淨的無絨布將多餘的散熱膏擦去,確保散熱膏已均勻填補風扇底部的縫隙或不平之處。

3. 用刀片或卡片邊緣等工具,挑起少量的散熱膏到 CPU 露出面的一角,然後將散熱膏均勻塗滿約佔核心區域,塗抹完成後,散熱膏應是接近透明的程度。

4. 檢查二者的接觸面無異物後,把風扇放到 CPU 上輕輕密合。請注意在二者密合後,不要再轉動或平移風扇,以免使剛剛塗抹的散熱膏厚度不均,影響散熱效果。

12-1-4 安裝散熱風扇

CPU 是電腦發熱量最大的元件之一，因此於運作時，必須加裝可導出高熱的散熱風扇，以免因高溫造成運行時的不穩。接下來將示範安裝 Intel 的原廠散熱風扇的操作過程。關於自行購買的散熱風扇，可參考說明書安裝。

☞ 操作 1：將風扇放入插槽

若購買的是盒裝 CPU，通常也會一起提供產品的散熱風扇，由於這種風扇在設計上能夠與 CPU 更加地緊密結合，一般來說都會有不錯的散熱效果；而如果是購買散裝 CPU，請記得另外購買散熱風扇，並要注意風扇與 CPU 間的尺寸是否相同。

❶ 取出散熱風扇後，對應 CPU 插槽周圍的四個孔位，確保風扇的安裝方向正確。然後將風扇四角對準相應孔位後下壓，請注意此時不要用力過猛，避免因此壓裂主機板。

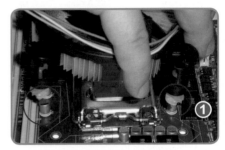

▶ 與 CPU 風扇對應的主機板孔位

☞ 操作 2：固定風扇

在確認風扇底部與 CPU 接觸的部分已均勻塗抹散熱膏後，將散熱風扇穩固地插入主機板的插槽。

❶ 用兩隻手的拇指和食指先後平放到風扇的四個卡榫上，然後均勻施力垂直按下，直至確認每個卡榫都已穩固接合為止。

❷ 依次扣上 CPU 風扇四個卡榫鎖定按鈕。

▶ 固定 CPU 風扇

12-1-5 將風扇電源線接到主機板上

將風扇固定到主機板後，還需要將風扇電源線連接至主機板，通電後才能使風扇順利轉動。

① 由於電源線插頭與插座均採用防呆設計，所以安裝上也比較簡單。通常電源插座位於 CPU 插槽的附近，找到後只需將風扇電源線依據防呆裝置的設計方向插入即可。

② 整理風扇電源線，以確保不會被電源風扇打到。

防呆設計

▶ 散熱風扇電源線連接到主機板上

12-2 安裝 AMD CPU 與散熱風扇

AMD CPU 與 Intel CPU 的安裝過程大致相同，但在安裝前，請先確認主機板是否為 AMD CPU 支援的型號，並注意區分兩者防呆設計的差異。如果你使用的是 AMD CPU，那麼請參考本節的安裝流程進行安裝！

12-2-1 安裝 AMD CPU

安裝 AMD CPU 與前面安裝 Intel CPU 的注意事項並無差異，使用者若有不明之處，請參考本章第 15-1-1 節「安裝 CPU 注意事項」。以下將開始示範安裝 AMD PGA 針腳式 CPU 的操作過程。

☞ 操作 1：打開 CPU 安全撥桿並取出 CPU

此操作與安裝 Intel CPU 的方法相同：請於安裝 CPU 前才掀開插槽上的防塵設計，避免灰塵等異物掉入插槽中，造成 CPU 針腳與插槽間接觸不良。

① 在主機板上將 CPU 插槽的撥桿朝外向上扳開，打開固定器。

▶ 主機板部分介面及 CPU 插槽

❶ 取出 CPU，在確認 CPU 的安裝方向無誤後，以手指輕捻 CPU 兩側，對準插槽後輕輕置入其中。

CPU「金三角」防呆設計

▶ 認清「金三角」的位置對準插槽

❷ 將撥桿重新扳回插槽，將 CPU 固定。

固定好的 AMD CPU

▲ 固定 CPU

確認 CPU 完全固定之後，安裝即告完成。

12-2-2　安裝散熱風扇

和 Intel 的產品相同，AMD 公司也有自己生產的原廠風扇。下面繼續來介紹 AMD 原廠風扇的安裝方法。

操作 1：認識 AMD 原廠風扇

AMD 的原廠風扇與 Intel 的風扇在結構上有很大的不同，在安裝之前，首先應認識風扇的卡榫。

AMD 原廠風扇採用主、次兩個卡榫進行固定，安裝時，一般先卡上次卡榫，然後再卡上主卡榫，最後轉動主卡榫上的撥桿以固定 CPU 風扇。

主卡榫上的黑色撥桿 ──

▶ AMD 原廠風扇的卡榫

操作 2：安裝風扇

安裝風扇時要先調整好兩端卡榫的位置，當確認風扇的位置無誤後，最後才壓下風扇的固定撥桿。

❶ 在 CPU 插槽上先將風扇的一側（如左側）的卡榫固定住。

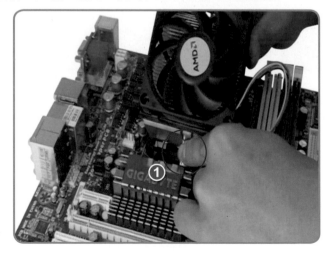

▶ 扣上散熱風扇的次卡榫

❷ 緩緩下壓風扇另一端，直至可以將主卡榫卡在 CPU 插槽上。接著順時針撥動
主卡榫上的固定撥桿，直至風扇完全固定、不會晃動為止。

▶ 固定在主機板上的 AMD 原廠風扇

12-2-3　將風扇電源線接到主機板上

AMD 風扇的電源線也採用防呆設計，你只需找到電源插座將插頭，依方向插入，
即可完成 AMD 風扇的安裝。

❶ 將風扇電源線插頭插入風扇電源插座。

▶ 位於 CPU 旁邊的風扇電源插座

將電源線連接到主機板後，整個散熱風扇的安裝過程就結束了。

12-3　安裝 AMD ThreadRipper CPU

AMD ThreadRipper CPU 安裝過程要掀開好幾層蓋子，過程看似繁複，但其實安裝起來非常簡單，尤其扭力起子貼心的設計，當螺絲鎖夠緊時會發出喀聲提醒不要再鎖了，避免造成 CPU 或插座因鎖太緊而毀損的問題。

☞ 操作 1：鬆開插座蓋板螺絲

安裝 CPU 前再掀開插槽上的防塵保護設計，避免灰塵等異物掉入插槽中，造成 CPU 針腳與插槽間接觸不良。

❶ 蓋板上標示了 Open 3 ⇨ 2 ⇨ 1 的開蓋順序。故請照圖中所示順序，使用 TR4 專用扭力起子逐一鬆開插槽蓋板螺絲。

插槽扣栓　　　　　　　　　　　　　　　TR4 專用扭力起子

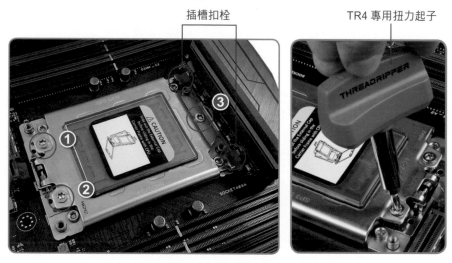

⊿ 鬆開插槽蓋板螺絲

☞ 操作 2：掀開蓋板並取出保護蓋

先掀開外層金屬蓋板，再掀起 CPU 插槽並取出透明塑膠片，再拿開 CPU 插座保護蓋。整個過程請小心，不要碰到了插座內的針腳。

❶ 掀起金屬蓋板。

❷ 往內輕壓，解開 CPU 插槽頂端兩個扣栓後掀起，再拉出透明塑膠片。

❸ 用兩隻手指直接拿開 CPU 插座上的保護蓋，小心不要掉在插座上。

△ 掀開蓋板並取出保護蓋

☞ 操作 3：將 CPU 完整滑插入插槽內

橘色的 CPU 支架不要拆掉，拿取時也要注意不要碰到 CPU 金屬觸點，並將其正面朝上的插入插槽內。

❶ CPU 正面朝上的插入 CPU 插槽內；請一直滑插到底，直到感覺 CPU 被卡進插槽為止。

CPU 要滑插到底

△ 將 CPU 完整滑插入插槽內

☞ 操作 4：扣住 CPU

小心蓋下 CPU 插槽，並將 CPU 扣栓拴在插座上。

❶ 小心蓋下插槽。

❷ 用巧力壓下插槽扣栓，使其卡住插座扣栓而不會彈回。

▶ 扣住 CPU

☞ 操作 5：鎖緊 CPU

蓋下金屬蓋板後，按蓋板上標示的 Close 1 ⇨ 2 ⇨ 3 的順序，即拆開時相反的順序鎖上金屬蓋板。

1 放下蓋板。

2 按圖上標示順序，逐一鎖上螺絲；建議三根螺絲均衡的分兩三次鎖緊。

▶ 鎖緊 CPU

具體安裝方法也可觀賞 AMD 或其他玩家在 YouTube 上所釋出的示範影片。

👉 https://www.youtube.com/watch?v=d0IbxYyN1Dg

👆 操作 6：安裝散熱風扇

由於 AMD Ryzen Threadripper 處理器的最高 TDP（熱設計功耗）為 250W，因此需要使用較高等級的液冷式散熱解決方案，大家可以從 AMD 網站上找到各家製造廠商提交給 AMD 的散熱解決方案與安裝方法，如 Arctic、Cooler Master、Corsair 等等十數家知名廠商。

👉 https://www.amd.com/zh-hant/thermal-solutions-threadripper

① 照各家散熱風扇安裝法，先將散熱風扇安裝到 AMD 提供的水冷支架上。

② 如風扇與 CPU 接觸面沒有預先塗好散熱膏，就需要自行塗上散熱膏。

③ 水冷支架的四個螺絲位置有上寬下窄的特性，照此對應的卡進 CPU 插座旁的基座後，按風扇標示之順序鎖緊螺絲。

④ 將風扇電源連接到主機板上。

水冷支架上寬的兩顆螺絲　　　　　　　　　　　　　安裝結果

下窄的兩顆螺絲

△ 安裝散熱風扇

經過本章的學習，相信你已經掌握了防呆設計以及散熱膏對於安裝 CPU 的重要性，並能夠自行安裝 CPU 及散熱風扇。如果平時遇到 CPU 的散熱問題，例如，散熱膏塗抹不均勻、風扇鬆動等，不妨根據本章所學知識重新正確安裝 CPU 或散熱風扇，應該就可以排除問題了。

13 安裝記憶體

安裝完 CPU 後，接著一般都會選擇安裝記憶體。安裝記憶體時要做到二字訣「準」和「穩」。「準」是指安裝時要對準記憶體與插槽間的凹凸位置，而「穩」則是指記憶體要插的穩固，並且確認安全卡榫已扳回原位，以下將示範安裝記憶體的方法並介紹安裝時有哪些該注意的事項。

13-1　安裝記憶體注意事項

各世代的記憶體外觀類似，卻有無法向下相容的侷限，因此安裝時只要掌握一處防呆設計重點，就不會裝錯記憶體了，就是記憶體底端金手指的缺口位置與插槽的凸起點必須完全對上。

安裝記憶體前，請熟悉以下提供的注意事項，以免過程中無法順利安裝。

防靜電

記憶體上若無散熱片就容易接觸到遍佈其上大大小小的金屬接點，因此仍要注意避免碰觸而因靜電影響損壞，尤其是金手指是最容易碰到的地方，雖然記憶體沒有那麼脆弱，但風險也是很高的。因此可先參閱前一章防靜電的方法後，再進行安裝操作。

檢查防呆設計

由於不同記憶體採用的防呆設計各不相同，因此彼此間是不能通用的，雖然目前主流的 DDR 記憶體規格為 DDR4，但上一代的 DDR3 亦仍在市面上流通，而 DDR5 則是快速的進入市場，因此更要知道它們外觀缺口位置的不同。DDR4 的缺口比較靠近中間，而 DDR3 是更偏一點、DDR5 則位於兩者中間，因此安裝錯時會被防呆設計所阻擋，只要不要大力出奇蹟的硬插入，記憶體是無法插入其他類型插槽中的，所以在購買與安裝時要優先注意記憶體、主機板規格是否適配。

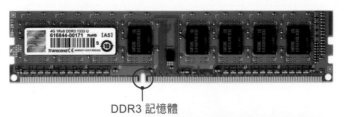

DDR3 記憶體

DDR4 記憶體

DDR5 記憶體

▶ DDR3、DDR4 與 DDR5 記憶體缺口位置的比較

扳開卡榫

為了使記憶體能穩固安裝到插槽上，插槽安全卡榫扮演著關鍵性的作用，在安裝前請你確保記憶體插槽的卡榫處於扳開狀態，並於插入後再次扣緊。

▶ 扳開的卡榫

13-2　安裝記憶體

電腦的硬體升級往往都是從記憶體和硬碟入手，因為這兩種設備的硬體需求較少，且能明顯感受到效能的提升。安裝前請先確認你的主機板是否支援待安裝的記憶體。

操作 1：打開卡榫準備安裝

在取出記憶體進行安裝之前，先要扳開卡榫，這樣後續才能將記憶體放入至插槽內。

❶ 輕輕將手指放至主機板上記憶體插槽兩側的卡榫上，然後向外完全扳開。

▶ 扳開兩側的卡榫

深入探討　預防損毀主機板

在安裝記憶體時，由於主機板的 PCB 電路板非常容易損壞，為了防止損傷主機板及其他電子元件，建議你在背面墊上一塊防靜電的軟布，緩衝安裝時的受力。

操作 2：安裝記憶體

安裝記憶體比安裝 CPU 更容易，只要按照金手指上的防呆設計方向安裝，再固定住左右卡榫即可。

❶ 將記憶體的金手指缺口對準插槽凸起處，確認後將記憶體垂直插入插槽中，然後雙手拇指按在記憶體兩端頂部，並平均施力將記憶體壓下。

正確壓下時，兩側卡榫應會自動合起卡入記憶體兩側小卡槽內。

△ 平均向下施力安裝記憶體

深入
探討　記憶體的防呆裝置

　　記憶體的防呆設計（缺口）是為了讓使用者能正確插入記憶體，避免安裝時過度施力造成金手指損壞。如 DDR4 的缺口位置比較接近金手指的中間部分，使用者在安裝時要特別小心，斜向比對好再垂直插入壓下，遇到不合理的阻力時，務必停下重新檢查，千萬不要在反向的情況下還強行插入，大力出奇蹟的結果就是記憶體與主機板兩敗俱傷。

❷ 向內壓壓卡榫，確保卡榫扣緊了記憶體兩側的凹槽，避免日後記憶體出現鬆動等接觸不良的問題。

▷ 扣緊卡榫

至此記憶體的安裝就完成了，若有多個記憶體，可按相同方法再將其餘記憶體安裝在其他記憶體插槽上。

記憶體的安裝比較簡單，相信你很快就能掌握安裝方法。最後再次提醒你安裝時的幾點注意事項：記得於安裝前，先行去除身上的靜電，插入記憶體時左右用力均勻、穩定下壓，並於安裝後確認卡榫是否歸位。至此，主機板上的元件均已安裝完畢，接下來，便能進入下一章機殼組裝的操作了。

Chapter
14 拆除機殼

機 殼是主機內各項元件的「盔甲」，形同各項硬體的安全保障。目前機
殼樣式與款式眾多，拆裝法自然有些差異，然而基本上還是本著簡易
快拆的原則設計，因此若有機殼說明書，當按照機殼說明進行拆裝。本章
將介紹常見機殼拆裝法以及拆除時的注意事項。

14-1 拆除機殼注意事項

購入機殼時，可先留意機殼內是否附有指示燈的電源接頭，並檢查機殼的內部與
側板是否有變形、脫漆等問題。

◎ 小心邊角割傷手指

雖然組裝機殼看似簡單，但操作時請留意機殼側板的邊角，由於有些機殼並未採
用流線型設計，因此在側板上可能有部分尖銳邊角。建議你帶上手套，避免被尖
銳的邊角給割傷。

◎ 分類螺絲

在安裝硬碟、光碟機、主機板等硬體時，都需要使用螺絲進行固定。通常這些螺
絲都會在硬碟的附送包中，安裝前可先打開，並把螺絲按照使用的用途分類擺
放，便於組裝時快速取用。安裝電腦時，通常需要銅柱螺絲、機殼側板螺絲、主
機板或硬碟十字螺絲等。

銅柱螺絲　　　　　機殼側板螺絲　　　　主機板、硬碟機螺絲

△ 各種螺絲釘

如果購買的主機板、硬碟等等設備有自己附上螺絲時，請使用設備隨附的螺絲，
不要使用機殼附贈的螺絲，以免螺絲大小有些微差異而鎖不牢或造成損傷。

14-2　拆除機殼流程

目前市面上購買的機殼都已經完成安裝，因此，在組裝電腦時只需拆開兩面側板，再將主機板、硬碟機、光碟機等硬體置入機殼中即可。

☞ 操作：拆下機殼側板

安裝電腦的內部裝置前，先要拆下機殼兩邊的側板，接著在機殼內安裝所購置的各項硬體。目前機殼組成方式主要有三種，一種是傳統用螺絲固定，一種是用卡扣，一種是免螺絲與拆裝工具的，種類繁多下請以機殼說明書為主，這裡以最麻煩的螺絲拆裝方式說明。

❶ 機殼的每邊側板上均有兩顆螺絲固定，找到機殼側板上的螺絲，旋鬆後即可卸下。注意，有的側版螺絲是位於側邊面板上。

▶ 卸下側板上的固定螺絲

❷ 旋鬆螺絲後，用手將側板向後輕推，當側板脫離下方溝槽後，即可拆下。

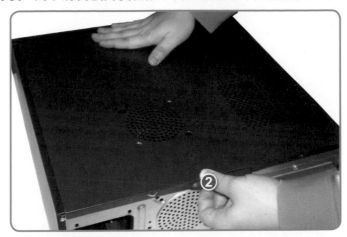

▶ 拆下側板

此時只需拆下一邊的機殼側板即可，之後的各項元件便可由此處陸續放入。

🔍 深入探討　機殼空間運用

　　由於機殼內部需要安裝不同的硬體，所以機殼內部可大致劃分為各種硬體的安裝範圍，故安裝硬體前需要規劃如何適當地安裝硬體，早期機殼在配置上是固定的，現在的機殼大多可更彈性的劃分，但仍然須在選購前根據個人需求選擇合適的機殼內佈局。

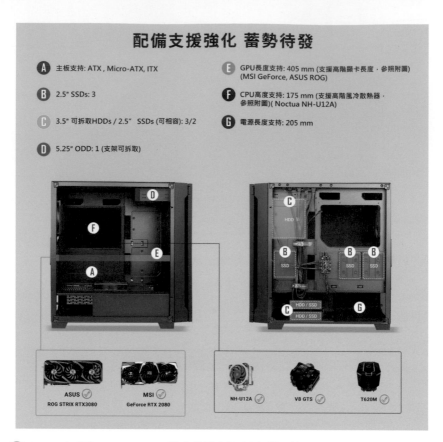

△ Antec 安鈦克 P10 FLUX 5 風扇 前防塵網 靜音 電腦機殼（圖片來源：Antec）

本章主要介紹拆下機殼側板方法和注意事項，在學習本章內容後，相信你也能快速拆下機殼側板，為後續主機殼內其他元件的安裝打下基礎。下一章將繼續介紹將主機板安裝到機殼的方法。

Chapter

15 安裝主機板

由於主機板內搭載許多精密的電子元件，因此，在安裝時非常需要細心和耐心，並盡力做好安裝前的各項準備，然後跟著本書所示範的操作一步步進行，相信每位 DIY 玩家都可順利上手。

15-1　安裝主機板前確認事項

為了避免安裝過程中因不當操作、人為疏忽等原因造成主機板故障，所以在安裝前應該先做好充足的準備。以下列舉各項安裝主機板時的前置工作。

◎ 機殼後的擋板是否已卸除？

在安裝顯示卡、網路卡等設備時，首先應卸除機殼背部的擋板，使介面卡可與設備的傳輸線相連接。你可以檢查 I/O 面板下方的顯示卡擋板是否已經卸除，若否，可使用起子或鉗子將之卸除。

擋板已被卸除────　　　　　　　　　　────其他沒有卸除的擋板

◎ 機殼底板是否已安裝銅柱

安裝主機板時，首先需要在機殼底板上安裝附贈的 6~8 根銅柱，之後再將板子固定於銅柱上。其目的是使電路板懸空，避免電流透過機殼傳出而發生短路，同時也有利於機殼內部的散熱。

操作上，在比對主機板的孔位後，用尖嘴鉗依序鎖上固定銅柱，如果機殼過深、感覺使用不便，直接用手鎖上。

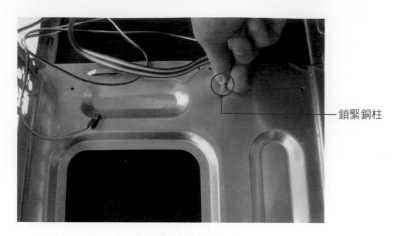

▶ 安裝銅柱的過程

鎖緊銅柱

銅柱的鎖定位置可以根據主機板的螺絲孔位而定，通常都會在機殼底部的首、尾以及中間位置進行安裝，使機殼底部的受力均勻。由於各類主機板的螺絲位置不同，所以機殼一般會預留多個孔位，以符合各式需求。

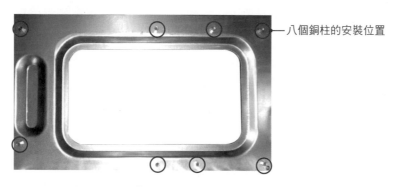

八個銅柱的安裝位置

▶ 安裝了銅柱的機殼底板

◎ I/O 背板是否已安裝

I/O 背板是放置主機板 I/O 連接埠的地方，一般在購買機殼時，通常已附在產品中，由於機殼附送的背板與主機板的 I/O 介面可能有所差異，建議使用者仍以主機板附送的 I/O 背板為主。

☞ 操作 1：拆下機殼 I/O 背板

拆卸 I/O 背板時，應該由一隻手從機殼的外部向內推，然後用另一隻手於機殼內部輕輕頂住，預防用力過度而損壞 I/O 背板。

❶ 將兩手分別置於背板的內外位置，並由外向內施力，緩緩將背板卸下。

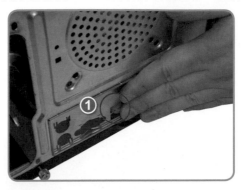

▶ 拆下 I/O 背板過程

☞ 操作 2：裝上 I/O 背板

購買主機板時，皆會附送該主機板對應的 I/O 背板，所以在卸除機殼原來的背板後，即可進行安裝。

❶ 在機殼內部固定 I/O 背板的一端，然後由內向外施力，使背板與機殼插槽完全吻合。

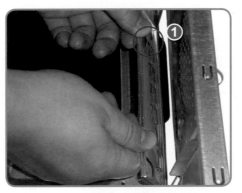

▶ 安裝 I/O 背板

15-2 安裝主機板

在開始安裝之前,請你先準備好各種螺絲、十字起子、尖嘴鉗等工具,然後按照下面的步驟進行安裝。

操作:安裝主機板

放入主機板時,應注意要讓板子懸空在機殼安裝位置的凹槽上,此凹槽是為了保留主機板與機殼的空間,使機殼萬一有電流通過時不至於讓主機板短路,接著同時鎖緊螺絲,避免主機板產生鬆動,導致搬動時主機板移位。

❶ 確認已經安裝對應的 I/O 背板後,將主機板傾斜放入機殼一角。

▶ 主機板必須傾斜放入機殼

❷ 從機殼外部看主機板的介面是否與 I/O 背板孔位一致,若二者的孔位不吻合,可適當調整主機板的位置。

▶ 比對孔位

❸ 用起子緩緩旋緊螺絲，確實固定主機板。

▶ 鎖上固定螺絲

按照步驟中的操作方法，依次鎖緊主機板上的所有螺絲後，安裝即告完成。

> 🔍 **深入探討** ┃ 固定銅柱的小技巧
>
> 　　在旋轉「固定銅柱」時，要注意用力的均衡與適度，盡量保持各「固定銅柱」處於同一水平面上，否則主機板在安裝後容易出現傾斜、扭曲等現象。操作時不妨先將各個銅柱鎖上一半，待確認位置無誤後，再逐一鎖緊。

15-3　安裝主機板注意事項

主機板是電腦中最為脆弱的硬體之一，若使用者稍有不慎，很容易就造成搭載的某些元件損壞，甚至整塊主機板都有可能報廢，以至無法修復等慘況。所以在安裝時請務必謹慎操作！

❶ 在接觸主機板前，要確保雙手乾燥、無靜電；可藉由觸摸接地的金屬物品，或穿上拖鞋、戴上防靜電手套等措施去除靜電，以免造成短路，造成燒毀主機板的憾事。

❷ 應先對準機殼 I/O 背板與主機板連接埠的位置後，再鎖緊螺絲，避免出現因位置不正確造成日後無法插孔的問題。

❸ 必須精確固定板上的各個螺絲。主機板上一般都會有 5~6 個固定銅柱，其位置應與主機板吻合；如有不同，建議你更換銅柱位置，切勿強行安裝，以免損壞主機板上的電路配置。

經過本章的學習，相信你已經能掌握主機板的安裝流程了。在主機板安裝至機殼後，接下來就是安裝其他的電腦元件了。

Chapter
16 安裝硬碟 / SSD

硬 碟 / SSD 的安裝其實並不困難，操作時只需遵循本章介紹的幾個步驟，並留意文中的注意說明，安裝硬碟也不過是小事一件。

16-1 安裝硬碟注意事項

硬碟是電腦的主要儲存設備，其穩定與否，也影響系統的正常運作。以下提供幾點注意事項，在安裝前請務必仔細閱讀。

傳統 HHD 硬碟勿摔落或搖動硬碟

傳統硬碟內部有相當多精密而脆弱的元件，因此在儲存時應避免摔落或搖動硬碟，而且安裝的時候須小心謹慎，避免碰撞、搖晃，以免損壞或刮傷硬碟中的元件。雖然 SSD 固態硬碟比傳統硬碟耐摔且不怕搖動，但並不表示摔不壞，所以還是小心為上。

M2. SSD

有的 M.2 SSD 本身就有安裝散熱片，有的主機板上 M.2 插槽上有提供散熱片，有的則什麼都沒有。總之安裝前留意以下幾個情況就可以了。

- 如果有兩個以上 M.2 插槽，請優先選用離 CPU 最近的那一個。
- 主機板上若有散熱片或卡片固定螺絲，要先拆下來收好。
- 若有自帶的散熱片，主機板也隨附了散熱片，可考慮使用主機板附的散熱片，因為面積比較大，除非網友評測後出現口碑不佳的問題。
- 對準防呆缺口，以 30 度角的方式斜插入 M.2 插槽，金手指不能露出來。
- 鎖緊卡片，裝上散熱片。

確定擴充槽位

機殼一般都會有多個硬碟機安裝擴充槽位，安裝前要先確定好電源線與訊號線走線方式，再決定安放位置。

16-2 安裝固態硬碟

固態硬碟主要分為兩種界面，一種是速度最快的 M.2 NVMe PCIe SSD，另一種
是使用 SATA3 介面的 2.5 吋 SSD，前者安裝在主機板的 M.2 插槽上，後者與傳
統硬碟安裝法一樣，因此請參考傳統機械硬碟的安裝方式。

☞ 操作 1：安裝 M2. NVMe PCIe 固態硬碟

由於 NVMe SSD 速度越來越快，伴隨產生的就是溫度越來越高，因此許多
NVMe SSD 都會提供散熱片，因此直接裝在主機板上即可。若是要使用主機板
附贈的散熱片，請參考主機板說明書的指示拆卸與安裝散熱片的程序。這裡以安
裝自帶散熱片的 SSD 為例。

❶ 若主機板上已裝有有螺絲與散熱片，請先將其卸除。主機板上若見三個 M.2
卡片固定螺絲孔，那是因應不同卡片尺寸的，看你的卡片多長就用哪個螺絲
孔固定它。

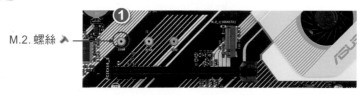

M.2. 螺絲

▶ 卸除 M.2 螺絲

❷ 按防呆設計對準缺口與凸出點，以約 30 度斜角，斜向插入到底，直至看不見
金手指即可放開。

▶ 30 度角斜向插入

❸ 按下卡片不放。

❹ 鎖緊固定螺絲，手就可以放開了。如果沒有安裝自帶的散熱片，這時就可照
說明安裝主機板提供的散熱片了。

▶ 壓下後鎖緊螺絲

☞ 操作 2：安裝 2.5 吋 SATA 3 固態硬碟

如果機殼內部安置 2.5 吋 SSD 的插槽不夠時，因為 SSD 重量輕且耐晃動，可
考慮安裝在 3.5 吋插槽的一邊，但務必把螺絲鎖緊。如果你的固態硬碟附贈了
托盤，或機殼內部有空的 2.5 吋插槽，那麼用托盤將硬碟固定在機殼內就更容
易了。

即使不鎖也不影響效能也不會
壞，但小心撞壞其他元件孔

▶ 安裝固態硬碟

16-3 開始安裝硬碟機

傳統硬碟主要使用 SATA3 介面,因為壽命較長,一般用來儲存或備份資料用。下面就來示範如何安裝硬碟。

在機殼朝著高效散熱、安靜、美觀、易組裝的發展下,以往需要靠著螺絲鎖遍所有元件的機殼慢慢褪去,取而代之的是靠著類似卡匣概念的方式,將硬碟直接卡入槽內,省掉在機殼內鎖螺絲的麻煩,而改成先在硬碟上鎖好或卡好輔助物,然後再送入對應的硬碟槽內。

操作 1:安裝硬碟

安裝硬碟的原則很簡單,就是將其或鎖或卡的放在機殼中的硬碟槽內,有 2.5 吋與 3.5 吋兩種空間。由於各家作法不一,安裝前請先參考機殼說明書,這裡就仍以傳統鎖螺絲的方式說明程序。

❶ 從包裝盒中取出硬碟,然後調整方向並對準硬碟擴充槽位,將硬碟放入槽位中。如果硬碟安裝輔助器,就將其先裝在硬碟上,然後送入對應的硬碟槽內。

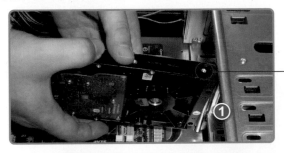

—— 對齊兩側的螺絲孔位

▶ 水平放入硬碟

深入探討　硬碟安裝輔助器

硬碟安裝輔助器有很多種,端看機殼設計方式而定。但大原則都是先將輔助器或鎖入或卡入硬碟螺絲孔,然後將其推入硬碟槽內。

—— 裝上輔助器

—— 推入硬碟插槽

❷ 沒有硬碟安裝輔助器者，就在對準硬碟上的螺絲孔位後，旋緊硬碟固定螺絲，避免移動或碰撞機殼時損壞硬碟。

▶ 旋緊固定螺絲

☞ 操作 2：連接傳輸線

旋緊螺絲後，將傳輸線連接至硬碟與主機板兩側，就完成硬碟設備的連接，不過後續在安裝好電源供應器後，還要再插入硬碟電源線。

❶ 連接訊號傳輸線。將 SATA 訊號傳輸線的一端連接到主機板的 SATA 插槽上。

▶ 連接傳輸線到主機板上的 SATA 插槽

❷ 將傳輸線的另一端連接到硬碟的 SATA 連接埠上。關於電源線，最後再一起裝。

▶ 連接硬碟的 SATA 連接埠

硬碟的安裝過程是比較簡單的，主要是做好固定。在透過本章的學習後，相信大家很快就能掌握硬碟的安裝原則了。

電腦的穩定仰賴於充足的電力來源，而要有穩定的電源供給，就絕少不了一顆品質穩定的電源供應器，因此電源供應器可以說是電腦的「動力」。本章將介紹正確安裝電源供應器的過程，以提供電腦一個安全穩定的運行環境。

17-1 安裝電源供應器注意事項

如果電源供應器的安裝失當，可能會導致經常無法正常開機，嚴重時甚至還會燒毀主機板的其他電子元件，造成整體設備的重大損失。為了避免因安裝錯誤而導致的各種併發問題，建議讀者在安裝前仔細檢查購買的電源供應器，並注意以下幾點重要事項。

◎ 電源供應器外觀是否完整？

一般電源供應器皆由各種金屬外殼所包裝，請先檢查外殼的固定螺絲是否已鎖緊，並察看是否有遭劃過的痕跡，避免買到有問題的二手商品。

電源供應器一般延伸有 4 ～ 6 組電源線，請確認提供的連接埠是否齊全（如一組主機板連接埠、2 組光碟機 / 硬碟機連接埠等）。若電源供應器是採用模組化的設計，則應該包含各種不同的連接埠，請一併檢查是否齊全。

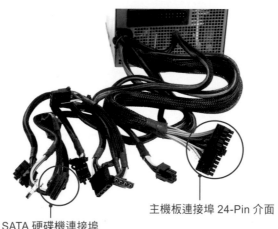

主機板連接埠 24-Pin 介面

SATA 硬碟機連接埠

△ 電源供應器的連接埠

◎ 電源供應器的安裝位置

許多 DIY 玩家在安裝電源供應器時，容易忽略設備的擺放位置，導致接下來的安裝中斷，而認為機殼與電源供應器間是因規格不符，才會無法安裝。其實電源供應器的規格都是相同的，最簡單的方式就是從插槽與電源提示標籤來判斷設備的擺放位置是否正確。當出現無法順利安裝的情況時，不妨先把電源取出來，調整方位後再重新嘗試，不要用蠻力將電源強行塞入，否則很容易導致設備的損壞。

電源供應器有電源連接埠
的一面為正面

▶ Cooler Master 電源供應器的電源背面

深入探討　模組化電源供應器的優點

　　部分高階的電源供應器，往往會提供更為便利的模組化設計，而製作精良的模組化電源供應器不僅可提高電源轉換效率及穩定電源電壓，同時也能將各種硬體連接埠都整合到電源的面板上，方便插拔電源線，同時因為模組化的設計使電源線的收納更為整齊，減少機殼空間的佔用。

模組化連接埠

▶ CORSAIR 海盜船 CXM 750W 80Plus 模組化電源供應器

17-2　安裝電源供應器

現在有許多商家為了促銷商品，在購買機殼時都有隨機附贈的電源供應器，由於無法確保「機殼牌」電源供應器的品質與穩定，因此，以下將提供你正確的電源供應器安裝方式，日後一旦出現故障時，即可自行更換。

☞ 操作：安裝電源供應器

安裝電源供應器時有兩點需要注意的事項：一是確保電源供應器的擺放位置正確；二是需將電源的螺絲鎖緊，以固定設備的位置。

❶ 為了方便接下來的安裝操作，首先將機殼平放在寬敞的平台上，接著將電源供應器平穩移動至機殼後方預留的空間，移動時請盡量貼緊後背面板，調整位置後，順勢推到機殼後方的電源放置槽。

▶ 將電源供應器置入機殼預留空位

❷ 將四個角落的螺絲孔位與機殼的對齊，讓電源供應器與機殼的電源放置槽保持平穩的狀態。

對準機殼外側擋板的螺絲孔位 ──

❸ 確認電源供應器放置平穩後，鎖緊固定螺絲，完成電源供應器的安裝。

▶ 用螺絲起子將固定螺絲鎖緊

🔍 深入
探討　　電線整理技巧

　　　　雖然採用模組化設計的電源供應器可以省下不少空間，但是它和一般電源一樣，還是拖著一條「長長的尾巴」（電線），建議你可以使用束線帶與網套將主機板、硬碟、光碟機等電源線盡量併攏捆綁。

整理時切記不要過度用力拉扯電線，這樣很容易將電線扯斷或使連接埠脫離插槽，最後是保持電線與電源間應有一定間隔距離，有利於散熱。

—— 束線帶

▶ 使用束線帶固定各式電源線

本章介紹了電源供應器的安裝過程，在安裝電源供應器時，切記不要弄錯電源供應器的方向，並且注意不要讓電源供應器接觸到主機板，以免壓壞主機板上的元件。安裝完電源供應器後，下一章將繼續為你介紹安裝電源線與機殼訊號線的方法。

18 接上機殼訊號線及主機板電源線

前面曾經說過,任何一種電腦元件皆需要為其提供電源才能正常工作,其中,有部分如風扇、記憶體及本章要介紹的機殼訊號等,皆僅需從主機板獲得少量的電力即可維持正常工作。由於必須為額外的元件供電,所以主機板需要的電量也會較大一些。本章將為你詳細介紹機殼訊號線及電源線的安裝方法。

18-1　安裝機殼訊號線

機殼訊號線是讓使用者可以直接觀察電腦狀態的最佳途徑。這些訊號線會由購置的機殼所提供,在連接主機板後,即可透過對應的訊號燈,清楚了解硬碟、主機板等電腦元件的工作情形。

18-1-1　安裝前的注意事項

將訊號線連接到主機板後,透過訊號燈的閃爍、明滅等狀態即可反映電腦硬體的工作情況。機殼訊號線的安裝並不複雜,但很容易插入錯誤的位置,因此請留意各訊號線的安裝位置,避免插入錯誤的孔位。以下將說明相關的注意事項和各訊號燈的含意。

◎ 認清機殼各種訊號線

機殼上通常會有五組或更多的訊號線,其中使用最廣泛的有以下五種:

- **H.D.D LED**:硬碟狀態指示燈
- **POWER LED**:電源指示燈
- **RESET SW**:重新啟動開關
- **POWER SW**:控制電源的開關
- **USB**:控制 USB 連接埠

△ 常見的機殼訊號線

◎ 認清訊號線的正負極

安裝訊號線時,請留意它們的正極方向。正極通常會以「+」或「Pin1」註明;
或透過接線的顏色判斷,如彩色線(紅、綠、黃等)代表正極,白色或黑色則代
表負極。

> **深入探討　正負顏色顛倒的情況**
>
> 　　大多數的訊號線都是以彩色為正極,白或黑色為負極,但也有部分特殊的
> 主機板廠商採用黑白為正極,彩色為負極。所以在安裝機殼訊號線時一定要先查閱
> 主機板說明書,分辨訊號線的正負極後再動手安裝,以免造成主機板故障。

18-1-2　安裝機殼訊號線

機殼訊號線的安裝其實非常簡單,只需直接插入主機板插槽即告完成,但由於機
殼空間較小,操作不易,很容易將機殼訊號線插入至錯誤的孔位,導致安裝錯
誤。因此,安裝時切記要小心謹慎,不要安裝錯誤,安裝時可參考主機板說明
書上對訊號線安裝位置的說明。

👉 操作:安裝機殼訊號

❶ 在機殼訊號線中,取出任意一組訊號線,然後插入至主機板上相對的插槽,
然後同理完成其他訊號線的安裝。

已完成所有機殼訊號的安裝

▲ 安裝機殼訊號線

由於訊號線轉接頭採用了防呆設計,所以在插入主機板時,不必擔心會發生方向
插反的錯誤。

🔍 深入探討 | **不是所有的訊號線都有正負極之分**

　　雖然大多數訊號線都採用白色和彩色線設計,但有部分的訊號線(如 POWER SW 和 RESET SW 訊號線)並沒有正負極之分,安裝時只需注意對應的文字標示即可。

18-2　安裝主機板電源線

主機板上連接了許多不同的硬體設備,而這些硬體採用的電源線也略有差異,因此在安裝時,應仔細辨識各種不同介面的電源線,再依序插入指定的插槽中。

18-2-1　安裝前的注意事項

電源供應器提供了電腦工作所需的電力,如主機板、CPU、硬碟、顯示卡等,這些硬體的電源連接介面各不相同,雖有防呆設計,也要在安裝時注意其中的區別。電源供應器所提供的各組電源線,主要分為主機板電源線、CPU 電源線、SATA 電源線與 PCI-E 顯示卡電源線。

在將電源插上主機板之前,務必參考主機板手冊中的佈局結構圖,確定各電源插槽後再安裝。

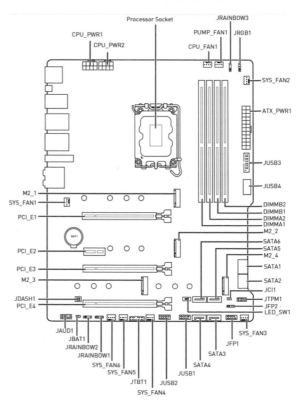

▶ MSI MAG Z690 主機板結構圖

◎ 主機板電源線

主機板電源線介面為雙排、24 針腳設計的 ATX 2.0 主機板電源接頭，可將其連接到主機板的 24 孔電源插槽上，為主機板的電力來源。

◎ CPU 電源線

電源供應器的 CPU 電源線一般會提供 8+4 Pin 或雙 8 Pin 的供電線，其上會標示「CPU」，這可讓目前功耗越來越大的 CPU 也能夠得到穩定的電力供應。接電前務必參考主機板說明手冊，找到位於主機板上的 CPU 電源插槽位置。

◎ SATA 電源線

SATA 電源線主要用於 SATA 介面的硬碟和光碟機的 SATA 電源線接頭，它是 L 型的防呆設計，安裝時要注意。

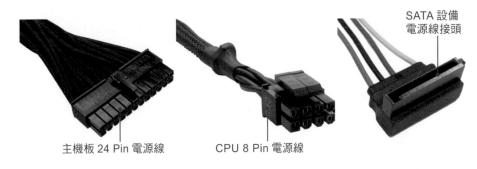

主機板 24 Pin 電源線　　　　CPU 8 Pin 電源線

SATA 設備
電源線接頭

了解電源線接頭後，接下來就可以安裝電源線了。

18-2-2　安裝主機板與 CPU 電源

並非所有電腦元件皆需要外接電源，部分裝置可以從主機板上獲取所需的電力，如記憶體、網路卡等，這些元件僅需極少的電力即可正常工作。需要提供電源的主要是主機板、CPU、硬碟與顯示卡。首先就來介紹如何安裝主機板電源線。

☞ 操作 1：安裝主機板電源線

主機板採用雙排、24-Pin 的電源插槽設計，位置各家不同，因此安裝前務必先參考主機板手冊說明，按手冊說明為之。安裝時只要將電源線接頭按防呆設計正確插入，即完成主機板電源線的安裝。

❶ 選擇正確的電源線並確認安裝方向正確後，緩緩將電源線接頭連接到主機板插槽，完成主機板電源線的安裝。

24-Pin 電源線插槽

▲ 主機板部分介面

主機板的電源插槽均採用防呆設計，只有在方向正確時，才能順利插入插槽，所以在安裝過程中不必擔心因安裝錯誤而損傷主機板。

👉 操作 2：安裝 CPU 電源

同安裝主機板電源類似，找到 CPU 電源線後，照著防呆設計的方向插到主機板的 CPU 電源插槽即可。

兩個 CPU 8 Pin 電源插槽

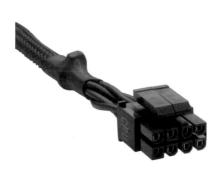

18-2-3　安裝硬碟電源線

硬碟電源線只要照著防呆設計插入即可，只是在安裝完成後，注意要稍微整理一下電源線，讓其遠離 CPU 風扇與記憶體，以免在後續電腦啟動時碰撞損壞。

☞ 操作：安裝硬碟電源線

❶ 在電源線中找到 SATA 電源線，然後將其插入至硬碟的電源線連接埠中，完成硬碟電源線的安裝。

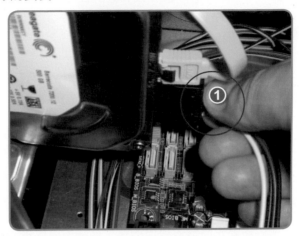

▶ 安裝硬碟電源線

經過本章的學習之後，相信你已經了解電腦內各類電源線的連接方法，插拔電源線前，請確認電源供應器的開關處於關閉的狀態，否則很可能造成短路，甚至造成硬體元件毀損。

19 安裝獨立顯示卡

在 前面的章節中,已經講述了許多硬體的安裝方法與注意事項,包括主
機板、CPU、記憶體等等,本章將介紹獨立顯示卡的安裝方式,讓
你的電腦的顯示效能更加提升。

19-1 安裝獨立顯示卡注意事項

安裝顯示卡也有其需要注意的事項,請先熟悉以下提供的各點說明,確保整個安
裝過程可以順利進行。

◎ 安裝顯示卡的擋板是否已卸除?

在安裝各種擴充卡前,需要先將機殼後方的擋板移除。擋板可分為螺絲固定與一
體成形兩類,由於部分擋板的邊緣較鋒利,建議讀者不要徒手移除,最好戴上手
套或使用尖嘴鉗夾住擋板,卸除螺絲後左右輕晃,即可輕鬆取下。

◎ 風扇不可被擋住

由於各主機板的顯示卡插槽位置略有不同,且顯示卡搭配的風扇通常較大,有可
能與其他硬體設備發生碰撞的問題。建議在安裝前先把顯示卡置於插槽上方,比
對安裝位置是否合適,以確保顯示卡的風扇可正常運作。

19-2 安裝 PCI-E 顯示卡

目前市面上的主流顯示卡均為 PCI-E 顯示卡,在安裝顯示卡前,請再次確認顯示
卡位置機殼擋板是否卸除,若無卸除,請先卸除後再安裝顯示卡。

☞ 操作 1:安裝 PCI-E 顯示卡

安裝 PCI-E 介面時,只要對準相對的顯示卡插槽,穩定插入即可,安裝完成後再
鎖緊擋板上的螺絲,即可防止顯示卡鬆脫所造成的顯像問題。

❶ 取出 PCI-E 顯示卡，然後將 PCI-E 顯示卡擋板朝外，接著再輕輕插入 PCI 插槽，此時要注意將顯示卡金手指處的缺口與插槽上的凸起對齊。

▶ 對準顯示卡並插入插槽

❷ 雙手在顯示卡上方的兩側均勻用力壓下，以保證顯示卡可完全插入插槽中。

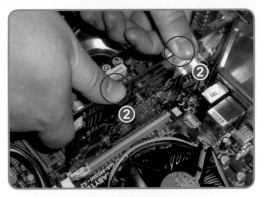

▶ 確保顯示卡完全插入

❸ 用螺絲將擋板固定在機殼上，確保顯示卡不會鬆脫。

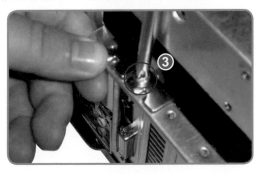

▶ 固定顯示卡

Chapter

19

安裝獨立顯示卡

經過以上操作，PCI-E 顯示卡的安裝就完成了。

深入探討　**顯示卡電源線的連接**

　　隨著使用者對圖像、影像的要求越來越高，顯示卡的電源供應需要也跟著水漲船高，特別是一些高階遊戲或專業顯示卡，透過 PCI-E 插槽供電已很難滿足顯示卡滿載運作，造成效能下降，甚至個別電腦會出現一些開機故障。所以目前有部分中高階顯示卡提供了獨立的電源連接埠，它可以如硬碟一樣連接至電源供應器上，以獲得足夠電源供應。不過要注意的是，如果電腦沒有執行過多需要顯示卡支援的程式，顯示卡即使不連接電源線也是能正常運作，因此電源線並非是一定要安裝。

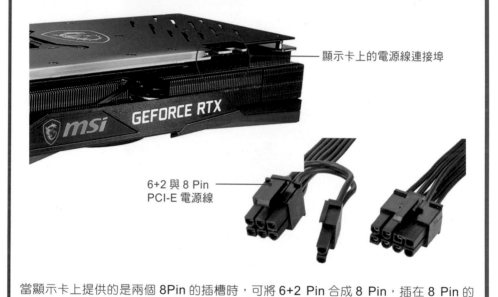

顯示卡上的電源線連接埠

6+2 與 8 Pin
PCI-E 電源線

當顯示卡上提供的是兩個 8Pin 的插槽時，可將 6+2 Pin 合成 8 Pin，插在 8 Pin 的插槽中。

經過本章的介紹後，相信你對 PCI-E 的安裝已經有了一定的了解，並能獨立完成顯示卡的安裝。至此機殼內部的設備都已安裝完成，後續在裝回機殼側板後即進行周邊裝置的安裝。

20 裝回機殼並安裝鍵盤和滑鼠

機 殼內硬體的安裝已接近尾聲,本章將介紹裝上機殼側板、連接鍵盤和
滑鼠的過程。操作前先閱讀自己的機殼拆裝使用說明,因各家機殼各
有設計特點,雖然不同但很容易理解,但在安裝時仍然要特別小心,不要
被機殼上的銳利尖角割傷了。

20-1　安裝機殼側板注意事項

由於機殼設計百家爭鳴,各有所長,因此僅須參考安裝流程即可,細節上仍需根
據機殼使用說明書安裝。

在安裝機殼側板時應注意以下兩點,確保安裝過程能安全順利的進行與對準機殼
隱藏的固定孔。

◎ 尖角銳利勿傷手

由於機殼的品質良莠不齊,有些側板的尖角非常銳利,稍有不慎很容易傷到手,
建議你安裝時戴上手套,並且按照正確的步驟進行。

◎ 機殼的隱藏固定孔

現在大多數機殼都設計有隱藏的固定孔,而側板的機殼固定扣則正好與之對應,
這樣可以防止安裝時偏離了機殼,可有效固定側板位置。

銳利的尖角

機殼外側的
隱藏固定孔

▷ 機殼側板

20-2　安裝機殼側板

由於機殼兩側的側板安裝方式相同,下面將介紹一側側板的安裝過程,讀者可按同樣的方法安裝另一側。

☞ 操作:安裝機殼側板

因機殼外側有許多隱藏的固定孔位,安裝時只需將側板的凸出固定扣,掛接在機殼外側的固定孔位,最後再稍微調整機殼與側板的位置即可。

❶ 安裝側板前,找到機殼後方的隱藏固定孔,對準側板與機殼的凹凸位置後放下側板。

▶ 對準側板與機殼的孔位

❷ 用一隻手壓住側板,然後用另外一隻手將側板向裡推,直至側板與機殼完全吻合。

▶ 確保側板與機殼固定扣吻合

❸ 最後依次鎖上背面的固定螺絲。

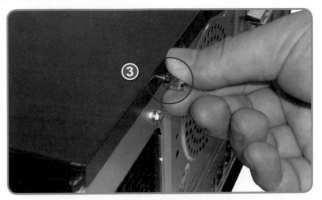

▶ 鎖上固定螺絲

經過上面的操作後，電腦的內部硬體及機殼都已安裝完成。接下來將從使用最頻繁的鍵盤與滑鼠開始，介紹機殼周邊裝置的安裝。

20-3　USB 鍵盤與滑鼠的安裝流程

USB 裝置擁有隨插即用的優點，為目前在輸入 / 輸出裝置上應用最廣泛的連接埠介面。以下將介紹 USB 介面的鍵盤與滑鼠的安裝過程。

☞ 操作：安裝 USB 鍵盤或滑鼠

❶ 將帶有 USB 介面的鍵盤或滑鼠接頭，直接插入到機殼後方的 USB 連接埠即可。USB 插槽一側有方形凹入的防呆設計，對準後即可放心插入。

▶ 安裝 USB 鍵盤

對於常要插拔的 USB 設備可以裝在機殼的前置 USB 孔上，方便插拔。

機殼上的前置
USB 孔與音源
孔等等

此機殼在側
版上直接用
螺絲固定

深入
探討　無線裝置

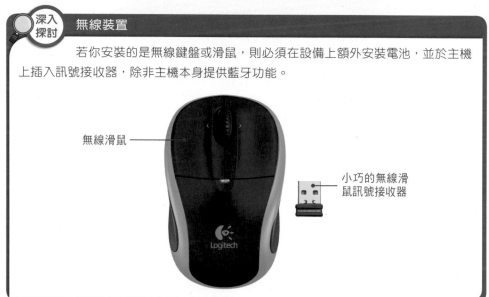

　　若你安裝的是無線鍵盤或滑鼠，則必須在設備上額外安裝電池，並於主機上插入訊號接收器，除非主機本身提供藍牙功能。

無線滑鼠

小巧的無線滑
鼠訊號接收器

USB 介面的鍵盤與滑鼠安裝非常容易，且具有隨插即用、高速傳輸等特性，基本上已成為外部周邊裝置的主要連接介面。

21 連接螢幕訊號線到主機

螢幕是電腦的主要輸出裝置,而訊號線的連接正確與否,將直接影響到畫面的顯示情況,因此如何正確地連接螢幕訊號線,是一項不可忽略的重要課題。

21-1 安裝螢幕訊號線的注意事項

不論是哪一種螢幕,都配備有兩條外部連接線:電源線與連接主機的訊號線。以下將你介紹這些連接線和連接埠的特點,以便後續進行安裝。

◎ 螢幕連接埠

常見的螢幕連接埠主要有 D-Sub、DVI、HDMI 與 DP(Display Port)四種,就畫質看來,D-Sub 的模擬訊號在傳輸過程中,比較容易產生失真,對畫面有一定的影響;而 DVI 採用數位訊號進行傳輸,可減少訊號失真的情況,確保畫面品質;HDMI 可在同一電纜中同時傳輸影音訊號,大幅降低了安裝難度,DP 則能輕易建構多螢幕環境與高畫質和高音質輸出。

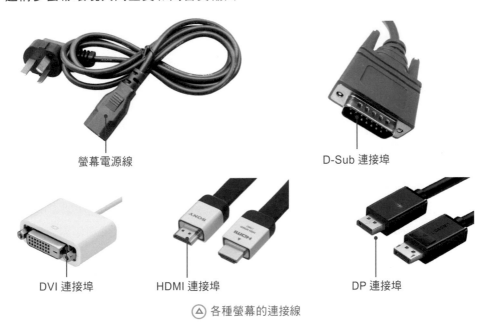

螢幕電源線　　　　　　　　　　　　　　　　　D-Sub 連接埠

DVI 連接埠　　　　HDMI 連接埠　　　　DP 連接埠

△ 各種螢幕的連接線

◎ 螢幕插座的比較

低階的 LCD 螢幕大都會配備 D-Sub 連接埠，而在一些較高階的產品中，還可能同時擁有 DVI 和 HDMI 兩種連接埠，擁有更高的適用性。目前大部分螢幕上往往都會同時支援多種連接埠，以便使用者選擇使用。

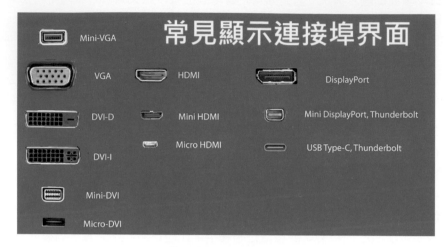

常見顯示連接埠界面

21-2　安裝螢幕訊號線

不管是 D-Sub 還是 DVI、HDMI 還是 DP，它們的安裝過程都是一樣的，下面就以安裝 D-Sub 訊號線為例，示範螢幕訊號線的安裝過程。

操作：安裝螢幕訊號線

首先對準連接埠的針腳並插入顯示卡插槽與螢幕連接埠中，然後再旋緊兩端的螺絲桿，確保訊號線在使用過程中不會鬆脫。

❶ 取出螢幕訊號線，然後按防呆設計方向將訊號線的 D-Sub 介面插入至螢幕背部的連接埠。D-Sub 的針孔排列是有方向性的，且外觀上有「梯型」的防呆設計，如果感覺安裝上有困難，請不要強行插入，應抽出後再次比對。

▶ 將 D-Sub 連接埠插入螢幕

❷ 插入後旋緊 D-Sub 連接埠兩邊的螺絲桿，使其固定在螢幕上。

▶ 將 D-Sub 連接埠平行插入 D-Sub 插座內，並旋緊兩邊的螺絲桿

❸ 將另外一頭插入至主機殼背面顯示卡上的 D-Sub 中。

▶ 將螢幕序號線從主機殼背後插入

❹ 旋緊 D-Sub 連接埠兩邊的螺絲桿,使其固定在主機殼上。

▶ 將螢幕序號線從主機殼背後插入

21-3　連接機殼電源線與螢幕電源線

所有硬體及周邊裝置都安裝完成後,接下來連上主機與螢幕的電源線,你的電腦就可以開始工作了。主機與螢幕電源線的安裝方法與操作其實一樣的,只是兩者位置不同而已,以下以連接螢幕電源線為例,示範如何安裝電源線。

👉 操作:安裝螢幕電源線

❶ 將主機電源線連接到螢幕背部的電源插槽上,請注意電源連接埠的方向。

▶ 將螢幕電源線直接插入電源插槽

然後按照同樣的方法,將電源線的另一端插在電源的 3Pin 插座上,即完成了螢幕電源線的安裝。

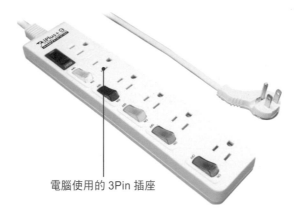

電腦使用的 3Pin 插座

如果你手邊沒有 3Pin 的專用插座,也可以將螢幕電源線接上 3 孔轉 2 孔的轉接頭後,再插入家中的一般插座。

深入探討 **測試螢幕是否連接正常**

當螢幕的訊號線和電源線都連接好之後,你可以馬上測試其連接是否正確。首先按下螢幕的電源按鈕,如果指示燈一開始亮起綠燈,表示設備已通電且取得主機訊號。一小段時間後,指示燈將轉為橙色,且顯示「No Signal」或「無訊號」等訊息,表示你的螢幕已連接正常,只是尚未開機而無訊號輸入而已。

經過本章的介紹後,想必你的螢幕訊號線已連接完成,而主機與螢幕的電源也都接上了家用插座,接下來即可開機進行各項設備的檢測。

上述章節介紹了電腦內部的硬體安裝過程，接下來就進入電腦最後的組裝工作。將購買的喇叭、麥克風、印表機、行動硬碟、視訊攝影機等外部裝置連接到主機 I/O 背板或前端面板上，讓電腦能按個人需求具備了多種延伸的應用功能。

22-1　連接喇叭、麥克風

喇叭、麥克風都是常見的周邊裝置，它們的安裝都非常簡單，只要在機殼的 I/O 背板或前端面板上找到對應的插孔插入即可。然而到底是要插在 I/O 背板還是前端呢？你可以這樣判斷，需要常插拔的，插在前端，反之插了就不拔的，插在後端，因為前端方便，但佔空間，後端不便，但走線固定好整理，不佔空間。

喇叭與麥克風的安裝方法與步驟是相同的，兩者安裝的不同之處在於一般喇叭通常只需要安裝音訊輸出線，而麥克風則有兩條傳輸線，除了音訊輸出傳輸線外，還有聲音輸入傳輸線。只要你將傳輸線插入正確的音效連接埠，即可完成喇叭或麥克風的安裝。下面以安裝耳機麥克風在 I/O 背板上為例，示範正確的安裝操作。

❶ 首先選擇麥克風上的聲音輸入傳輸線（通常為粉紅色），然後插入主機背面對應的粉紅色連接埠中。

❷ 選擇音訊輸出傳輸線（通常為綠色），然後找到對應的綠色孔位並插入。

音訊輸入插孔　音訊輸出插孔　線路輸入插孔

▶ 機殼 I/O 背板音效連接埠

安裝在前端面板上的方法也一樣，只是位置變了。

▶ 將耳麥安裝在前端面板

22-2　連接其他周邊裝置

除了以上介紹的周邊裝置外，根據個人需求的不同，也須安裝其他周邊裝置，例如，隨身碟、行動硬碟、掃描器、印表機等。雖然這些周邊裝置用途與外觀均不相同，但安裝方法卻是一樣的。以下就以行動硬碟的安裝為例，示範如何安裝這些周邊裝置。

☞ 操作：安裝行動硬碟

USB 介面擁有資料傳輸速度較快、安裝方便、可熱插拔等優點，因此目前周邊裝置連接至電腦的介面多為 USB 介面，而周邊裝置的連接埠往往互不相同，所以它們的傳輸線一端為 USB 介面，另外一端為硬體本身支援的介面，可能是 Type A 或 Type C 介面。

❶ 取出行動硬碟的資料傳輸線，然後將連接行動硬碟的接頭，對應的插入至行動硬碟連接埠中。本例的行動硬碟為 Type C 介面，直接插入即可，若是 Type A 就須照著防呆設計插入。

Type A 介面

Type C 介面

① 連接行動硬碟

深入探討 **外接設備合適的連接埠**

USB 接口常看到黑、藍、紅三種顏色,這分別代表不同傳輸速率,連接時只要接到相同顏色的連接埠即可,若顏色不同,只是傳輸速率會受到影響。

黑色是理論速度為 480 Mbps 的 USB 2.0,藍色是理論速度為 5 Gbps 的 USB 3.1 Gen1/3.2 Gen1,紅色則是理論速度為 10 Gbps 的 USB 3.1 Gen2/3.2 Gen2。以往常聽到的 USB 3.0 已經統一改稱為 USB 3.1 Gen1 了。

各家主機板支援的 USB 連接埠規格與數量不盡相同,因此選購時也須留意自己未來外接設備的需求。若將高規格接在低規格上,影響的就是以低規格的傳輸速率運行,效率降低但不會有其他問題。

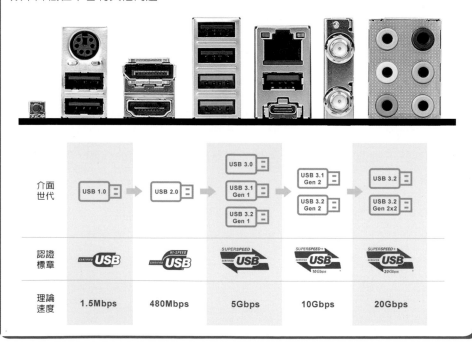

❷ 選擇機殼 I/O 背板中合適的 USB 連接埠，接著將行動硬碟傳輸線的另外一段
插入，即完成安裝。

▶ 連接主機

其他周邊裝置如掃描器、印表機等的安裝，都與上述說明的接法一樣。

由於目前的周邊設備大部分採用 USB 介面，因此在安裝上也十分容易，另外如
果你有 USB 插槽不足的問題，也可至 3C 賣場等地購置 USB Hub，其用法與一
般電源延長線相同，讀者不妨自行嘗試。

PD 100W &
USB 3.1 Gen 1
支援快充及傳輸

RJ45   HDMI
支持**4K@60Hz**高畫質

3.5 mm
音源孔

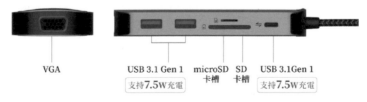

VGA

USB 3.1 Gen 1
支持**7.5W**充電

microSD
卡槽

SD
卡槽

USB 3.1Gen 1
支持**7.5W**充電

▶ 亞果元素 CASA Hub USB-C 10 in 1 多功能集線器

Chapter

23 硬體初始化設定及簡易故障排除

對一個熱衷調校的電腦玩家來說，最大的樂趣就是不斷發掘電腦的內在潛能。其中，神秘的 BIOS（Basic Input/Output System）無疑是使用者最想挑戰的電腦設定之一。由於 BIOS 是儲存電腦硬碟初始設定的重要程式，一旦遭到隨意變更，很可能引發一連串的故障問題，因此建議讀者在了解一定的相關知識後再進行實際操作。

在使用電腦的過程中，若能了解一些 BIOS 的基本設定，對日常維護、性能提升以及解決一些常見的小問題都有很大的幫助。以下就來介紹設定 BIOS 的開機、檢測，以及一些常見的故障排除方式。

23-1　開機測試

經過前述的硬體安裝後，基本上就可以準備安裝作業系統了，但為了進一步確保組裝的過程是否正確，在安裝系統前，可以先開機測試一下。這種開機後對硬體的檢測流程，通常可稱為 POST（Power On Self Test）。

POST 能夠檢測出硬體裝置是否處於正常的工作狀態，對於剛剛組裝的電腦請務必先進行一次 POST 測試。

23-1-1　了解 BIOS

BIOS 主要是提供電腦基本輸入／輸出的控制，包含開機時優先讀取的設備、偵測硬體設備的連接等等，這些都是在 BIOS 中設定的。由於 BIOS 在出廠時已被安裝在主機板上的 EPROM 或 EEPROM 晶片中，因此必須在開機後才可進行變更。

◎ 進入 BIOS

以上簡單介紹了 BIOS 的基本內容，那麼要如何才能進入 BIOS 的設定介面呢？在開機或重新啟動的狀態下，電腦首先會進行硬體自我檢測，當出現下圖中的介面時，迅速按下 Del 鍵即可進入 BIOS。

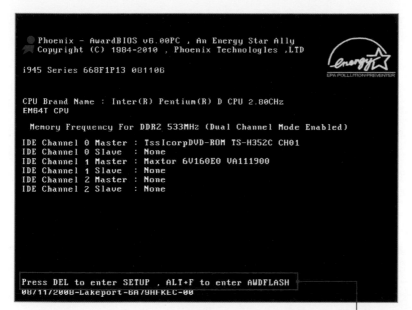

```
  Phoenix - AwardBIOS v6.00PC , An Energy Star Ally
  Copyright (C) 1984-2010 , Phoenix Technologies ,LTD

  i945 Series 668F1P13 081106


  CPU Brand Name : Inter(R) Pentium(R) D CPU 2.80CHz
  EM64T CPU

   Memory Frequency For DDR2 533MHz (Dual Channel Mode Enabled)

  IDE Channel 0 Master : TssIcorpDVD-ROM TS-H352C CH01
  IDE Channel 0 Slave  : None
  IDE Channel 1 Master : Maxtor 6V160E0 VA111900
  IDE Channel 1 Slave  : None
  IDE Channel 2 Master : None
  IDE Channel 2 Slave  : None






  Press DEL to enter SETUP , ALT+F to enter AWDFLASH
  08/11/2008-Lakeport-6A79HFKEC-00
```

提示「按 DEL 鍵進入 BIOS，
按 Alt+F 更新 BIOS 設定」的訊息

△ 開機自我檢測畫面

深入探討　按下 Del 鍵沒有反應

　　若按下 Del 鍵沒有反應，可能是按下的時機太遲，或應使用其他按鍵進入 BIOS。如果是因為按下 Del 鍵太遲，只要重新啟動電腦並在自檢畫面出現時再次按下 Del 鍵即可；而有些廠牌的電腦必須使用「F1」（IBM）或「F2」（HP）功能鍵才能進入 BIOS，具體的使用鍵請查看開機畫面的提示文字或主機板產品說明書。

硬體初始化設定及簡易故障排除

◎ 了解 BIOS 常識

目前市面上較流行的主機板 BIOS 有 Phoenix、Award、AMI 等類型。其中 Phoenix BIOS 主要用於伺服器、高階桌電和筆電，而其他兩者適用於一般的桌上機型。Award BIOS 是 Award Software 開發的 BIOS 產品，目前已被 Phoenix 公司合併，所以現在大部分的主機板均採用 Phoenix-AWARD 和 AMI 兩種類型的 BIOS。接下來所說的 UEFI BIOS 也都是在此基礎上研發的，同樣要支付專利費用。

大部分使用者都知道 BIOS 是載入在電腦硬體系統上最基本的軟體程式碼，擔負著初始化硬體、檢測硬體的功能。不過 BIOS 是 DOS 時代的產物，在作業系統

與硬體都已大大進步的今天，BIOS 的絕大部分功能都可以在作業系統中完成，除了超頻與設定光碟開機等少數操作外，一般都不再需要再進入 BIOS 介面操作了。為了滿足當今使用者的需求現況，及支援各種新硬體，由 Intel、IBM、AMD 等多家業界知名廠商聯合研發了 BIOS 的替代者－ UEFI（Unified Extensible Firmware Interface，統一可延伸韌體介面），它採用模組化 C 語言風格的參數堆疊傳遞方式，並透過動態鏈結的形式構建的系統，較 BIOS 而言更易於操作，也大大加強了容錯和糾錯的特性，縮短了系統研發的時間，並支援各中心硬體。由於它本身即由主要硬體廠商研發，推廣速度非常快。各主機板廠商已經全面採用 UEFI BIOS，並且全都支援繁體中文，設定一目了然，讓使用者不再為 BIOS 困擾。

UEFI BIOS 主介面

23-1-2　設定系統時間

無論是重新啟動、當機、突然斷電或重灌系統等，這些不正常的系統問題都不會影響到電腦的時間顯示，這是為什麼呢？其實電腦的時間顯示並非由系統所控制，而是由主機板上的 CMOS 晶片儲存與維持的。當第一次開機設定時間後，只要主機板上的電池供電正常，電腦時間也就能維持在最正確的時刻。由於各家主機板 UEFI BIOS 畫面皆不相同，此處僅擇一示範如何設定系統時間。

操作 1：設定系統時間

不同主機板開啟 BIOS 介面的方法略有不同，請根據電腦開機時自檢畫面所提供的資訊為準，點擊正確的按鍵後進入 BIOS。

❶ 修改時間需要在進階模式下操作，所以先單擊〔離開 / 進階模式〕按鈕。

❷ 在彈出的選單中，選擇〔進階模式〕選項。

▶ 進入進階模式

❸ 在「概要」頁籤，選擇系統日期即可直接輸入月份如四月就輸入「04」，日期和年份可以用 TAB 鍵切換到項目，設定方法是一樣的。設定系統時間的方法與設定系統日期相同，可參考此步驟操作。

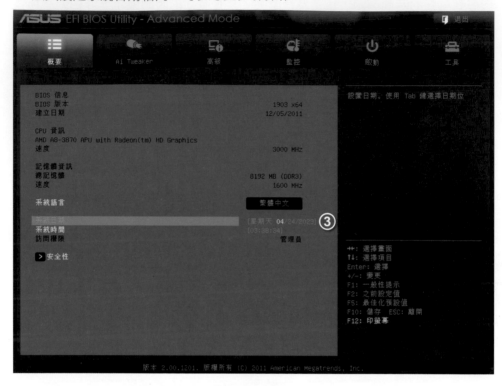

▶ 進入進階模式

☞ 操作 2：儲存並退出 BIOS

設定好電腦的日期與時間後，接下來需要儲存剛才變更的設定，讓電腦更新為設定值。

❶ 單擊「退出」按鈕。

❷ 接著會彈出退出選單，選擇「儲存變更並重新設置」選項即可儲存設定並重新啟動電腦。

▶ 進入進階模式

23-1-3　設定主要開機裝置及順序

開機時，電腦會根據 BIOS 中設定的啟動裝置順序進行檢測，決定以哪項裝置進行開機，通常可選擇的項目包括軟碟機、硬碟、光碟機、隨身硬碟等，使用者可根據實際的需求對選項進行設定。下面將以華碩 UEFI BIOS 為例，示範如何設定讓電腦優先讀取硬碟。

☞ 操作：設定電腦優先讀取硬碟

同前面操作進入 BIOS 介面後，設定值通常會把啟動裝置分為第一順位、第二順位、第三順位，電腦於開機時會優先讀取第一順位的裝置。

❶ 用滑鼠選取目前的第一順位裝置「硬碟」。

硬體初始化設定及簡易故障排除

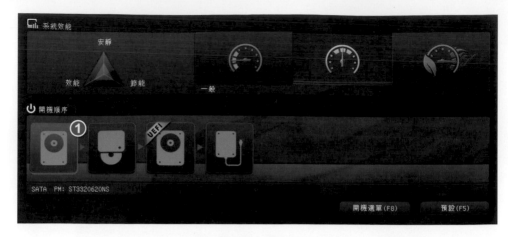

▶ 選擇一個裝置

❷ 接下來拖曳硬碟到第二順位，這樣原本的第二順位裝置「光碟機」就成為第一順位裝置了。

▶ 拖曳調整位置

深入探討　常用的啟動裝置

　　除了硬碟啟動裝置外，較常見的還有 CDROM 和 USBFDD。CDROM 是由光碟機啟動電腦，一般在重灌、修復系統時較容易用到，而 USBFDD 則是指隨身碟或行動式硬碟等外部裝置。完成以上操作後，即可儲存並退出 BIOS 介面。

23-2　電腦檢測與故障排除

許多故障問題都是來自使用者本身的疏忽，如電源開關沒有開啟、沒有正確連接螢幕傳輸線、電源線，排除這些容易被忽視的故障後，接下來就是開機檢測電腦，透過 POST 自動檢測出多數硬體的工作狀態。若硬體元件發生故障，POST 檢測程式也會提供相關的資訊，讓使用者能夠根據提示對電腦硬體進行故障排除。以下介紹常見的電腦故障及其排除方法。

23-2-1　開機後電腦無法運作

你是否曾經遇過按下電源鍵卻毫無反應，或是剛進入系統後電腦又立即重新啟動等問題呢？對於這些常見的電腦故障，究竟該如何快速判斷問題點，並實際進行修復，這些內容都將在本小節中一一講解。

◎ 按下電源電腦無反應

當按下啟動按鈕而毫無反應時，通常可把這種故障分為兩種情況分析：一是排插開關或電源供應器開關沒有開啟；另一種是電源供應器本身的問題。

開啟排插、電源供應器開關

初學者容易忽略排插、電源供應器開關是否開啟等情況。此故障的排解方法很容易，只要檢查是否開啟電源供應器與排插開關即可。

電源供應器的開關按鈕

▶ 擁有開關的電源供應器

電源供應器

若你的電源供應器是隨殼附送的「機殼牌」電源,很可能就會出現供電電壓不穩的情況。當電壓穩定時,CMOS 晶片便會發出一個供主機板檢測的成功訊號(POWER GOOD 訊號),如果電壓不穩、主機板無法接收時,則 CMOS 就會不停的向 CPU 發出重置(Reset)要求,系統也就一直處於 Reset 的循環中,直至收到測試成功的訊號為止。這類不斷重開機的故障問題,只需更換電源供應器即可。

◎ 成功開機後電腦重新啟動

目前市售的主機板都有許多額外的功能,如內建的 CPU 保護功能。CPU 保護功能是當 CPU 溫度過高時,主機板為了避免過熱便會對電腦發出訊號,令其重新啟動甚至關閉電腦。如果你的電腦出現這種情況,很可能是 CPU 溫度過高所引起。

排解此類故障的主要方法有:

首先檢查 CPU 散熱風扇是否正常。若風扇沒有轉動則可能是風扇電源線鬆脫,檢查電源線並重新插上即可;但如果是風扇的轉速過低,則應即時更換新的散熱風扇。

CPU 散熱風扇電源插槽
▶ 主機板上的 CPU_FAN 電源連接埠

若排除了散熱風扇的故障問題,接著就需要檢查 CPU 與風扇之間接觸的位置是否已塗抹散熱膏,一般的散熱膏可以使用 5 ～ 7 年,品質佳者可以達到 10 年。建議拆下風扇後重新塗抹散熱膏。

最後是檢查散熱風扇周邊的傳輸線、電源線是否阻擋了風扇的正常運行。如果是，請立即整理機殼內部的傳輸線、電源線。

23-2-2　開機後螢幕無法顯示

開機後出現螢幕無法顯示，通常是由於以下三種情況所引起：螢幕電源線鬆脫、顯示器與顯示卡沒有正確連接以及沒有正確安裝顯示卡。接下來將為你詳細介紹此類故障現象的排除方法。

◎ 螢幕電源線

若螢幕無法正常開啟時，首先檢查螢幕電源線是否有接觸不良或鬆脫的現象。檢查時可用其他正常的電源線進行交叉測試，若情況時好時壞，則建議更換一條新的電源線。

△ 螢幕電源線

◎ 連接顯示卡

如果確認螢幕的電源線正常，且螢幕的開關顯示燈處於發光狀態，表示電源已正常供應，這時就應該特別檢查與顯示卡連接的訊號線是否鬆脫了。建議使用者重新安裝訊號線，看是否能解決該故障。

◎ 顯示卡安裝是否妥當

若檢查以上兩種情況都沒有問題，那麼極有可能是顯示卡安裝不正確或顯示卡、主機板損壞引起螢幕無法正常顯示，建議此時可重新安裝或利用正常的顯示卡、主機板進行交叉比對，以了解故障的確切位置。

23-2-3　電腦發出的長短聲故障判斷與排除

在開機進行 POST 測試時，若硬體設備出現故障，則會立即在螢幕上顯示相關的錯誤資訊，以便使用者了解是哪些硬體出現問題。BIOS 除了能偵測錯誤資訊外，還能發出不同的警示音，表示不同的故障情況。

不同的 BIOS 發出的警示音也互有差異，以下將列出常見的 AMI 和 Award BIOS 的警示音，並提供硬體故障原因以及排除的方法。

◎ AMI BIOS 警示音與排除方法

BIOS 警告音	故障原因	排除方法
1 短聲	DRAM 檢測失敗	更換記憶體
2 短聲	記憶體同步化錯誤	重新對 BIOS 進行初始化設定
3 短聲	系統記憶體檢查失敗	更換記憶體
4 短聲	系統時間出錯	維修或更換主機板
5 短聲	CPU 錯誤	檢查 CPU 及其插槽是否正常
6 短聲	鍵盤控制器錯誤	更換或將鍵盤的接頭插牢
7 短聲	系統模式錯誤	更換主機板
8 短聲	顯示卡讀 / 寫失敗	維修或更換顯示卡
9 短聲	ROM BIOS 檢測錯誤	更換同型號的 CMOS 晶片
1 長 3 短聲	記憶體錯誤	記憶體損壞，更換記憶體
1 長 8 短聲	顯示測試錯誤	將顯示器資料線或顯示卡插好

◎ AWARD BIOS 警示音與排除方法

BIOS 警告音	故障原因	排除方法
1 短	系統正常啟動	（無）
2 短	CMOS 設定錯誤	重新對 BIOS 進行正確設定
1 長 1 短	RAM 或主機板出錯	更換記憶體後若依然故障，則需更換主機板
1 長 2 短	螢幕或顯示卡錯誤	檢查顯示卡的連接、安裝是否正確，如果問題依然存在，則考慮更換顯示卡
1 長 3 短	鍵盤控制器錯誤	檢查鍵盤接頭是否插牢
1 長 9 短	主機板 Flash RAM 或 EPROM 錯誤	BIOS 損壞，更換 Flash RAM
連續長音	記憶體未插緊或已損壞	重新安裝記憶體，如果依然無效，應對記憶體進行更換
連續短音 / 無聲音無顯示	電源供應器錯誤	更換電源供應器
持續地響	電源、顯示器和顯示卡未連結好	檢查顯示卡與顯示器間的連接

經過本章的詳細講解之後，相信你對硬體的初始化及常見的故障判斷與排除都已經有了全面的認識。若還想更深入了解硬體的初始情況，掌握更多故障排除方法，建議你從網路上參考相關的 BIOS 設定與故障排除資料。

系統安裝、
更新與維護

- 安裝作業系統
- 安裝驅動程式
- 保全系統和資料
- 設定網路
- 防毒防駭

▶ Windows 11 作業系統

Chapter
24 安裝 Windows 11 作業系統

電腦組裝完成，還不能直接使用，因為尚未安裝作業系統。本章介紹如何在新電腦上安裝作業系統，讓你快速地進入使用階段。示範所用作業系統為微軟最新的 Windows 11。

24-1 選擇適用的安裝工具

Windows 11 安裝工具可以從官方網站直接下載，無論是全新安裝、升級安裝都可以，且能以三種方式進行安裝。

Winows 11 官方下載網頁：

https://www.microsoft.com/zh-tw/software-download/windows11

在 Windwos 11 下載網頁中，有三種安裝選項可以選擇，對於要從 Windows 10 升級成 11 者，微軟官方建議等 Windows Update 通知時再升級。

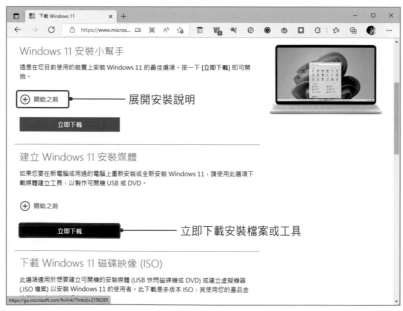

▶ 選擇 Windows 11 安裝方式

進入微軟官方下載頁面，會看見「Windows 11 安裝小幫手、建立 Windows 11 安裝媒體、下載 Windows 11 磁碟映像（ISO）」三種選項，其用途說明如下：

- **Windows 11** 安裝小幫手：適合直接從 Windows 10 升級到 Windows 11 的使用者。下載前，硬碟容量必須至少有 9 GB 以上的空間。

- 建立 **Windows 11** 安裝媒體：將系統安裝程式建立在 DVD 或 USB 隨身碟中，以便透過開機安裝的方式安裝在還沒有系統的新電腦中。

- 下載 **Windows 11** 磁碟映像（**ISO**）：下載 ISO 檔案，自行建立安裝媒介。

  https://www.microsoft.com/zh-tw/software-download/windows11

24-2 製作安裝光碟或 USB 安裝碟

執行上一節下載的工具（MediaCreationToolW11.exe）就可以將安裝檔案建立在隨身碟或光碟上，因為是邊下載邊製作，所以要保持網路連線暢通。光碟或隨身碟的容量應在 8GB 以上，否則空間會不足。製作安裝媒體會清除光碟或隨身碟上的所有檔案，資料請提前轉移。如果你已經做好準備，可以參考以下的方法製作安裝隨身碟。

操作：製作安裝碟

如果準備將 Windows 11 安裝到虛擬機器，那麼請在動作 3 處選擇「ISO 檔案」，ISO 的安裝速度會更快一些。這裡我們以建立 USB 安裝隨身碟（快速磁碟機）的方式示範，故須先準備好至少 8GB 容量的隨身碟插在 USB 插槽中。

現在，請執行 MediaCreationToolW11.exe 安裝媒體程式。

❶ 檢視適用注意事項與授權條款，且必須接受才能安裝 Windows 11。單擊「接受」按鈕

 檢視與接受微軟授權條款

❷ 自動建議採用與目前系統相同語言的選項,若是,請單擊「下一步」按鈕。
若否,請取消勾選「為此電腦使用建議的選項」核取項後,重選語言版本,
再單擊「下一步」按鈕。

選取語言和版本

❸ 選擇要使用的媒體:USB 快閃磁碟機,單擊「下一步」按鈕。若要將安裝檔
案燒錄到光碟中,或是使用虛擬機器安裝系統者,請選「ISO 檔案」。

選擇要使用的媒體

④ 選擇你已經連接的隨身碟後，單擊「下一步」按鈕。下載與製作安裝碟是自動進行的，期間不需要人工干預且可繼續使用電腦。

▶ 選擇媒體

在確保網路連線正常的情況下，經過下載、驗證與建立的過程，Windows 11系統安裝碟就建立完成了。這個建立的過程仍可放心繼續使用電腦。

▶ 建立系統安裝碟的過程

⑤ 系統安裝碟製作完成後，單擊「完成」按鈕。

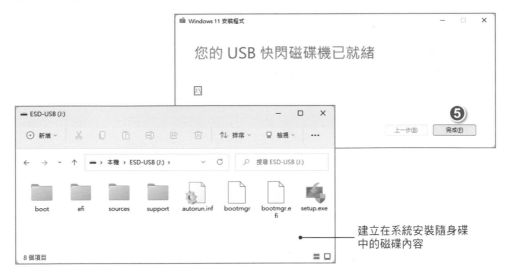

建立在系統安裝隨身碟
中的磁碟內容

24-3　正確的設定裝置順序

電腦的開機裝置一般預設優先從硬碟開機，若硬碟上有舊的作業系統，就不會啟動安裝碟中的安裝程式了。當有此種情形時，請參考以下方法，調整一下開機裝置的順序。

☞ 操作：調整 BIOS

主機板廠商的 BIOS 介面都不一樣，若差異較大，請參考自己的主機板說明書。操作原則都是一樣的，就是將安裝媒介設定為第一順位。

❶ 按下電腦電源鍵後，按住 Delete 鍵進入 BIOS 畫面，選取 USB 裝置。

▶ 選擇裝置

❷ 將 USB 裝置拖曳到第一順位。

▶ 調整裝置位置

❸ 單擊「離開 / 進階模式」按鈕。

❹ 選擇「保存變更並重新設置」選項。

（▷）儲存設定

24-4　安裝與設定 Windows 11

一切準備就緒，就可以開始安裝了。安裝的過程中會有幾次重新啟動電腦的程序，請不要干預它，只要保證電腦不斷電即可。一些需要手動選擇或設定的地方可以參考下面的安裝步驟，包含設定語言與鍵盤環境、建立微軟帳戶。

☞ 操作 1：複製檔案

安裝的第一個階段是將檔案複製到硬碟，以便安裝。這個過程幾乎不需要人工干預，複製完成後，電腦會自動重新啟動。

❶ 使用預設語言，單擊
「下一步」按鈕。雖
然這裡提供選單，但
是通常是不可選擇的，
語言版本要在下載 ISO
的時候就選好。

（▷）設定語言

❷ 單擊「立即安裝」按鈕。

▶ 設定語言

❸ 如果有產品金鑰，可在此時輸入以啟用 Windows；若沒有，或僅是重裝 Windows，都可跳過啟用程序先行安裝，待之後再行啟用。這裡直接單擊「我沒有產品金鑰」按鈕跳過啟用程序的方式安裝。

❹ 選擇好要安裝的作業系統版本後，單擊「下一步」按鈕。如果在上一動作輸入了產品金鑰，會跳過此步驟而直接安裝產品金鑰所對應的作業系統。

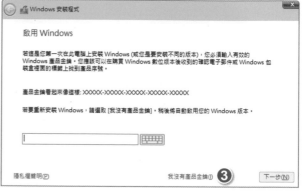

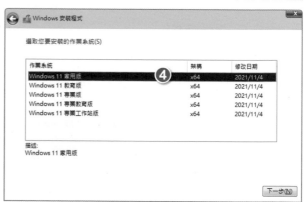

▶ 跳過啟用與選擇系統版本

深入探討　**自動啟用 Windows**

　　如果只是在已經啟用過的電腦上重新安裝，而該電腦已使用連結到我們 Microsoft 帳戶的數位授權啟用時，安裝後就會自動啟用 Windows。

❺ 勾選「我接受授權條款」核取項後單擊「下一步」按鈕。這是個「霸王」條款，必須接受才能安裝。

▶ 接收授權條款

❻ 選擇「自訂：只安裝 Windows（進階）」選項。升級安裝要連線到網路，進行更新，安裝的時間很長且不可預計。因此建議等系統安裝完成後再更新。

▶ 選擇安裝類型

❼ 選擇準備安裝系統的硬碟。若非新硬碟，就跳過動作 8~11，從動作 12 開始操作。

❽ 單擊「新增」文字連結。

❾ 輸入分割大小。

❿ 單擊「套用」按鈕。

⓫ 單擊「確定」按鈕。這一系列動作是為硬碟建立分割（即把硬碟分出來一塊區域），若要建立更多分割可重複動作 7~11。

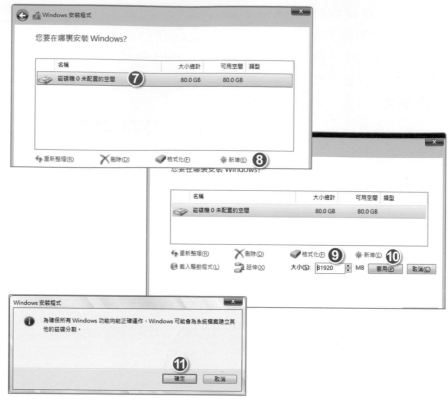

▶ 建立分割

⑫ 選擇要安裝系統的磁碟機分割，至少需要 60 GB 以上，單擊「下一步」按鈕。

▶ 選擇分割

操作 2：設定語言與鍵盤環境

設定系統所在區域以決定系統語言並配置鍵盤，方便我們使用與輸入。

❶ 選完區域後，單擊「是」按鈕。

▶ 選擇你的區域

❷ 選擇愛用的輸入法鍵盤配置方式後，單擊「是」按鈕。

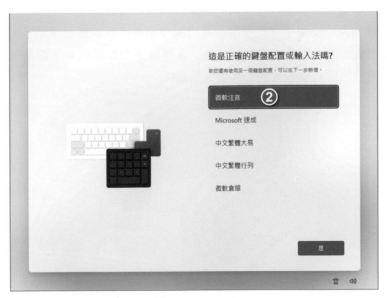

▶ 選擇你的區域

❸ 若要新增其他輸入法,可單擊「新增配置」按鈕,重複上一動作,否則單擊「跳過」按鈕。

▶ 選擇是否要新增輸入法

操作 3:建立帳戶

這一部分主要是建立使用者帳戶,預設建立的是微軟帳戶,方便將個人的系統環境與使用環境儲存在個人雲端空間,以在其他電腦上使用 Windows 11 時,能透過該帳號登入並使用平常就慣用的系統操作環境。若以前已申請了 Hotmail 或 Outlook 電子郵件帳號就不必重新註冊,這些就是微軟帳號。下面示範直接使用已註冊的微軟帳號直接登入的方式設定系統。

❶ 首先為你的裝置命名。命名後，單擊「下一個」按鈕，也可以直接單擊「暫時跳過」，不命名。

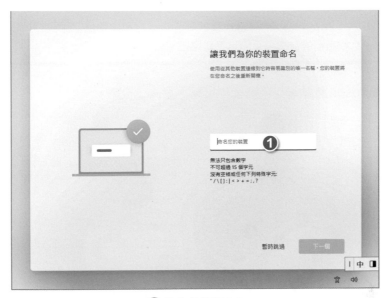

▶ 為你的裝置命名

❷ 輸入自己的微軟帳戶後，單擊「下一步」按鈕。若要使用新帳戶，請單擊「立即建立新帳戶」，即可建立並使用該帳戶登入 Windows。

▶ 選擇登入的帳戶

深入探討 使用 Microsoft 帳戶登入

　　　如果你之前已經使用 Microsoft 帳戶登入並使用 Windows，這裡可繼續按此方式登入，Windows 11 將會在安裝完成後，直接調整成之前我們所慣用的系統環境，不必按自己的習慣重新設定系統環境。

❸ 輸入 Microsoft 微軟帳戶密碼後，單擊「登入」按鈕。

▶ 輸入帳戶密碼

❹ 建立 PIN 碼。PIN 碼很簡單但安全性卻很高，原因就在於無法透過網路使用 PIN 碼登入，必須直接在裝置上輸入 PIN 碼才能登入。

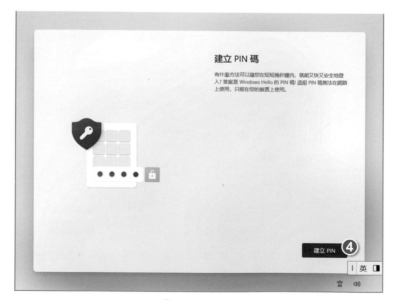

▶ 建立 PIN 碼

❺ 輸入新的 PIN 碼，再重新輸入一次以確認 PIN 碼沒有因手誤而輸錯，單擊「確定」按鈕。如果兩次輸入的 PIN 碼不一樣，會要求重新輸入。

▶ 建立與確認 PIN 碼

❻ 按個人需求，選擇裝置隱私設定後，單擊「下一步」按鈕。

▶ 選擇裝置的隱私設定

❼ 繼續設定裝置的其他隱私設定後，單擊「接受」按鈕。

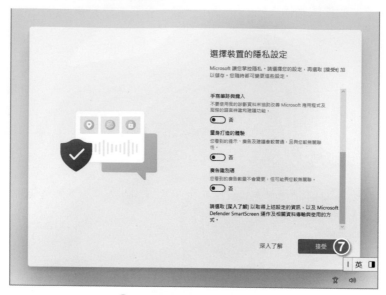

▶ 選擇是否跨越不同裝置應用

❽ 自訂體驗項目後，單擊「接受」按鈕。

▶ 選擇允許跨裝置應用的相關功能

❾ 看為微軟帳戶與 OneDrive 運作使用通知後，單擊「下一個」按鈕。

▶ 選擇裝置的隱私設定

系統安裝完成，桌面上有以 Chrome 為核心的 Microsoft Edge 瀏覽器與垃圾桶，開始選單與預設程常用工具與式也出現在工作列的正中央，右側則仍然是系統狀態與通知區。

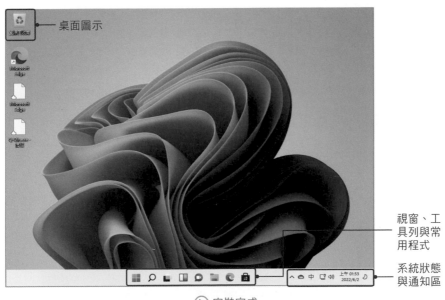

桌面圖示

視窗、工具列與常用程式

系統狀態與通知區

▶ 安裝完成

237

24-5 多系統使用的 VHD 安裝法

對於想要測試系統或擔心新系統的使用者而言，系統安裝之後再想移除是一件非常麻煩的事，這時可以考慮用 VHD 安裝法。至於什麼是 VHD？如何在 VHD 上裝系統？請繼續往下學習。

24-5-1 什麼是 VHD？

VHD 是虛擬硬碟（Virtual Hard Disk）技術，簡單來說就是把一個檔案虛擬成一個硬碟，讓人可以在上面安裝系統或儲存檔案。

其意義在於：你可以很方便的移動它，而不必打開機殼；可以很方便的移除它，對實體硬碟也沒有什麼影響。微軟從 Windows 7 開始將這個功能放入作業系統，所以只能在 Windows 7 以上版本的系統上使用。

24-5-2 建立 VHD

建立 VHD 就是建立虛擬硬碟檔案，這個文件的大小要看你選擇了何種模式。動態的 VHD 起初只是一個空白檔案還不到 1MB，所以你設定它為幾百 GB 也只是日後的使用上限。固態 VHD 會立即消耗設定容量的硬碟空間，不過這種模式的 VHD 比較穩定且效率較高，適合空間夠的長期使用者。

📔 操作：新建 VHD

❶ 在「開始」按鈕上單擊右鍵，執行「磁碟管理」功能。

▶ 開啟磁碟管理

❷ 執行「動作 > 建立 VHD」功能。

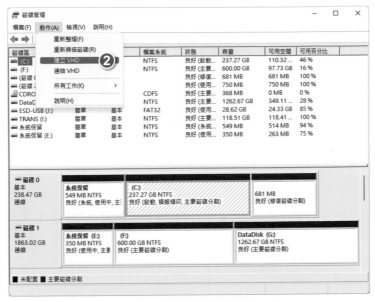

▷ 建立 VHD

❸ 輸入檔案儲存的位置和檔案名稱。後續要往 VHD 中安裝系統，所以檔案所在實體磁碟機要有較多的剩餘空間（最好 70GB 以上）。

❹ 選擇虛擬硬碟格式「VHD」。

❺ 輸入虛擬硬碟大小如 100GB。

❻ 選擇「動態擴充」選項，單擊「確定」按鈕。

▷ 設定虛擬硬碟

239

❼ 在磁碟管理中新出現的 VHD 磁碟 4 上單擊右鍵，執行「初始化磁碟」功能。

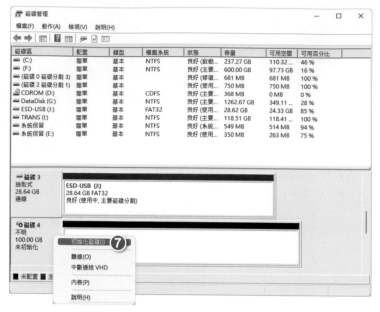

▶ 初始化磁碟

❽ 選擇「GPT」選項，單擊「確定」按鈕。

▶ 初始化磁碟

24-5-3　連結 VHD 並安裝系統

VHD 可以在系統內連接，但是這種連接方式在重新啟動電腦後就失去了效果。
打算安裝作業系統當然不能使用這種臨時的連接方式，所以接下來會在 PE 環境
下完成連接並啟動安裝，如此操作之後，系統的啟動程式就能自動辨識 VHD 以
及安裝在上面的作業系統。

將 Windows 11 的安裝光碟或隨身碟連接到電腦並用它開機，然後執行以下操作。

❶ 進入安裝畫面，單擊「下一步」按鈕，若記得住快速鍵，可直接按下 Shift + F10 快速鍵開啟命令提示元視窗，跳至動作 5 繼續操作。

▶ 點選「下一步」

❷ 單擊「修復您的電腦」文字連結。

▶ 點選「修復您的電腦」

❸ 選擇「疑難排解」選項。如果使用 Windows 11 安裝光碟啟動，此步驟在單擊了「疑難排解」後，還須單擊「進階選項」才能進入下一個動作。

▶ 選擇選項

❹ 選擇「命令提示字元」選項。

▶ 選擇進階選項工具

❺ 輸入指令 diskpart 並按下 Enter 鍵，執行磁碟管理命令。

❻ 輸入指令 select vdisk file=i:\vhd.vhd 並按下 Enter 鍵以選取虛擬磁碟機檔案。i:\VHDw11.vhd 是本例 VHD 檔案路徑和名稱，請根據自己建立的檔案變更路徑與名稱。

❼ 輸入指令 attach vdisk 並按下 Enter 鍵以連結虛擬磁碟。

❽ 輸入指令 exit 並按下 Enter 鍵，退出 diskpart 磁碟管理程式。

❾ 輸入指令 setup 並按下 Enter 鍵，執行安裝程式。

▶ 連結 VHD 與執行安裝程式

執行安裝程式後，接下來的安裝方法與前面一樣，只是將系統安裝在選擇的 VHD 虛擬磁碟中。

────── 開始安裝系統

▶ 啟動安裝程式

24-5-4　VHD 進階玩法

VHD 系統只是一個檔案，轉移到其他電腦是比較容易的。將 VHD 檔案複製過去，然後新增開機項目即可。複製檔案當然沒有什麼可說的，所以重點是：如何新增開機項目。

☞ 操作 1：轉移 VHD 系統

用指令操作很麻煩也容易出錯，用 Easybcd 就簡單得多了。

- ❏ 使用軟體：Easybcd
- ➤ 官方網站：https://neosmart.net/EasyBCD/
- ➤ 下載網址：https://neosmart.net/Download/Register

❶ 啟動軟體後，切換到「新增項目」頁籤。

❷ 在「卸除式／外部媒體」欄位，設定開機項目的名稱。

❸ 指定 VHD 檔案的路徑。

❹ 單擊「加入項目」按鈕。

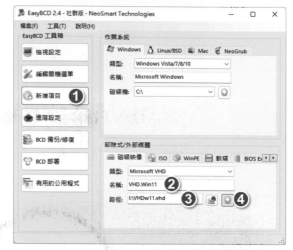

▶ 新增項目

❺ 切換到「編輯開機選單」頁籤。這部分主要是根據需要調整開機順序，如上移、下移、更名、刪除、更改預設啟動項目等等，若不需要調整可不做。

❻ 單擊「儲存設定」按鈕。

開機讀秒可以在這裡設定，最好不低於 10

▶ 修改選單項目

☞ 操作 2：建立差分 VHD

為已經安裝系統的 VHD 磁碟建立一個差分 VHD，替代它記錄系統設定就可以避免改動原始的系統。差分 VHD 檔案非常小，複製它就可以備份系統設定，若要還原就刪除差分 VHD，將備份複製回來，幾秒鐘就能完成操作。

❶ 重新命名已經安裝系統的 VHDw11.vhd 為 VHDw11sos01。因為將用新建的差分 VHD 替代原始已安裝系統的 VHD 檔案去啟動系統、並接受新設定與變更，所以差分 VHD 要使用原始 VHD 的名字。

▶ 重新命名成備份用的差分磁碟

❷ 在系統管理員身分的「命令提示字元」視窗中，輸入指令 dikspart，並按下 Enter 鍵。

❸ 出現 DISKPART 提示元後，輸入指令 create vdisk file=i:\VHDw11.vhd parent=i:\VHDw11sos01.vhd，並按下 Enter 鍵。

▶ 建立工作用的差分 VHD

完成上述操作，磁碟上就會有兩個 VHD 檔案，vhd.vhd 是差分磁碟，可以記錄系統設定，VHDw11sos01.vhd 是安裝了系統的 VHD 磁碟，內容不會受到影響，所以可以作為備份用。備份的時候複製 VHDw11.vhd 或在其上再建立差分，還原的時候就刪除 VHDw11.vhd，將備份複製回來或者重建差分 VHD 即可。

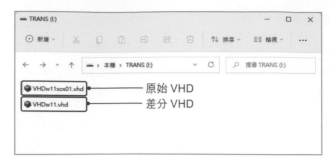

原始 VHD
差分 VHD

差分磁碟之上還可再按前述的方式建立差分磁碟，如此每一個差分磁碟都可看成一個備份狀態。例如希望備份，也就是保留目前 VHDw11.VHD 的內容不變時，就再建第三層差分磁碟如下：

❶ 將 VHDw11.VHD 更名為 VHDw11sos02.VHD
❷ 在以系統管理員身分執行的「命令提示元」視窗中輸入以下指令：

create vdisk file=i:\VHDw11.vhd parent=i:\VHDw11sos02.vhd

完成以上操作就建立了第三層差分磁碟了，整理本例結果如下：

第一層是最原始的：VHDw11sos01.vhd

第二層是剛剛備份的：VHDw11sos02.vhd

第三層是工作用的，內容會變的：VHDw11.vhd

由以上應用我們可以演化出多對一的分支系統，例如第一層都是同一個，但第二層卻有數個不同名的差分磁碟，而這每一個差分磁碟都等於是一個新系統，可以用於專門或特殊的用途，這在系統測試應用上非常便利。最後，別忘了用 EasyBCD 建立開機選單，好能透過選單選擇要從哪一個差分磁碟開機。

24-6 用虛擬機器玩 Windows 11

虛擬機器就是用軟體虛擬硬體，讓作業系統在上面「安家落戶」。系統效能上，安裝在實體硬碟和 VHD 是差不多的，而虛擬機器就要差一些。之所以採用虛擬機器，就是因為它能夠快速還原，可以進行任意操作而不用擔心系統損毀，很適合喜歡研究系統的人。

24-6-1　取得虛擬機器軟體

虛擬機器軟體種類繁多，其中效能好、功能強的首選就是 VMware，不過若是用於商業用途就要收費。Windows 8.1 以上的使用者可以使用微軟的 Hyper-V，從系統功能中新增即可，這種虛擬軟體的缺點就是對系統版本有要求。

若不想花錢也不想受系統限制，可以使用 VirtualBox。這套虛擬軟體容易上手，並且還是免費的。

- ❏　下載網址：https://www.virtualbox.org/wiki/Downloads
- 🖰　下載軟體：VirtualBox

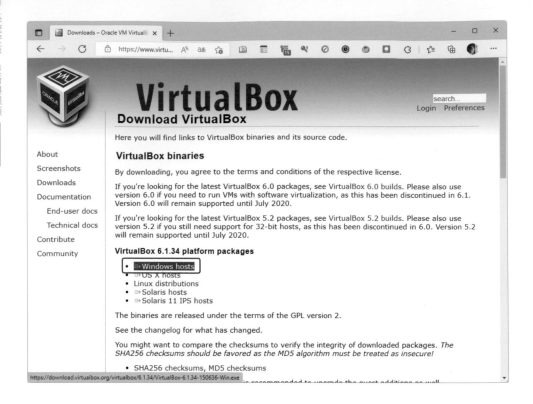

24-6-2 建立虛擬機器

軟體下載並安裝之後，就可以用它虛擬出一台電腦，然後調整一下設定。就能在上面安裝作業系統了。

☞ 操作：建立虛擬的電腦
....

❶ 執行軟體後，單擊「新增」按鈕。

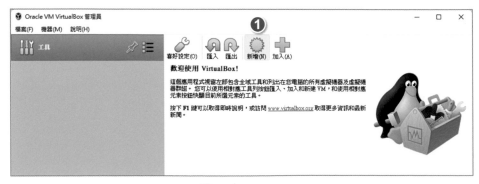

▶ 啟動新增精靈

❷ 設定名稱如 Win11，單擊「下一個」按鈕。

▶ 設定虛擬機器的名稱

❸ 設定記憶體大小如 8192MB，單擊「下一個」按鈕。這裡設定多少就會佔用多少實體記憶體作為虛擬電腦的記憶體。

▶ 設定記憶體

❹ 選擇「立即建立虛擬硬碟」選項，單擊「建立」按鈕。

❺ 選擇「VDI」選項，單擊「下一個」按鈕。

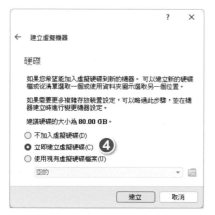

▶ 設定虛擬硬碟類型

⑥ 選擇「動態分配」選項，單擊「下一個」。

⑦ 指定儲存位置。

⑧ 設定虛擬硬碟大小（不低於 60GB）。

⑨ 單擊「建立」按鈕。

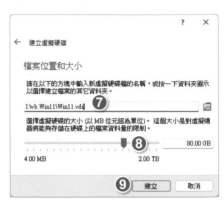

▶ 設定虛擬硬碟

24-6-3　設定虛擬機器

虛擬機器安裝時可以使用前面我們下載的 Windows 11 ISO 磁碟映像檔來安裝，這種安裝方式的效率算是最高的。

☞ 操作：設定虛擬光碟機

❶ 選擇新建的虛擬機器後，單擊「設定」按鈕。

▶ 開啟設定

❷ 選擇「存放裝置」選項。

❸ 選擇控制器下方的「空的」選項。

❹ 展開光碟機屬性選單，選用「選擇磁碟檔」選項。

❺ 雙擊 Windows 11 的 ISO 檔案，再單擊「開啟」即可。

▶ 選擇存放裝置

24-6-4 啟動虛擬機器上的安裝程式

完成上述設定即可使用你的虛擬機器了。選擇虛擬機器後單擊「啟動」按鈕，接下來就與一般在電腦上的安裝過程完全相同。

這一章介紹了安裝 Windows 11 的幾種方法，接下來的章節會在 Windows 11 中操作，為了不影響學習，希望大家能夠在進行下一章學習前完成系統安裝。

25 安裝驅動程式

在安裝作業系統後，還要看看硬體的驅動程式是否安裝完好。許多時候我們沒有手動安裝驅動程式也能使用電腦，那是因為系統已經使用了內建的驅動程式為你管理硬體。但硬體種類繁多，當系統無法辨識或效能不明原因的低落，這個時候就需要手動安裝驅動程式，本章就是介紹與驅動程式相關的內容。

25-1　什麼是驅動程式？

驅動程式是一種由硬體廠商研發，可使電腦軟體與硬體間進行溝通的特殊程式。究竟驅動程式在電腦和硬體間扮演什麼樣的角色呢？如果將電腦比擬為指揮部，連接的硬體為實際行動的作戰部隊，那麼「驅動程式」就是準確傳達命令的傳令官。有了「驅動程式」，硬體才能執行 CPU 發出的命令，作業系統才會得到硬體運行時的各種資訊；否則，電腦將無法掌握硬體的工作情報，而硬體也會因為收不到命令而停止工作。

簡而言之，驅動程式在作業系統中扮演著溝通的角色，將硬體的功能和狀態通知電腦，並且把系統的指令傳達給硬體，讓裝置順利運作。在系統中可以透過裝置管理員檢視驅動程式狀態。從「控制台」進入「裝置管理員」視窗，沒有出現嘆號或問號，即表示目前的硬體已經被正確驅動了。

「裝置管理員」中可以檢視狀態 ───

25-2　讓硬體好好工作

Windows 11 能辨識大多數硬體，並自動安裝驅動程式，但是偶爾也會有例外，這時候就需要手動新增硬體或安裝驅動程式，本節會把與硬體相關的一些操作介紹給你。

25-2-1　新增硬體

並不是所有的硬體連接到電腦上就能被自動安裝，如果找不到硬體，那麼就需要手動安裝硬體。

☞ 操作：新增硬體

特別老舊的裝置容易發生找不到硬體的情況，因為系統很難辨識它們。

❶ 在「開始」按鈕上單擊右鍵，執行「裝置管理員」功能。

可先嘗試掃描硬體，掃描不到再手動安裝

▶ 開啟「裝置管理員」視窗

❷ 執行「動作－新增傳統硬體」功能。

▷ 啟動新增精靈

❸ 了解精靈作用，單擊「下一步」按鈕。

❹ 選擇「安裝我從清單中手動選取的硬體」選項，單擊「下一步」按鈕。

▷ 選擇安裝方式

❺ 選擇裝置類別（此處以印表機為例），單擊「下一步」按鈕。

▶ 選擇裝置

❻ 選擇「使用現有的連接埠」選項，單擊「下一步」按鈕。

新增印表機

選擇一個印表機連接埠

印表機連接埠是一種可讓您的電腦與印表機交換資訊的連線類型。

❻ ● 使用現有的連接埠(U)：   LPT1: (印表機連接埠)   ∨

○ 建立新的連接埠(C)：

連接埠類型：   Local Port   ∨

< 上一步(B)   下一步(N) >   取消

▶ 設定連接埠

❼ 選擇廠商和印表機型號。

若列表中沒有
列出，請從磁
片安裝驅動程
式

▶ 設定連接埠

❽ 設定印表機名稱，單擊「下一步」按鈕。

新增印表機

輸入印表機名稱

印表機名稱(P)：　HP LaserJet Pro M701 PCL 6 　❽

這台印表機將使用 HP LaserJet Pro M701 PCL 6 驅動程式來安裝。

　　　　　　　　　　　< 上一步(B)　下一步(N) >　　取消

▶ 設定名稱

❾ 選擇「不共用印表機」選項，單擊「下一步」按鈕。

新增印表機

印表機共用

如果您想要共用這個印表機，就必須提供一個共用名稱。您可以採用建議的名稱或輸入新的名稱。其他的網路使用者將可以看見共用名稱。

◉ 不共用印表機(O)　❾
○ 共用這個印表機，讓您網路上的其他人可以找到並使用它(S)

　　共用名稱(H)：
　　位置(L)：
　　註解(C)：

　　　　　　　　　　　< 上一步(B)　下一步(N) >　　取消

▶ 設定共用

❿ 單擊「完成」按鈕。

新增印表機

您已成功新增 HP LaserJet Pro M701 PCL 6

若要檢查印表機是否正常運作，或查看印表機的疑難排解資訊，請列印測試頁。

列印測試頁(P)

　　　　　　　　　　　❿
　　　　　　　　　　　< 上一步(B)　完成　　取消

▶ 完成新增

25-2-2　停用與啟用硬體

若暫時不用某個裝置了，又不打算移除驅動，可停用裝置以釋放其佔用的資源。
在裝置上單擊右鍵，執行「停用裝置」功能即可。

需要使用裝置的時候，採用類似操作啟用裝置即可，這比重新安裝要方便多了。

25-2-3　安裝或更新驅動程式

驅動程式影響硬體效能，通常較新的驅動程式更能發揮硬體潛力。如果有更好的驅動程式或希望從網路取得最新的驅動程式，也可以自行更新。

☞ 操作：更新驅動程式

❶ 在裝置上單擊右鍵，執行「更新驅動程式」功能。

❷ 選擇「自動搜尋驅動程式」選項。若驅動程式下載到電腦中，可瀏覽驅動程式。

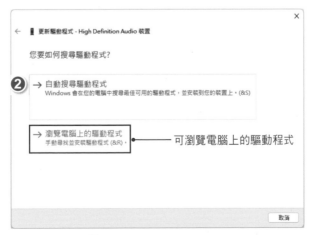

▷ 選擇搜尋驅動程式的方式

❸ 從網路上搜尋並更新完成後，單擊「關閉」按鈕。

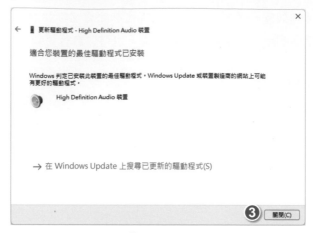

▶ 完成更新

本章介紹了如何獲得並正確安裝硬體驅動程式。相信透過本章的學習，就能獨立解決系統無法辨識裝置的情況，讓電腦所有硬體都能正常工作。

Windows 提供了「重設電腦」功能,能讓我們在選擇保留或不保留個人檔案的前提下重新安裝系統,解決以往電腦用久了可能越來越慢的問題,然而重新安裝電腦等於要重新設定與安裝應用程式,這工程實屬艱難耗時,因此 Windows 11 仍保留了必要的備份防護工具,例如建立系統還原點而不必重裝系統與軟體,其他還有檔案歷程記錄、系統映像與加密磁碟機等等。

26-1 快速解決系統不穩與緩慢的問題

系統還原是一種陰影備份工具,也就是說它是記錄檔案不同版本的差異,而不是完全複製檔案,所以消耗的磁碟空間比較少,備份速度也比較快。因為這個特性,它是最常用的系統修復工具。

26-1-1 建立修復磁碟機

修復系統至少需要 1GB 以上的空間,但若要包含系統檔案,也就是能利用修復磁碟開機並重新安裝系統,那就至少需要 16GB 以上的儲存空間了,因此建議預備一支 16GB 以上專用的隨身碟,以防日後若系統出了問題,可用此修復磁碟機修復或安裝系統。

👉 操作:建立修復磁碟機
....

❶ 單擊「搜尋」按鈕。

❷ 輸入功能工具名稱:復原。

❸ 單擊找到的工具。

❹ 在「復原」視窗，單擊「建立修復磁碟機」文字連結。

▶ 開啟建立精靈

❺ 勾選「將系統檔備份到修復磁碟機」核取項，單擊「下一步」按鈕。

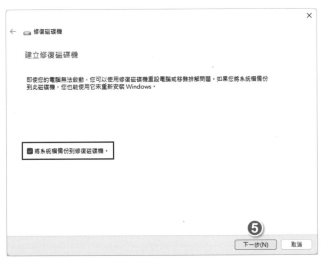

▶ 選擇複製系統檔

深入探討　建立系統修復開機碟

　　在「建立修復磁碟機」時，不要勾選「將系統檔備份到修復磁碟機」核取項，就能快速建立系統修復開機碟，使用各種復原來源，例如用系統映像檔復原系統，同時因為不必複製系統檔，隨身碟容量大約只要 1 GB 即可。

❻ 選擇要作為修復磁碟機的磁碟機代號，單擊「下一步」按鈕。

▷ 選擇磁碟機

❼ 單擊「建立」按鈕。

▷ 建立修復磁碟機

26-1-2 調整系統還原設定

使用系統還原之前，要開啟系統磁碟機的系統還原功能，還原功能也可以用在其他磁碟機上，但意義不大，所以很少會那麼做。另外每次系統還原消耗的磁碟空間不多，但是日積月累也不容忽視，也應限制一下空間的使用量。

☞ 操作：開啟系統還原

❶ 在「復原」視窗，單擊「設定系統還原」文字連結。

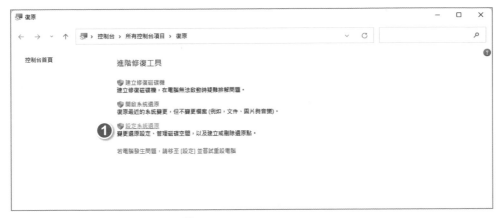

▷ 開啟系統還原的設定視窗

❷ 選取系統磁碟機。

❸ 單擊「設定」按鈕。

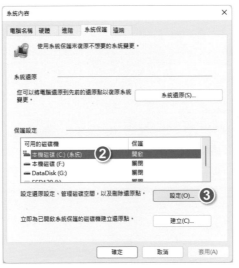

▷ 開啟設定

④ 選擇「開啟系統保護」選項。

⑤ 調整一下最多使用磁碟空間的百分比,單擊「確定」按鈕。

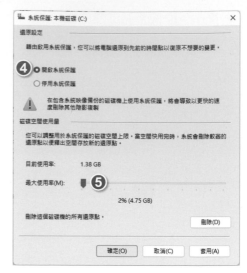

▷ 開啟系統還原

26-1-3　建立系統還原

啟用系統還原之後,系統會在每次變更時自動記錄變更,即自動建立還原點。不過建議在系統較為「穩定」的時候手動建立還原點,日後碰到問題時,可以還原到穩定的系統狀態。

☞ 操作:建立還原點
··

❶ 單擊「建立」按鈕。

▷ 使用建立功能

❷ 輸入一個名稱以便區別，單擊「建立」按鈕。

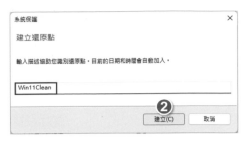

▶ 設定還原點的名稱

❸ 單擊「關閉」按鈕。

▶ 完成建立

26-1-4　使用還原點還原系統

當我們發現系統開始不穩定時，就能使用還原點還原系統，因此常在安裝一些大型軟體或是有疑慮的軟體時，在安裝前就先建立還原點，若是安裝後系統變得不穩定，就使用還原點還原到安裝前穩定的系統狀態。

無論能進入系統或不能進入系統，都可以使用系統還原，接下來我們先示範如何在能夠進入系統的時候使用系統還原。不能進入系統的時候，可參考後續在修復台使用系統映像的方法。兩者區別只在於啟動的精靈不同，啟動前的操作都是一樣的。

☞ 操作：還原系統

❶ 單擊「系統還原」按鈕。

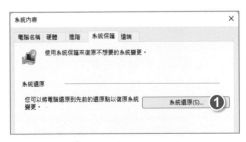

▶ 啟動系統還原精靈

❷ 了解系統還原所做的變更，單擊「下一步」按鈕。

▶ 了解精靈作用

❸ 選取一個還原點，單擊「下一步」按鈕。

▶ 選取還原點

❹ 單擊「完成」按鈕，接下來系統會自動還原。

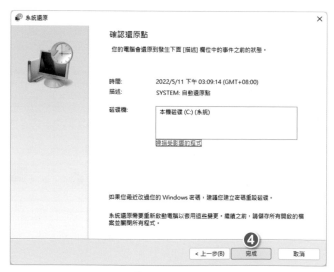

▶ 確認還原點

26-2　保護電腦中的資料

「檔案歷程記錄」功能本質上與系統還原差不多，不過主要是用來還原電腦上的檔案。除了備份的內容不同外，檔案歷程記錄操作起來更方便，可以單獨還原一個或多個檔案、資料，而系統還原只能按照固定的設定全部恢復。

檔案歷程記錄可備份的資料是電腦中的媒體櫃、桌面、聯絡人與我的最愛，若想備份其他資料夾檔案，就必須將其移至媒體櫃中。

26-2-1　開啟檔案歷程記錄

備份前需要先選取儲存備份的地方，例如外部磁碟機或是網路磁碟機上，當然也可以備份到其他磁碟中，同時也須開啟「檔案歷程記錄」功能，接著就能選擇要備份的資料項目，以及備份的時間點和備份期限。

👉 操作：開啟檔案歷程記錄

❶ 按一下「搜尋」按鈕。

❷ 輸入搜尋「檔案歷程」關鍵字。

❸ 再按一下「檔案歷程記錄」程式。

▶ 執行「檔案歷程記錄」功能

如果電腦中有其他磁碟區或是插了外接磁碟機、隨身碟，這些也可以作為保存檔案歷程的地方。這裡選擇保存在網路儲存裝置上。

❹ 選擇「選取網路位置」。

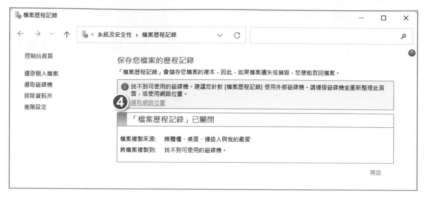

▶ 選擇保存位置

❺ 單擊「新增網路位置」。

顯示所有網路位置的情形

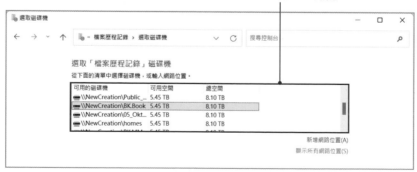

▶ 新增保存位置

選擇「顯示所有網路裝置」會自動搜尋並顯示網路上可保存檔案歷程記錄的位置，並直接選取要保存的地方。由於可保存的位置太多，整個搜尋完也需

要一段時間，而且項目太多也不見得找得到想要保存的地方，因此直接「新增網路位置」會比較簡單。

❻ 選好要保存檔案歷程記錄的資料夾後，單擊「選擇資料夾」按鈕。

▶ 選擇保存位置

❼ 單擊「確定」按鈕。

檔案歷程記錄保存位置

▶ 確定保存位置

❽ 單擊「開啟」按鈕，開啟「檔案歷程記錄」功能。

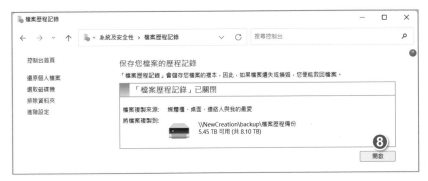

▶ 開啟「檔案歷程記錄」功能

26-2-2 排除資料夾

如果預設將被記錄的資料夾並不需要備份時,可透過「排除資料夾」功能將其排除,這樣可節省空間以及備份時間。

☞ 操作:排除不備份的資料夾

❶ 單擊「排除資料夾」按鈕。

▶ 執行「排除資料夾」功能

❷ 單擊「新增」按鈕。

▶ 新增要排除的資料夾

❸ 選擇要排除的資料夾。

❹ 單擊「選擇資料夾」按鈕。

▶ 選擇要排除的資料夾

❺ 單擊「儲存變更」按鈕。

▶ 儲存變更

26-2-3　調整備份頻率與期限

你希望 Windows 多久幫你備份一次呢？備份的資料永久保存還是三個月後就自動清理掉呢？不清理的話，會越來越佔空間喔。

☞ 操作：調整備份頻率與儲存期限

備份的頻率有「10 分鐘、15 分鐘、20 分鐘、30 分鐘、每小時、每 3 小時、每 6 小時、每 12 小時、每天」可選。而備份儲存的期限有「1 個月、3 個月、6 個月、9 個月、1 年、2 年、永久」可選。

首次備份的時間比較久，之後就會僅備份差異的部份，因此只要硬碟傳輸速率夠快，備份時是不太會影響系統效能的。如果備份的資料在短時間內會不斷的更新變化，頻率可以高一點，但若久久變化一下，頻率就不必那麼高了。關於頻率與儲存期限，可以隨時按需要調整的。

❶ 單擊「進階設定」。

▶ 檔案歷程記錄進階設定

❷ 選擇「儲存檔案複本」的間隔時間。

❸ 選擇「保存已儲存版本」的期間，時間到就會清理版本。

❹ 單擊「儲存變更」按鈕。

▶ 設定副本儲存時間與保存期限

單擊「清理版本」，皆可在「檔案歷程記錄清理」對話框裝選擇要刪除的檔案，有「全部（最新的除外）、1 個月前、3 個月前、6 個月前、9 個月前、1 年前（預設值）、2 年前」可選。

26-2-4　還原個人檔案

如果有一天不小心刪除了重要檔案，或是不滿意設計的結果而想要回到昨天的設計成果時，都可以使用還原資料的方式，讓整個資料夾或某個、某幾個檔案回到指定的過去，只要檔案歷程記錄還沒有被清理掉就可以。

👉 操作：還原個人檔案

❶ 單擊「還原個人檔案」。

關閉檔案歷程記錄功能

▶ 還原個人檔案

❷ 往前或往後移動到要還原的版本上。

❸ 單擊勾選要還原的資料夾，或進入資料夾內選取檔案。

❹ 單擊「還原」按鈕。

往前移動版本　　　　　　　　　　　往後移動版本

▶ 還原勾選的資料檔案

26-3　雖然很大，但是很安全

系統映像是複製磁碟機上的所有內容，可以對系統磁碟機使用，也可以用於一般磁碟機。這種備份方式需要耗用較多時間和硬碟容量，但是擁有最好的完整性，只要硬碟沒有硬體故障，都能用它修復系統、恢復資料。

26-3-1　建立系統映像

雖然 Windows 推出了許多種備份功能，但是建立系統映像檔這個功能一直沒有被取代。

☞ 操作：建立系統映像

❶ 單擊「搜尋」按鈕，輸入「控制台」關鍵字後，單擊「控制台」應用程式。

❷ 在「控制台」視窗中單擊「備份與還原 (Windows 7)」功能。

▶ 開啟「控制台」視窗

❸ 在「備份與復原」視窗，單擊「建立系統映像」文字連結。

▶ 啟動建立精靈

❹ 選擇備份的儲存位置，單擊「下一步」按鈕。

▶ 選擇儲存位置

❺ 系統磁碟機會被預設選取，直接單擊「下一步」按鈕即可。

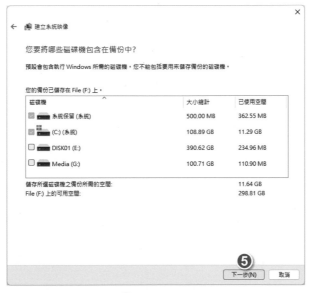

⊙ 選取磁碟機

❻ 單擊「開始備份」按鈕，等完成後再單擊「關閉」按鈕。

⊙ 開始備份

26-3-2　使用系統映像還原作業系統

用到系統映像的時候通常都是系統嚴重損毀，系統還原都無法修復了，這種情況下常常進不了系統，所以可用 26-1-1 小節中建立的「修復磁碟機」隨身碟來開機並使用系統映像還原系統的操作。

☞ 操作：還原作業系統

❶ 選擇「疑難排解」選項。

▶ 進入「疑難排解」畫面

❷ 選擇「進階選項」選項。

重設電腦也可以在此使用，下一節將介紹這個功能

▶ 進入「進階選項」畫面

❸ 選擇「系統映像修復」選項。

系統還原也可以從此處使用

▶ 選擇工具

❹ 選擇使用者帳戶。

▶ 選擇帳戶

❺ 輸入帳戶密碼，單擊「繼續」按鈕。

▶ 輸入密碼

❻ 選擇「使用最新可用的系統映像」選項，單擊「下一步」按鈕。

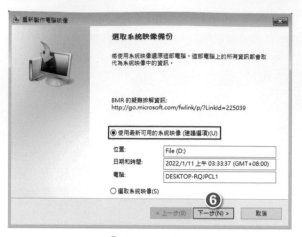

▶ 選擇映像來源

❼ 單擊「下一步」按鈕跳過其他還原選項。此處可以在還原之前安裝驅動程式，不過這種情況很少碰到，除非你的電腦無法正確辨識硬碟，否則沒有必要在這裡安裝。進階動作一般不需要調整，主要是用來控制還原後的動作，建議使用預設。

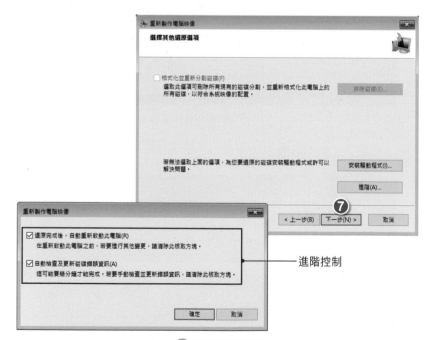

進階控制

▶ 跳過還原選項

⑧ 單擊「完成」按鈕。

▶ 確認還原

26-4　多硬碟打造儲存空間

伺服器上的資料為什麼安全呢？這是因為它通常有多個複本，當其中一份損毀時，系統就可以自動調用備份。Windows 11 雖然只是個人作業系統，但也有類似的解決方案，那就是儲存空間。

26-4-1　儲存空間的原理

儲存空間是將一份資料同時儲存在多顆硬碟上，當其中某個硬碟損毀時，系統就可以自動取得其他硬碟上的相同檔案，不會影響使用。這種儲存空間會把幾顆硬碟當作一顆使用，不是特別的經濟划算，但是對於需要高度安全性的使用者來說，依然是值得建立的。

26-4-2　建立儲存空間

儲存空間要求電腦上至少有兩顆硬碟，如果只是兩顆硬碟，另外的一顆硬碟會成為系統所在硬碟的備份，是不能在上面儲存資料的，實際上你也無法看到具體的磁碟機。如果你有三顆或更多硬碟，就可以用系統硬碟之外的硬碟建立一個獨立的、擁有高度安全性的磁碟機，在這個磁碟機上儲存資料會同時存放在組成儲存空間的多顆硬碟上。

操作：建立儲存空間

集區相當於未配置的磁碟空間，而儲存空間就相當於格式化之後的磁碟機。透過「搜尋」、「管理儲存空間」應用程式，就可開啟進行操作了。

❶ 在「儲存空間」視窗，單擊「建立新集區與儲存空間」文字連結。

▶ 啟動建立精靈

❷ 勾選額外的兩顆硬碟。

❸ 單擊「建立集區」按鈕。

▶ 建立集區

❹ 單擊「建立儲存空間」按鈕。

完成之後在檔案總管即可看到新建的儲存空間，放在這個磁碟機上的檔案，
都會自動建立複本。

26-4-3　管理儲存空間

儲存空間有一些管理功能，不過大多數項目沒有什麼特別之處。需要注意的是移除儲存空間是分兩個階段的，以下就為各位示範整個操作。

操作：刪除儲存空間

❶ 在「儲存空間」視窗，單擊「刪除」文字連結。

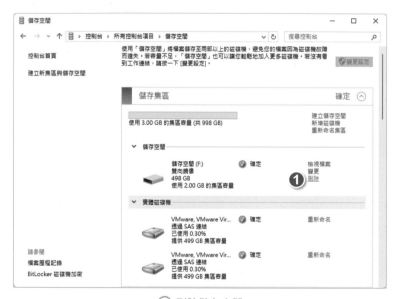

▶ 刪除儲存空間

❷ 單擊「刪除儲存空間」按鈕。

▶ 確認刪除儲存空間

❸ 單擊「刪除集區」文字連結。

（▷）刪除集區

❹ 單擊「刪除集區」按鈕。

（▷）確認刪除集區

刪除之後用來建立儲存空間的硬碟就會變成未配置的空間，要使用還需要重新新增簡單磁碟區。

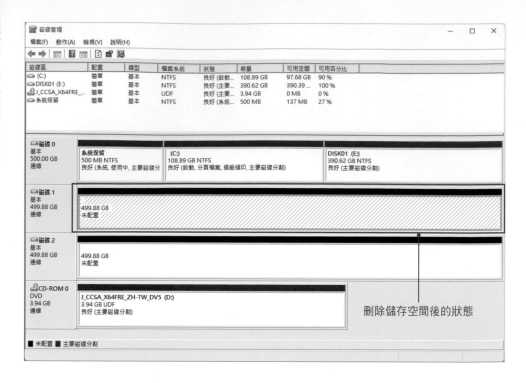

刪除儲存空間後的狀態

26-5 用 BitLocker 加密磁碟機

BitLocker 可以為你的磁碟機加上一把「鎖」，即便電腦被盜也不會被人竊取資料。這與前面介紹的安全功能不同，它主要是防止硬體遺失帶來的問題。

26-5-1 啟用磁碟機加密

在加密之前最好是先轉移磁碟機上的資料，加密空白的磁碟機速度會快很多。加密之後再把檔案轉移回來就好。

操作：加密磁碟機

❶ 選取磁碟機。

❷ 在磁碟機上單擊右鍵，執行「開啟 BitLocker」功能。

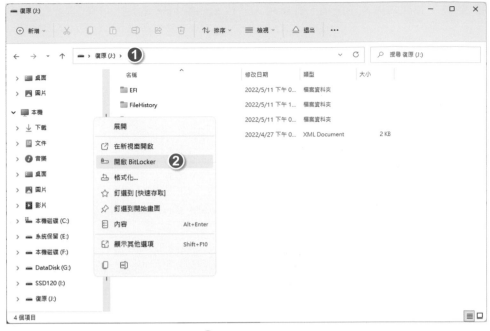

▷ 開啟 BitLocker

❸ 勾選「使用密碼解除鎖定磁碟機」核取項。

❹ 輸入密碼並確認後,單擊「下一步」按鈕。

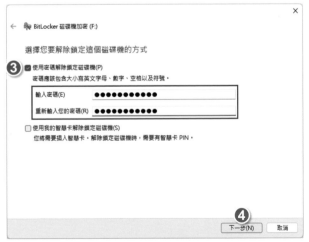

▷ 設定解除鎖定的密碼

❺ 選擇「儲存到檔案」選項。金鑰可以替代密碼解鎖磁碟機。

▶ 選擇儲存金鑰的方式

❻ 單擊「存檔」按鈕。

❼ 單擊「是」按鈕,並繼續精靈。

▶ 儲存金鑰

❽ 選擇「只加密已使用的磁碟空間」選項，單擊「下一步」按鈕。

▶ 選擇加密的部份

❾ 單擊「開始加密」按鈕。

❿ 單擊「關閉」按鈕。

▶ 完成加密

26-5-2　管理磁碟機加密

加密之後磁碟機上會出現一個鎖頭，銀色就是解鎖狀態，金色就是鎖定狀態。若要解鎖磁碟機，可以在磁碟機上單擊右鍵，用選單中的功能解除鎖定。如果在家中或辦公室這種安全的地方使用電腦，可以考慮在「BitLocker 磁碟機加密」視窗，單擊「開啟自動解除鎖定」文字連結，省去頻頻解鎖的困擾。

可以自動解除鎖定

在這一章介紹了許多備份功能，可以根據需要部份開啟或全部開啟，即便你的資料不太重要，建議至少也要開啟系統還原，大多數情況下它都能幫你修復系統問題。

輕鬆架設與使用網路

僅安裝系統是無法上網的。必須正確連接裝置,並設定好路由器和作業系統,網際網路才能暢通。當然,每個人的上網方式可能不一樣,所以需要的設定方法也不同,接下來會用比較常見的家庭組網方式介紹這部分內容。

27-1 自己架設家用網路

家庭可能有多台可連線網路的裝置如電腦、筆電、手機和平板,這些裝置需要共用網路連線瀏覽網際網路,必然要用到一些網路裝置並正確設定,本節就把相關要點介紹給你。

27-1-1 硬體連接

目前家庭中常用的網路結構是:一條網際網路的連線連接到無線路由器,然後其他裝置透過無線網路使用路由器並取得瀏覽網際網路的能力。需要用到的裝置主要有無線路由器、網路線和無線網路卡,連接方法可參考以下說明。

無線路由器的 Internet(亦可能標識為 WAN)連接埠連接電信服務商提供的網際網路連線,LAN 連接埠連接電腦。

連接電腦或其他路由器

連接網際網路的纜線

無線網路卡插入主機板的 USB 連接埠，一般來說機殼前端也會有 USB 連接埠，只要能正確辨識無線網路卡，前後的 USB 連接埠都是可以的。

無線網路卡

用網路線與無線路由器相連

USB 連接埠

電腦與無線路由器的有線連接並不是必要的，只是在設定路由器的時候可能會用到。購買無線路由器的時候記得也要準備好網路線。

網路線的 RJ45 接頭

27-1-2 系統設定

設定包含兩個部分，一是路由器的設定，二是系統連線設定。路由器這部分沒有什麼統一標準，大家可以參考路由器的說明書。系統的連線設定，我們會分兩種情況來說。

雖然設定路由器的方法各異，但是登入路由器的是相同的。首次可在瀏覽器上輸入路由器的 ip 位址（見產品說明書或機器標籤上的說明），然後以預設的密碼登入設定頁面，再變更密碼並按產品說明方式完成相關設定即可。各家廠商的功能除了按產品等級各有差別外，其他相同的功能設定原則基本上是一樣的，只是設定畫面有所不同，不熟悉操作的讀者只要參看產品手冊即可。

用 IP 位址登入路由器設定畫面

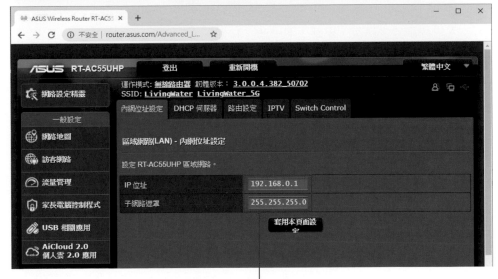

可自行設定，方式請見各家產品手冊

👉 操作 1：登入無線網路

在路由器中開啟了無線網路功能後，即可在系統上用以下方法登入。

❶ 單擊工作列角落區的無線網路圖示。

❷ 單擊打開無線網路清單。

❸ 單擊選擇要連線的「無線網路」。

❹ 單擊「連線」按鈕。若不要自動連線，就取消勾選「自動連線」核取項。

▶ 選擇要建立連線的無線網路

❺ 輸入無線網路密碼後，單擊「下一步」按鈕。

❻ 單擊「更多 Wi-Fi 設定」。

▶ 輸入網路連線密碼

❼ 單擊已連線的無線網路。

⊙ 設定無線網路內容

❽ 若是在家用或工作場這類可信任的網路環境中，選擇「私人」選項，即可開啟網路探索，讓網路上的其他人可以看到你的電腦並能共用印表機與檔案。否則，請選擇「公開（建議）」選項以保護自己的電腦。

⊙ 設定網路類型

👉 操作 2：建立撥號連線

若沒有透過路由器上網，撥號設定就要在電腦上完成。以下的設定方式，適合將網際網路連線直接插入電腦內建有線網路的用戶。按下 Win + I 快速鍵，可隨時開啟「設定」視窗。

❶ 在「設定」視窗的「網路和網際網路」下單擊「撥號」項目。

❷ 單擊「設定新連線」功能。

▶ 開啟連線精靈

❸ 選擇「連線到網際網路」選項。

▶ 選擇連線選項

④ 選擇「寬頻 PPPoE」選項。

▶ 選擇如何連

⑤ 輸入電信服務商提供的帳號和密碼，單擊「連線」按鈕。

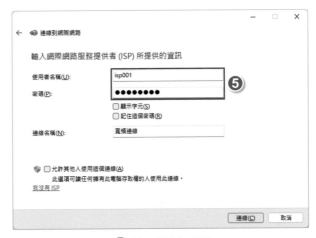

▶ 輸入帳號和密碼

⑥ 完成之後單擊「關閉」按鈕或「立即連線」。

▶ 關閉連線精靈

輕鬆架設與使用網路

操作 3：刪除無線網路連線

不再用到的無線網路可以刪除，只要打開「管理已知的網路」即可刪除或是新增網路。打開「顯示可用網路」則會列出目前電腦抓到的所有無線網路，可新增網路、連線或中斷連線。

❶ 在「設定」視窗的「網路和網際網路 > Wi-Fi」下，單擊「管理已知的網路」。

▶ 管理已知的網路

❷ 單擊「刪除」按鈕，刪除用不到的無線網路。

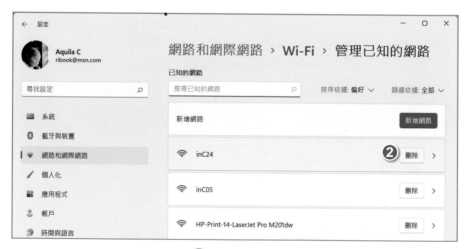

▶ 刪除無線網路

27-2 輕輕鬆鬆分享資源

擁有網路之後，設定好分享的內容就可以透過網路與其他電腦進行資料交換了。本節主要是告訴你如何確保網路暢通，以及設定共用項目的方法。

27-2-1 進階網路設定

網路要根據需求變化，所以不能完全依賴系統的預設設定，我們要掌握一些調整網路的技巧，才能應對日常使用。以下設定在有必要指定 IP 位址與 DNS 網域名稱伺服器時才會用到。

☞ 操作 1：變更 IP 和 DNS

IP 位址是由 4 組數字組成如 192.168.1.123，若 IP 位址的前三組數字相同，表示這些電腦是在同一個網段內。家庭網路這種簡單的網路結構，電腦在同一個網段是電腦能夠通訊的基礎條件（複雜的網路是可以跨網段的）。通常路由器會自動分配 IP 位址給電腦，若無法分配或發生 IP 衝突，就可以手動變更 IP 位址。

DNS 是網域名稱解析服務，我們輸入的網址是要經過網路上的 DNS 伺服器解析才能瀏覽網頁，如果碰到網路通訊軟體或線上遊戲能正常使用但網頁卻無法瀏覽的情形，這通常是你的 DNS 伺服器暫時出現故障，解決方法就是手動修改 DNS。

❶ 進入「設定」視窗的「網路和網際網路 > 進階網路設定」項目。

❷ 單擊「硬體及連線內容」。

▶ 開啟網路連線

❸ 在要變更的網路連線上單擊右鍵，執行「內容」功能。

▶ 開啟網路卡內容視窗

❹ 雙擊「網際網路通訊協定第 4 版 (TCP/IPv4)」。

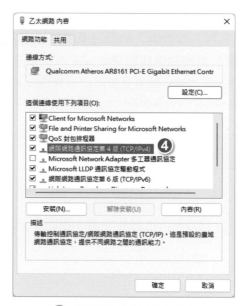

▶ 開啟網路協定的內容視窗

❺ 選擇「使用下列的 IP 位址」選項。

❻ 設定的 IP 位址要與路由器的 IP 在同一個網段內，最後一組數字小於 255 且不與其他電腦相同；子網路遮罩用 255.255.255.0；閘道填寫路由器的 IP。

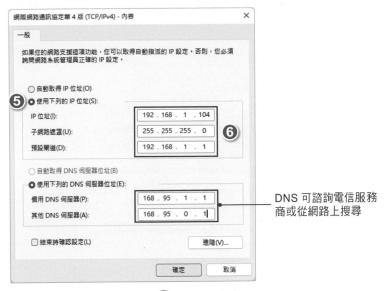

DNS 可諮詢電信服務
商或從網路上搜尋

▶ 設定 IP 位址

☞ 操作 2：開啟網路探索

預設情況下是開啟的，如果碰到你能使用網路，但別人無法看到你的電腦的情形
時，就要去檢查是否有開啟網路探索。

❶ 按下 Win+S 快速鍵，輸入搜尋關鍵字：共用設定。

❷ 單擊找到的「管理進階共用設定」功能。

▶ 開啟進階共用設定視窗

輕鬆架設與使用網路

❸ 開啟網路探索、檔案及印表機共用。

❹ 單擊「儲存變更」按鈕。

▶ 完成設定

☞ 操作 3：設定代理伺服器

代理伺服器是網路訊息的中轉站，可以解決瀏覽國外網站較慢或無法瀏覽的問題。瀏覽不同地區需要不同的代理伺服器，大家可以在網路上搜尋口碑好的伺服器，然後用以下方法設定。

❶ 在「設定」視窗中，選擇「網路和網際網路 > Proxy」。

❷ 單擊「使用 Proxy 伺服器」項目的「設定」按鈕。

選擇設定項目

③ 開啟「使用 Proxy 伺服器」。

④ 輸入代理伺服器的 IP 和連接埠。

⑤ 勾選「不要為近端（內部網路）位址使用 Proxy 伺服器」。

⑥ 單擊「儲存」按鈕。

設定 Proxy

27-2-2 分享資料夾

網路暢通之後，就可以彼此分享資料了，如建立專用的資料夾存放分享的資料，然後按照以下方法設定資料夾，對方即可在區域網路中看到分享的內容。

☞ 操作：分享資料夾

同一個網路內，可以在瀏覽器上輸入對方的 IP 瀏覽對方電腦，如 http://192.168.1.101。

❶ 在資料夾上單擊右鍵，執行「內容」功能。

▶ 開啟資料夾的內容視窗

❷ 切換到「共用」頁籤。

❸ 單擊「共用」按鈕。

▶ 開啟共用設定

❹ 選擇「Everyone」選項。Everyone 是對網路中的所有人員開放,也可以選擇特定的帳戶以限制存取人員。

❺ 單擊「新增」按鈕。

▶ 新增人員

❻ 展開人員的權限選單,選擇權限。

❼ 單擊「共用」按鈕。

▶ 共用資料夾

在「共用」頁籤,還有一項「進階共用」,進階共用設定的內容要多一些,如最多存取人數、共用的名稱等。其可存取人員要透過權限來設定,方法都差不多。

可修改名稱 ── eBook

可設定人數限制

27-2-3　分享印表機

印表機可以分享給網路中的其他成員，以提高印表機的使用率。這個過程涉及兩個操作：分享印表機和新增網路上的印表機。

☞ 操作 1：分享印表機

❶ 按下 Win + I 快速鍵進入「設定」視窗畫面，單擊「藍牙與裝置」。

❷ 單擊「印表機與掃描器」項目。

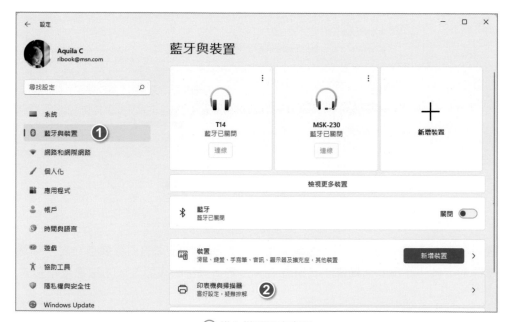

▶ 進入裝置設定畫面

❸ 單擊要共用的印表機。

▶ 準備變更設定

❹ 單擊「印表機內容」。

❺ 單擊「共用」頁籤。

❻ 勾選「共用這個印表機」核取項，單擊「確定」按鈕。

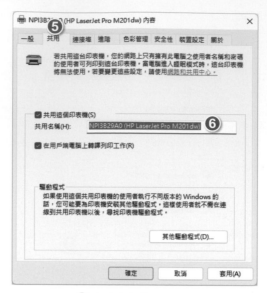

▶ 完成印表機共用分享

☞ 操作 2：連線網路上共用的印表機

❶ 在「設定」視窗的「藍牙與裝置 > 印表機與掃描器」畫面。

❷ 單擊「新增裝置」按鈕。

▶ 新增印表機

❸ 單擊「我想要的印表機未列出」項目的「手動新增」按鈕；也可以等系統慢慢找，然後新增找到的印表機，但較舊的印表機可能找不到。

❹ 選擇「依名稱選取共用的印表機」選項。

❺ 單擊「瀏覽」按鈕。

新增找到的裝置

▶ 選擇手動新增印表機

⑥ 雙擊瀏覽印表機所在的電腦。

⑦ 雙擊選取要共用的印表機。

▷ 選擇尋找方式

⑧ 確認共用的印表機已正確選取後，單擊「下一步」按鈕。

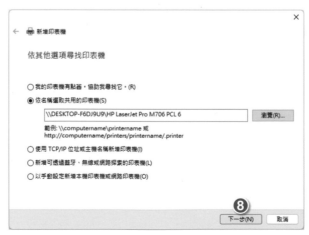

▷ 選擇印表機

⑨ 確認已經新增，單擊「下一步」按鈕。此處可依需要變更共用印表機的名稱。

⑩ 單擊「完成」按鈕。

(▷) 確認新增的印表機

27-3 存取遠方的電腦

在家休假臨時有公務需要使用公司的電腦，並不一定要去公司，掌握遠端控制的技巧就可以避免跑這一趟了。系統內建的遠端控制程式比較麻煩，特別是透過網際網路控制其他電腦，使用內建程式需要知道對方在網際網路上的 IP，需要穿越防火牆和路由器，這對新手而言難度太高了。

雖然 Windows 本身提供了「遠端桌面連線」功能，但要被連接的遠端電腦必須使用 Windoows 專業版才行，這造成了大多消費者都是使用「家用版」Windows 的人無法享受此功能，因此推薦大家使用個人用途完全免費的 TeamViewer 遠端桌面工具，它從 Microsoft Store 就可以安裝，用起來也沒有難度。

操作 1：安裝與註冊

兩台電腦都要安裝 TeamViewer，控制者可以使用 APP 或桌面版，受控制者可使用僅供取得連線 ID 與密碼的 TeamViewer QuickSupport（TeamViewerQS. EXE）快速連線程式，或使用桌面版應用程式亦可。

❶ 單擊「Microsoft Store」按鈕。

❷ 搜尋 TeamViewer。

❸ 安裝 TeamViewer。

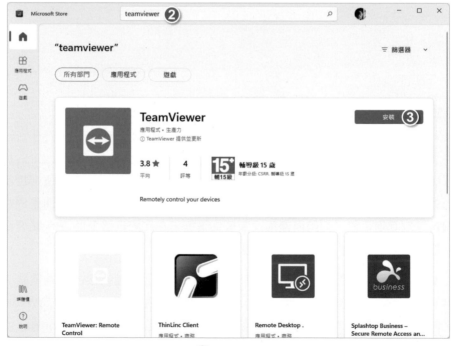

▶ 安裝 APP

④ 按下 Win + S 快速鍵，搜尋 TeamViewer。

⑤ 單擊執行「TeamViewer」應用程式。

←── 雙擊可執行 TeamViewer

▶ 執行 TeamViewer

想要連線控制其他電腦者，必須擁有帳戶才行。

⑥ 單擊「建立帳戶」按鈕，按說明完成帳戶註冊流程。

❼ 完成註冊流程後，還需要在啟用郵件中單擊啟用連結。

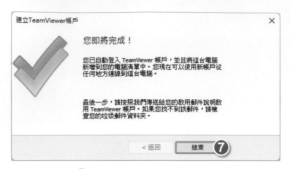

設定帳戶資訊以完成註冊

☞ 操作 2：遠端連線與操作電腦

受控制的電腦可執行 TeamViewerQS.exe 快速連線程式，或安裝桌面版以產生連線 ID 和密碼；控制者則無論是使用 APP 還是使用桌面版，都可以用這個 ID 和密碼直接控制受控制者的電腦，不需要對方應答。不想安裝桌面版者，直接登入 connect.teamviewer.com 網站，執行下載完成的 TeamViewerQS.exe 應用程式，即可取得 ID 與密碼，此程式不需要安裝，但必須先執行才能供遠端電腦連線操作。

使用上，只要在下班前於公司電腦上執行桌面版或 TeamViewerQS.exe 程式，記住 ID 和密碼，回到家中即可隨時存取自己在公司裡的電腦，進行操作或傳輸檔案。

❶ 在受控制的遠端電腦上執行 TeamViewerQS.exe 快速連線程式，並記下 ID 與密碼。注意，程式不要關閉。

❷ 來到控制端電腦，執行 TeamViewer 後，輸入遠端電腦的 ID。

❸ 單擊「連線」按鈕。

記下 ID 與密碼

執行 TeamViewerQS 程式

④ 輸入密碼後，單擊「登入」按鈕。

▶ 控制遠端電腦

連線後，即可在 TeamViewer 視窗中操作遠端電腦了。

▶ 操作遠端電腦的情形

深入探討　遠端桌面練習

　　Windows 專業版可在「設定」視窗的「系統 > 遠端桌面」中開啟「遠端桌面」功能，讓執行了「遠端桌面連線」程式的電腦，可以從遠端操作它，也就是家用版或專業版都可以執行「遠端桌面連線」程式，從遠端去控制安裝了 Windows 專業版且開啟了「遠端桌面」功能的電腦。

專業版才提供的遠端桌面功能

　　本章介紹了與網路相關的知識，方便各位分享資料。要注意 IP、DNS 這些細節之處，以免設定錯誤導致無法使用網路。

28 別讓電腦在網路上裸奔

網際網路帶來方便,同時也帶來風險,所以建立網路之後就要考慮增強系統安全防護能力,如系統更新、病毒碼更新。這些更新大多需要連上網際網路方能完成,若沒有適時的更新系統與病毒碼,就好像在大馬路上裸奔還不戴口罩,裸奔讓人輕易看光電腦內容,不帶口罩就會輕易感染病毒了。所以這一章要說明提高系統防毒防駭能力的方法,免得讓自己的電腦在網路上不戴口罩裸奔著,招來病毒與駭客的入侵。

28-1　防病毒入侵

防毒軟體是電腦安全系統最重要的一環,為了讓你擁有更安全的系統,接下來會提供防毒軟體的選擇與應用技巧。

28-1-1　更新防毒軟體

無論是 Windows 內建的安全性程式或第三方防毒軟體,預設都會自動更新病毒碼(定義)與程式,以防範最新病毒的入侵。如了預設更新外,也可以手動更新,在聽到最新病毒災情剛開始發生的當下,立即手動更新有時會比自動更新更有效率。在執行系統掃毒前,也要先手動更新病毒碼後再掃毒。

第三方防毒軟體

Windows 安全性程式

第三方防毒軟體檢查更新病毒碼的情形

單擊即可更新

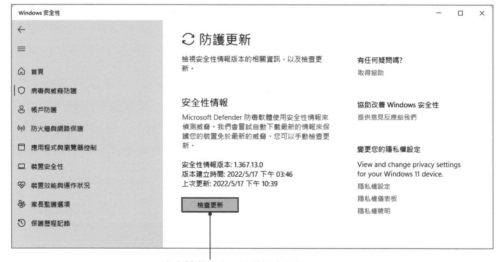

Windows 安全性程式亦可手動檢查更新

Windows 安全性程式當偵測到系統安裝了第三方防毒軟體或防火牆時，會為了避免功能衝突而將自己與之重複的功能關閉，例如安裝了第三方防毒軟體時，Windows 安全性程式就會關閉自己的「病毒與威脅防護」「即時掃描」功能，但其他功能仍能照常運作。然而，在「病毒與威脅防護」設定視窗中，我們仍可手動開啟定期掃描功能。

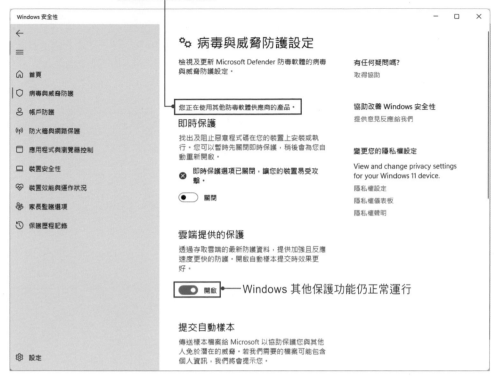

使用第三方防毒軟體

病毒與威脅防護設定

檢視及更新 Microsoft Defender 防毒軟體的病毒與威脅防護設定。

您正在使用其他防毒軟體供應商的產品。

即時保護

找出及阻止惡意程式碼在您的裝置上安裝或執行。您可以暫時先關閉即時保護，稍後會為您自動重新開啟。

即時保護選項已關閉，讓您的裝置易受攻擊

關閉

雲端提供的保護

透過存取雲端的最新防護資料，提供加強且反應速度更快的防護。開啟自動樣本提交時效果更好。

開啟 ——— Windows 其他保護功能仍正常運行

提交自動樣本

傳送樣本檔案給 Microsoft 以協助保護您與其他人免於潛在的威脅。若我們需要的檔案可能包含個人資訊，我們將會提示您。

有任何疑問嗎？
取得協助

協助改善 Windows 安全性
提供意見反應給我們

變更您的隱私權設定
View and change privacy settings for your Windows 11 device.
隱私權設定
隱私權儀表板
隱私權聲明

Windows 安全性
← ≡
⌂ 首頁
▢ 病毒與威脅防護
⌂ 帳戶防護
((·)) 防火牆與網路保護
▢ 應用程式與瀏覽器控制
▢ 裝置安全性
♡ 裝置效能與運作狀況
♨ 家長監護選項
↺ 保護歷程記錄
⚙ 設定

28-1-2　新增與移除排除掃描的範圍

微軟內建的 Windows 安全性程式已非吳下阿蒙，其自動化防毒防駭功能經過多年的淬鍊已博得一定的口碑，其無須設定即可自動運作完成系統防護。這裡之所以要談談它的設定，主要是擔心防毒軟體在極小機率下的誤判所造成的破壞性，故當有極為重要或特殊的資料檔案時，可以不讓防毒軟體去掃描它，因為掃描之後有可能導致資料無法讀取或被誤判隔離刪除等問題。

☞ 操作：排除資料夾

❶ 按下 Win + I 快速鍵，在「設定」視窗下單擊「隱私權與安全性」。

❷ 單擊「Windows 安全性」。

▷ 選擇設定項目

❸ 單擊「病毒與威脅防護」功能。

❹ 單擊「管理設定」。

▷ 進入設定頁面

❺ 單擊「新增或移除排除範圍」。

❻ 單擊「新增排除範圍」按鈕以展開選單。

❼ 選擇排除範圍的類型，如資料夾。

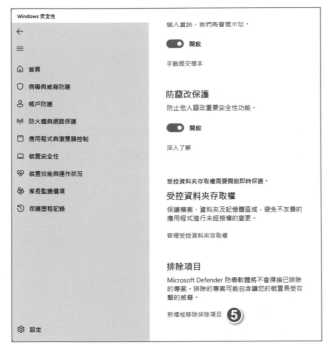

▶ 選擇要排除範圍的類型

❽ 雙擊要排除掃描的資料夾。

▶ 選擇要排除掃描的資料夾

28-1-3　掃描病毒

Windows 安全性程式有四種掃描方式，最常用的是「快速」掃描，它可以掃描系統檔案和記憶體等關鍵位置，並不會掃描所有檔案，所以速度比較快。「完整掃描」耗時較久，不過會掃描硬碟上所有檔案，是比較徹底的掃描方式。「自訂掃描」則可只掃描指定的檔案和位置，至於「Windows Defender Offline 掃描」可以將某些難以移除的惡意軟體從裝置中移除，但這會重新啟動裝置，所以要先將工作檔案儲存好。

當我們發現系統不穩，或在工作列上發現「Windows 安全性」圖示出現驚嘆號時，建議立即掃描病毒。這時單擊「Windows 安全性」圖示即會開啟「更新與安全性」項目下的「Windows 安全性」設定畫面，讓我們做進一步處理。

操作：掃描病毒

❶ 單擊「顯示隱藏的圖示」按鈕。

❷ 雙擊「Windows 安全性 – 建議採取動作」。

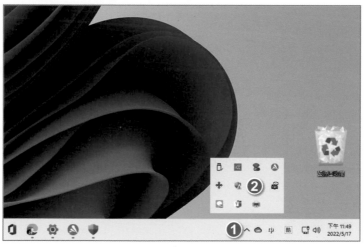

▶ 處理 Windows 安全性發出的警告

③ 單擊建議採取動作的「病毒與威脅防護」。

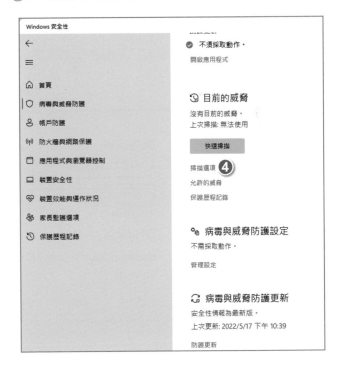

▶ 採取病毒與威脅防護動作

④ 單擊「掃描選項」，以選擇目前最合適的掃描方式。

⑤ 選擇一種掃描方式後。

⑥ 單擊「立即掃描」按鈕即可開始掃除病毒。

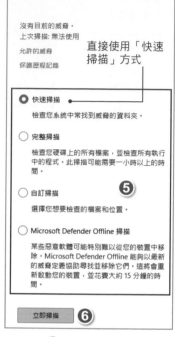

▷ 選擇掃描方式

病毒掃描過程可檢視進度與已掃描的檔案數量，完成後也會顯示掃描結果。

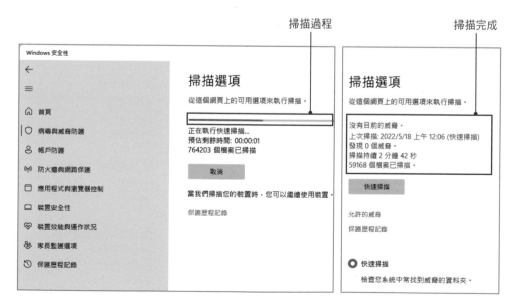

28-2 防駭攻擊

防火牆的作用是隔絕有害的網路攻擊，是非常重要的電腦防護裝置。底下提供一些防火牆使用技巧。

28-2-1 開啟或關閉防火牆

Windows Defender 防火牆簡單易用，防禦功能也不錯，然而，當使用時碰到某個網路軟體無法正常使用，很可能是防火牆阻擋了它，這時可以關閉防火牆看看是否為防火牆的問題。

☞ 操作：關閉防火牆

❶ 在「隱私權與安全性」設定畫面下單擊「Windows 安全性」。

❷ 單擊「防火牆與網路防護」。

❸ 選擇要設定的網路，如「私人網路」。

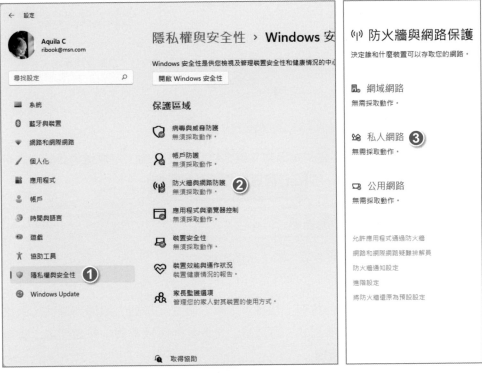

▶ 開啟設定視窗

④ 單擊「開啟」按鈕會變成「關閉」。關閉後易受駭客攻擊，因此測試完後記得要立即開啟，或是使用其他防火牆軟體。

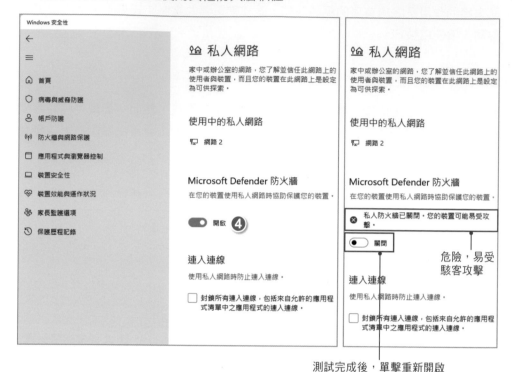

測試完成後，單擊重新開啟

▶ 關閉防火牆

28-2-2　允許或阻止程式通過防火牆

如果確定是防火牆阻止了程式，而你又確定程式是安全的，可以透過讓該程式可通過防火牆。反之，也可以阻止已經通行的不安全程式。

☞ 操作：允許程式或功能通過

❶ 單擊「允許應用程式通過防火牆」功能。

❷ 單擊「變更設定」按鈕。

❸ 勾選程式或功能前方的核取方塊後，單擊「確定」按鈕。取消勾選就是阻止通過。至於沒有列出的程式，可透過「允許其他應用程式」按鈕開啟「新增應用程式」視窗完成新增。

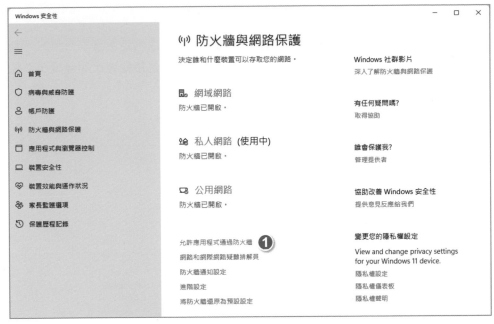

▶ 開啟防火牆設定視窗

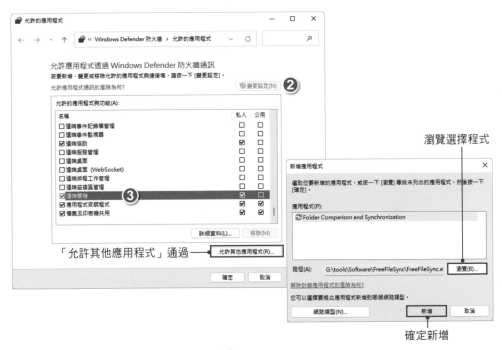

▶ 允許通過

28-2-3　建立防火牆的規則

防火牆好壞取決於規則是否完善，而建立規則需要使用者判定風險來自何方。判定風險需要專業的知識與經驗，除了靠平常累積外，就是接受專家的建議了。這裡先教大家建立防火牆規則，以備日後使用。

☞ 操作：建立一條規則

❶ 單擊「進階設定」文字連結。

▶ 開啟進階防火牆

❷ 選擇「輸入規則」選項。

❸ 選擇「新增規則」選項。

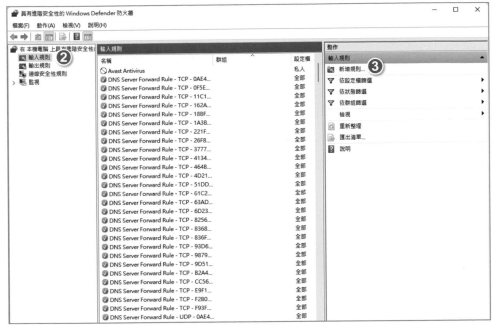

▷ 啟動新增規則精靈

❹ 選擇「連接埠」選項，單擊「下一步」按鈕。

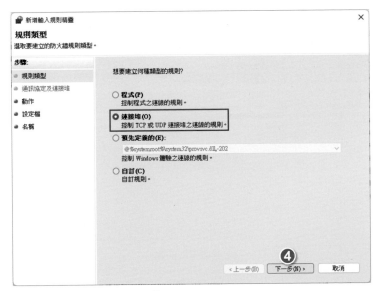

▷ 選擇規則類型

❺ 選擇「特定本機連接埠」選項。

❻ 輸入連接埠或連接埠的範圍，單擊「下一步」按鈕。

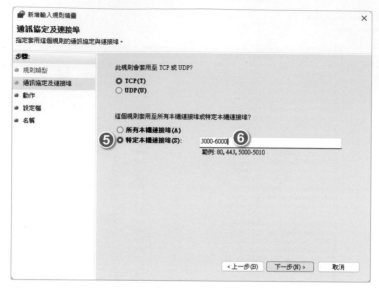

▶ 指定連接埠

❼ 選擇「封鎖連線」選項。

▶ 選擇採取的動作

❽ 選擇套用規則的網路，單擊「下一步」按鈕。

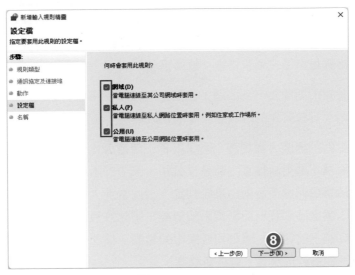

▶ 選擇網路位置

❾ 輸入規則的名稱，單擊「完成」按鈕。

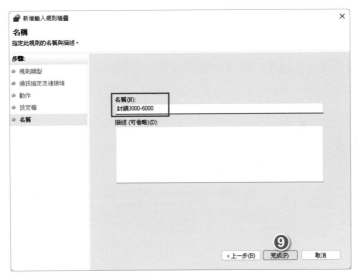

▶ 設定規則名稱

28-3　調整系統更新方式與時機

微軟會不定期的發佈一些修正程式以增強系統安全性，我們可以透過系統更新取得這些修正程式。然而，Windows 卻曾發生數起更新後無法開機或系統不穩的問題，因此微軟提出了一項新措施：暫停更新。

暫停更新可設定的期間為一到四週，也就是延後了使用者更新的時間，但也可以手動立即更新，好在需要的時候立即修補系統漏洞、使用新增功能。

微軟為了使更新的速度大幅提高，還採用了「傳遞最佳化」功能，讓系統可以不必從微軟伺服器下載更新檔案，而是從公司、家中的區域網路或網際網路上的電腦下載。至於是由何處下載則由系統判定，因此當別人從你電腦中下載更新檔案時，多少會因讀取硬碟資料而影響系統效能，因此許多人都將此功能關閉，或是僅開放區域網路上的電腦，讓公司或家中的電腦可彼此分享更新檔案，不需要每一台電腦都透過微軟伺服器下載更新檔案。

以下將說明如何調整上述談及的系統更新時機與方式。

☞ 操作：設定更新方式與時機

❶ 按下 Win + I 快速鍵，在「設定」視窗中單擊「Windows Update」項目。

❷ 展開「暫停更新」選單，選擇要暫停更新的期間。

❸ 單擊「進階選項」。

▶ 暫停更新與設進階選項

❹ 設定更新選項：更新時要連其他 **Office** 產品一併更新嗎？下載更新後要儘快
更新嗎？使用計量付費網路時要更新嗎？當電腦需要重新開機才能完成更新
時，要不要收到通知？以及設定在哪段期間內，不要為了更新而重新啟動電
腦。

❺ 單擊「傳遞最佳化」，準備調整更新檔案取得方式。

▶ 設定更新方式

❻ 單擊「開啟」允許從其他電腦下載功能。

❼ 選擇允許下載更新檔案的源頭，如「在我區域網路上的裝置」。選用此項的
好處是，讓區域網路上的電腦可以彼此分享系統更新檔案，不用每一台都跑
去微軟的伺服器下載。如果不想分享，直接單擊「允許從其他電腦下載」的
「開啟」按鈕，就能關閉此功能了。

調整更新檔案下載方式

大多數人不太重視家用電腦的安全性，直到真的感染病毒才懊悔不已。提前做好防禦遠比亡羊補牢更好，建議大家務必保護好你電腦中的資料與程式。

檢測管理自己來

- 硬體檢測與維護
- 電源管理
- 硬碟管理
- 記憶體管理
- 輸入裝置管理
- 輸出裝置管理
- 啟動加速
- 程式管理
- 進階系統工具
- DIY 市場導向
- 故障排除

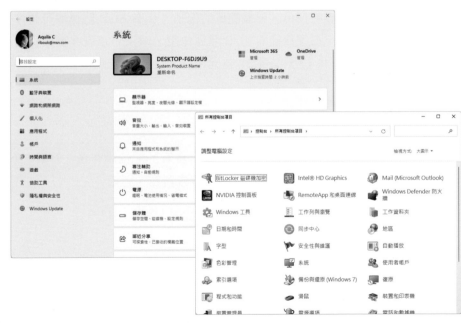

▶ 系統設定與管理

29 維護、檢測硬體問題與穩定性

完成電腦的組裝後，要如何確知自己的裝置是否正常？商家有沒有拿錯商品或偷換零件呢？本章將利用系統內建的「裝置管理員」、以及各種檢測軟體等，為你介紹偵測硬體、維護及檢測排除故障的相關技巧與方法，讓各位能快速得知電腦硬體的準確資訊及其穩定狀況。

29-1　掌握硬體資訊

在單獨測試元件之前，可以先大致了解一下電腦的基本狀態，以及最直接的硬體資訊。掌握這些資訊，可以明確自己電腦的檔次，為使用軟體提供一些參考依據。本節就將為你提供具體操作方法。

29-1-1　記憶體容量大小

通常商家不會在記憶體容量上做手腳，但了解系統的記憶體容量對使用軟體或安裝系統會一定的參考價值。舉個簡單的例子：你有 8GB 記憶體可是你安裝了 32 位元的作業系統，那麼只能有 4GB 發揮作用，解決方法就是更換作業系統為 64 位元。Windows 11 已不提供 32 位元系統了，因此若記憶體容量不對，就是有問題了。

☞ 操作：檢視記憶體容量

作業系統顯示的記憶體容量並不一定等於真實的記憶體容量，若兩者不相符，系統版本也對，就要確認記憶體是否插正確或買錯、毀壞。

❶ 按下 Win + X 快速鍵，或在「開始」按鈕上單擊右鍵。

❷ 執行「系統」功能。

▶ 開啟「系統」視窗

29-1-2 硬碟與快取記憶體

提到硬碟，大多數人會比較關心硬碟的容量和快取記憶體。確實，這是非常重要的數據。系統中可以看到硬碟容量，但是 Windows 系統計算硬碟容量的標準與廠商標準有所差異，你無法直接看到硬碟容量。至於硬碟快取記憶體的大小，系統中更是無法查看。所以想要了解上述資訊，最好是借助第三方工具軟體。

操作：檢視硬碟資訊

購買或下載試用版 AIDA64，安裝後進行以下操作。

❏ 軟體名稱：AIDA64

下載網址：http://www.aida64.com/downloads

❶ 單擊「存放 > ATA」選項。

❷ 選擇需要檢測的硬碟。

▶ 檢測硬碟

29-1-3 顯示卡晶片組與記憶體

除了型號以外，系統中沒有多少關於顯示晶片的資訊，所以想要得到準確訊息，依然要借助第三方工具軟體。接下來將為你介紹如何獲得顯示卡的重要資訊。

GPU-Z 是一款簡單又準確的顯示卡檢測軟體，請下載並安裝，然後執行它。

❏ 軟體名稱：GPU-Z

📍 下載網址：http://www.techpowerup.com/downloads

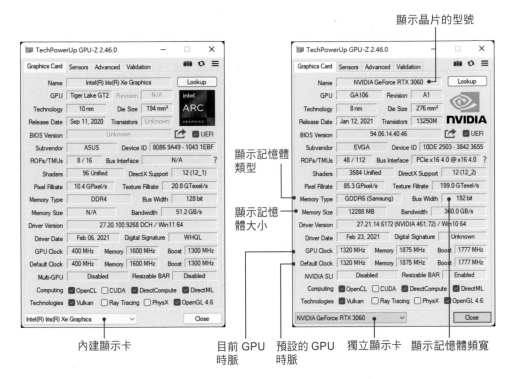

看看晶片型號、顯示記憶體類型、顯示記憶體頻寬、顯示記憶體大小與商家所說的是否一致，若有差異，則要及時更換。若目前 GPU 時脈和預設的 GPU 時脈不一致，就表示 GPU 被超頻了。超頻不一定是商家的問題，可能生產廠商進行了超頻，到官方諮詢一下是否存在這種現象。

29-1-4 系統效能及測試

大多數人都想知道自己電腦的效能高不高，可是對效能沒有清晰的認識，也不知道怎麼測試。本小節會介紹一種比較簡單的測試方法，讓你對自己的電腦效能有一個大致的了解。

☞ 操作：測試效能

WinRAR 是一款著名的壓縮軟體，其附帶的基準測試功能，可以檢測電腦的運算能力，在專業測試中也經常使用此軟體進行測試。速度測試結果越高，代表效能愈好。

❏ 軟體名稱：WinRAR

🌐 下載網址：http://www.rar.com.tw/

➊ 執行「工具 > 基準測試」功能。

此處為結果

▶ 進行測試

WinRAR 的基準測試並不會自己停下來，在測試中出現比較穩定的結果，即可取消測試。

29-2 硬體維護

如何維護、保養及正確的使用電腦，是廣大使用者經常關心的話題，懂得正確的維護與保養方法後，不僅可以減少主機出現故障的頻率，同時還能延緩硬體的老化速度，發揮裝置的潛在效能。本節將為你介紹有關硬體維護的重要知識。

29-2-1 主機散熱維護

由於機殼內的 CPU、顯示卡、硬碟等在運作時會散發大量的熱量,當這些硬體長時間處於高溫狀態時就很可能發生電腦當機,甚至燒毀硬體或主機板的狀況。因此,以下將介紹一些能讓主機有效散熱的方法,使電腦處於最佳的狀態。

◎ 溫度監控

CPU、顯示卡以及硬碟是機殼內主要發熱的硬體元件,由於這三項裝置正好也是電腦中最重要的部分,因此平時即需特別留意。

監控 CPU 溫度

一般 CPU 的溫度在 35 ～ 65℃之間,根據不同的型號以及使用時間等略有差異;而 CPU 溫度達到 80℃時即可能會因溫度過高,導致電腦當機。一般家用電腦在不超頻的情況下都比較穩定,如果有超頻、CPU 工作多天、室內的溫度過高等也都會導致 CPU 過熱,這時便容易出現當機或間歇當機等情況。

監控 CPU 溫度的軟體有不少,在這裡以操作簡單、頗受使用者好評的 AIDA64為例,它可以準確的呈現 CPU 溫度和風扇轉速等資訊。

- ❏ 軟體名稱:AIDA64
- ➤ 下載網址:http://www.aida64.com/downloads

依次展開「電腦 > 感應器」項目,即可在右側窗格看到溫度情況。

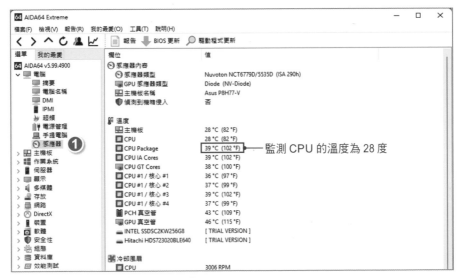

▶ 偵測 CPU 溫度

監控顯示卡溫度

正常顯示卡的溫度一般在 45 ～ 110 度範圍，通常待機狀態為 45 ～ 65 度、遊戲狀態為 65 ～ 75 度以下，若超過 95℃ 即表示顯示卡已處在危險狀態，因為一旦超過 110 度很可能燒毀。

顯示卡溫度因晶片所在位置不同，檢視的元件也就不同，如果是獨立顯示卡，那麼 AIDA64 將獨立提供其 GPU 真空管溫度。若晶片整合在 CPU，那麼直接查看 CPU 的溫度即可。若晶片整合在主機板，那麼查看主機板溫度即可。

▶ 監視顯示卡溫度

監控硬碟溫度

一般硬碟的溫度為 35 ～ 55℃，而桌上型電腦在 35 ～ 70℃，至於 SSD 固態硬碟的溫度則會更低。長時間工作、掃描硬碟、讀寫資料等操作都會提高硬碟的溫度。硬碟溫度也可以透過 AIDA64 工具監控。

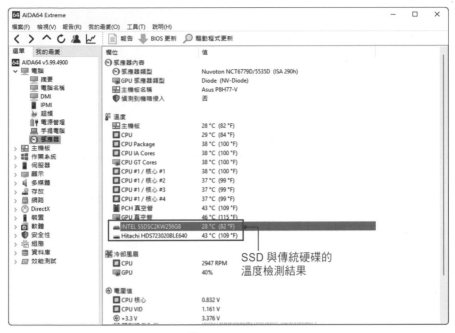

監控硬碟溫度

◎ 如何讓主機良好地散熱？

若發現機殼內元件溫度過高，應該透過哪些途徑調整主機的內部溫度呢？下面提供幾種常見的方法供你參考。

調整內部線路

由於機殼內的線路眾多，包含電源供應器、硬碟機以及光碟機的資料線等，如果沒有在組裝時先行整理，則容易散亂糾結，不利機殼散熱。整理機殼內部線路時，最好在關機狀態下進行，避免因操作不當誤觸運行中的硬體。

整理後的機殼線路

機殼內部線路

增加風扇

若調整內部線路仍無法有效降低機殼的溫度，在此建議可於機殼增加一具機殼風扇，改善主機殼內的熱量流動。

▶ 機殼風扇

清理風扇灰塵

由於風扇通電後必須透過不停地轉動來促使空氣流通以驅散機殼內部熱量，所以經過一段時間後，扇片上容易累積一層厚厚的灰塵。定期清理風扇與散熱孔的灰塵，不僅能讓熱氣順暢排出，還能延長風扇的使用壽命。

清理 CPU 風扇

▶ 清理硬體裝置

29-2-2　螢幕維護

螢幕維護主要是防水、防刮傷和避免長時間使用，前兩者比較容易理解，要在使用中注意。減少使用時間這一點並不牴觸正常使用，只是有時候電腦閒置時，盡量也讓螢幕「休息」一下，這個可以透過電源計畫調整。

☞ 操作：調整電源計畫

螢幕使用壽命大都遠超過主機使用年限的，所以升級電腦往往會保留螢幕而僅更換其他裝置，為了讓你的螢幕使用得更久一點。你可以調整關閉時間，讓螢幕自動進入休息狀態。

❶ 按下 Win + I 快速鍵，進入「系統」設定視窗。

❷ 單擊「電源」設定項目。

❸ 單擊展開「螢幕與睡眠」項目。

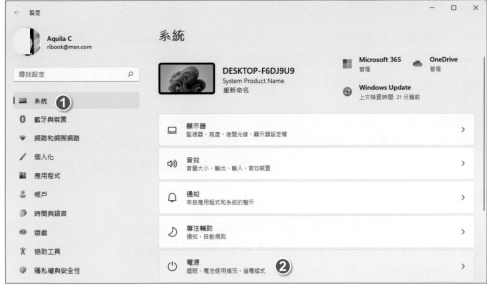

⊙ 進入螢幕與睡眠設定畫面

④ 選擇閒置多久後關閉螢幕或休眠,如沒動電腦 25 分鐘後自動關閉螢幕。

⊙ 調整閒置時間

29-2-3　電腦的最佳使用環境

電腦的工作環境是影響運行的重要因素，如想降低電腦故障帶來的損失，使你的電腦發揮最佳狀態，就必須盡量排除不利主機的環境因素，減少對電腦的種種負面影響。以下將從家庭與機房兩種不同的環境進行介紹。

◎ 機房環境

由於一般大型機房中存放的裝置都比較昂貴，所以機房的環境均有固定的控管項目存在，如相對濕度、乾球溫度、最大露點等。以下將針對這些項目進行介紹。

乾球溫度

指一般溫度計所量測出的溫度，通常乾球溫度的要求為 20 ～ 28℃。溫度過高時會讓 CPU／晶片／電力線／網路線等處理能力或傳輸效果下降，同時溫度也不能過低，否則機器可能會因凝結的水氣而受潮變質。

相對溼度

表示空氣中所含水量的百分比，正常的相對溼度為 40% ～ 50%。若機房溼度過高，裝置元件容易腐蝕，引發運行時的不穩；而機房若是太過乾燥，則容易產生靜電。

露點

指在一定的環境下，水蒸氣凝結為水滴所需降至的溫度。正常的最大露點為 21℃，若露點偏高會導致機房裝置表面產生水氣，進而腐蝕電子元件。

◎ 家庭環境

大多數家庭的溫度、濕度都相差不多，且工作時間相對較短，一般來說電腦的溫度不會太高。以下從乾球溫度、相對濕度以及電源穩定等方面講述。

乾球溫度

由於台灣夏季氣溫普遍較高，而電子產品容易產生散熱不良等問題，導致電腦工作不穩定；通常電子元件工作在 20 ～ 30℃間的穩定性與性能是最好的，因此有些家用伺服器還需要安裝空調來保持室溫。

相對濕度

盡量避免在潮濕的地方使用電腦，若硬體濕度太高，會加快線路和插槽的針腳的氧化速度，甚至造成電源短路、燒毀硬體等問題。

電源穩定

電壓變動過大，容易導致硬體內部電容的超載損毀。變動過大的情況通常出現在跳電後電源又恢復時，因為瞬間恢復的高壓會衝擊損毀電子元件，所以在跳電時最好先將插頭拔除；為了保持電源供應穩定，推薦工作站、伺服器或需要提供穩定服務的終端裝置，配備具穩壓效果的 UPS 不斷電裝置。

▷ CyberPower 1KVA 在線互動式 UPS 不斷電系統

> **深入探討　UPS 不斷電裝置**
>
> UPS（Uninterruptible Power Supply）不僅可以穩定地輸出電壓，而且能夠在停電後的一段時間內持續為電腦提供電力，讓使用者能夠有足夠的時間儲存或備份重要檔案。尤其在一些室內電線老舊的地區，建議最好能添購一台 UPS 裝置，以保護硬碟等元件免受電壓的傷害。

29-3　檢測電腦元件

硬體的狀態與系統效能和穩定性息息相關，所以組裝電腦之後，有必要進行一些檢測。此時發現硬體問題可以找商家更換，避免為新電腦埋下隱患。本節用一些專業軟體示範如何對電腦進行全面檢測。

29-3-1　檢測 CPU

超頻、散熱不良、供電不穩定等，都是 CPU 故障的主因之一，因此透過 CPU-Z 隨時監控 CPU 的工作情況，並同時檢測產品的型號、主頻、倍頻等參數，可有效了解 CPU 的運行狀況，以便在 CPU 出現故障時能夠對症下藥。

❑ 軟體名稱：CPU-Z

下載網址：http://www.cpuid.com/softwares/cpu-z.html

軟體執行之後即可得到硬體資訊，應關注的訊息是 CPU 型號，CPU 時脈。

CPU 型號要與包裝相同

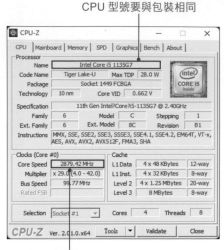

CPU 時脈是動態的，最高點
應等於包裝上標示的時脈

如果 CPU 發生問題，通常是 CPU 散熱不好，請檢查一下風扇是否正確連接，風
扇底座散熱膏是否硬化需要重新塗抹。

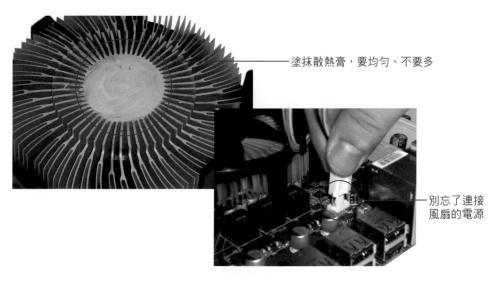

塗抹散熱膏，要均勻、不要多

別忘了連接
風扇的電源

CPU 本身發生故障的機率並不高，若懷疑 CPU 損毀可以安裝到其他電腦上進行
開機。另外，別忘了檢查一下針腳或插座有沒有金屬針彎曲 / 折斷的情況。

別忘了檢查插座

29-3-2　檢測記憶體

記憶體通常會因為本身品質不佳、金手指受損與插槽接觸不良等造成故障，以下將使用 MemTest 測試記憶體上的每一儲存單元，當發現有故障時即會立刻提示。

☞ 操作：檢測記憶體

- ❑ 軟體名稱：MemTest
- 下載網址：http://hcidesign.com/memtest/

利用 MemTest 軟體可以測試記憶體是否有故障問題，建議可在電腦閒置時進行測試，時間約在 30 ～ 60 分鐘，以準確檢測記憶體是否有問題。

❶ 輸入需要測試的大小，如 8192（即 8GB）。

❷ 單擊「開始測試」按鈕。

❸ 單擊「確定」按鈕，開始測試。

最好測試 20 分鐘以上

▶ 檢測記憶體

❹ 在彈出的視窗上單擊「確定」按鈕開始測試,當發現記憶體有錯誤時即會立刻提示,最後當要停止測試時可單擊「停止測試」按鈕。

若有錯誤會
顯示在這裡

記憶體比較容易出現的問題是:金手指接觸不良,具體表現為無法開機。使用橡皮擦擦拭金手指針腳,就可以去除金手指上的氧化層,順便用刷子清理插槽上的灰塵,重新安裝記憶體即可。

記憶體的金手指

如果電腦經常當機,且出現藍色的錯誤畫面,可以分別插一條記憶體進行開機測試,確定兩根記憶體都沒問題,這時就是這兩根的相容性問題了。

單獨安裝進行開機測試

29-3-3　檢測主機板

檢測主機板的軟體也有很多，上面介紹的 AIDA64 軟體是使用較多的主機板測試軟體。使用 AIDA64 可以檢視相關的型號、硬碟、CPU 的頻率、L1/L2 快取、製造廠商、主機板晶片等軟硬體資訊。

👉 操作：檢測主機板

❶ 開啟 AIDA64 軟體後，切換至「主機板 > 主機板」項目，就可在右側窗格內檢視主機板訊息。

▶ 檢測主機板

造成主機板故障的原因有：人為、環境以及主機板自身等。其中人為因素包括在供電情況下插拔介面卡、未消除靜電就觸碰主機板晶片、記憶體等，這些因素都可能導致主機板上的電路元件損壞；環境因素則包括濕度過高、溫度過高、供電不穩定以及灰塵太多等容易導致主機板短路燒毀的情況；主機板自身因素則可能是主機板電路老化等。以下將列出一些注意事項。

■ 避免在通電情況下插拔沒有熱插拔功能的裝置，以免造成主機板短路。

■ 在打開機殼觸碰內部元件前，應先消除身上的靜電。

■ 定期用毛刷或吹球清理主機板上的灰塵，減少因灰塵阻塞導致的故障。

■ 若確定主機板已經損壞，請及早送回製造商尋求保固服務。

29-3-4 檢測電源供應器

若想要了解電源供應器工作的情形，可以使用 OCCT 專業電源監控軟體，檢視電源供應器是否提供穩定的電壓，同時還能偵測 CPU 和主機板晶片的溫度等。

☞ 操作：測試電源供應器

❑ 軟體名稱：OCCT

下載網址：http://www.ocbase.com/perestroika_en/index.php?Download

❶ 開啟軟體後，在左側欄選擇功能，如「測試」。

❷ 單即可設定測試時間。

❸ 單擊「開始測試」按鈕。

測試後，可開啟「C:\Users\ 使用者名稱 \Documents\OCCT\ 測試日期 \」資料夾，查看剛剛記錄的 CPU 使用率與 CPU 電壓、CPU 核心電壓比對圖。

切換檢視的項目

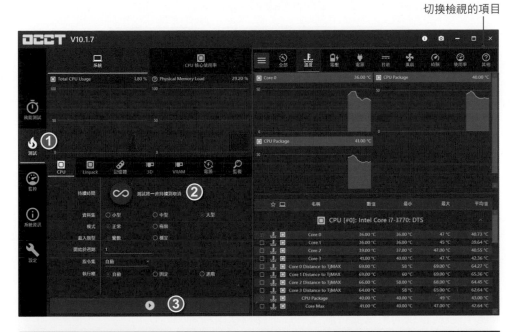

停止測試

▶ 測試電源供應器

電源供應器發生故障的機率不高，若雷雨天氣電腦突然無法開機，則有可能是電源供應器損毀。若新增了硬體導致用電量大增，電腦變得不穩定，則可能是電源瓦數不足，更換電源供應器即可。

▶ 新增硬體可能導致供電不足

29-3-5　檢測硬碟

硬碟的效能主要是讀寫速度，這可以用 AIDA64 進行測試。至於硬碟完好與否，則可用系統提供的工具進行測試。以下介紹這兩種測試方法。

👉 操作 1：檢測硬碟效能

❶ 啟動軟體後，執行「工具 > 磁碟效能測試」功能。

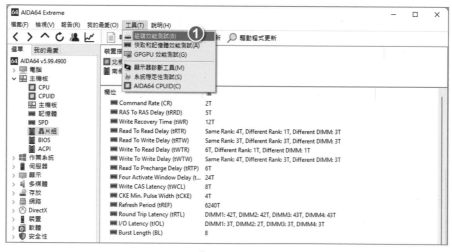

▶ 啟動測試

❷ 選擇檢測的硬碟。

❸ 選擇測試項目。

❹ 單擊「Start」按鈕。

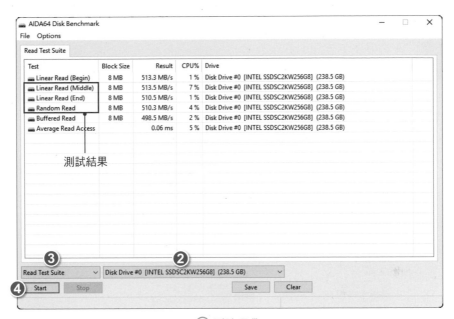

測試硬碟

維護、檢測硬體問題與穩定性

操作2：檢查硬碟邏輯錯誤

系統的工具主要是檢測邏輯錯誤，物理損毀的硬碟會發出較為明顯的「喀喀」聲，使用時聽到這種聲音就要轉移資料準備更換硬碟了。

❶ 選取磁碟機。

❷ 單擊「查看更多」按鈕。

❸ 單擊「內容」按鈕。

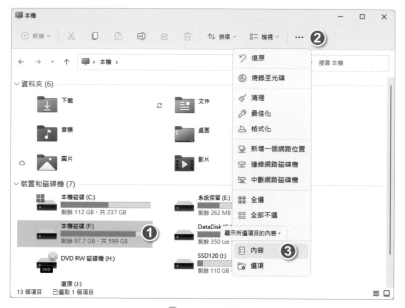

▷ 選擇磁碟機

❹ 切換到「工具」頁籤。

❺ 單擊「檢查」按鈕。

▷ 開啟工具

⑥ 單擊「掃描磁碟機」選項。

⑦ 單擊「關閉」按鈕。

▶ 掃描磁碟機

物理損毀的硬碟最好不要繼續使用，很難說哪一天就無法讀取了。用系統的工具檢測邏輯錯誤，若發現問題，工具是可以修復的，不必太擔心。

有的時候電腦突然變得非常緩慢，檔案總管中甚至會少了一個硬碟，重新啟動又可以看到，並不一定是物理損毀。這可能是硬碟連接不好，重新插緊連接線，或者更換連接線就可能解決問題。

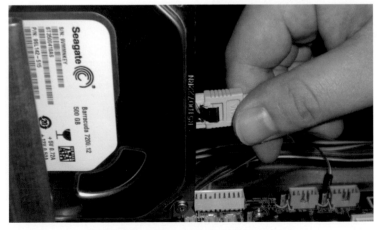

▶ 連接線沒有插好，也可能導致問題發生

29-3-6 檢測顯示卡

前面已經介紹了如何檢測顯示卡資訊，所以本小節主要是說明如何測試效能。檢測效能可以使用 FurMark 這款軟體，它擁有完善的檢測方法，對效能和資訊都可以進行衡量。

👉 操作：檢測顯示卡效能

用軟體提供的 Preset:2160、Preset:1440、Preset:1080 和 Benchmark Preset:720 這四個按鈕進行檢測，可以得到一個分數，此分數就能與其他使用者比較。也可以自己選擇解析度，對電腦改裝前後進行比較。

- ❏ 軟體名稱：FurMark
- 🔘 下載網址：http://www.ozone3d.net/benchmarks/fur/

❶ 選擇解析度。

❷ 單擊「Custom preset」按鈕。

❸ 單擊「GO!」按鈕。

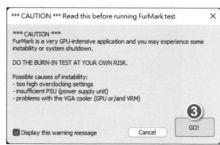

▶ 開始測試

❹ 測試完成後，單擊「OK」按鈕。

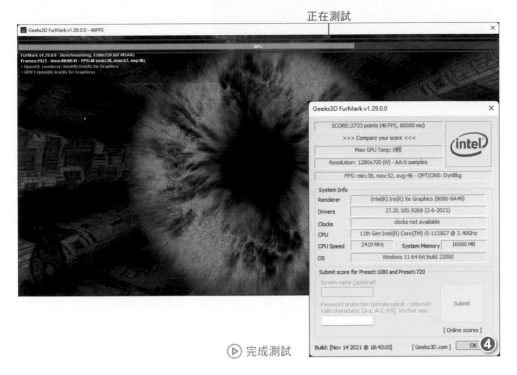
正在測試
完成測試

顯示卡發生問題，電腦容易出現藍色當機畫面，或是畫面撕裂現象。你可以關注官方是否有修復的驅動程式，有時候更換驅動程式即可解決問題。若顯示卡溫度異常，則應改善散熱。前面進行的效能測試，對顯示卡也是嚴峻的考驗，若發生當機，則可能是顯示卡品質不太好，可以考慮進行更換。

29-3-7　檢測螢幕

螢幕在生產過程中可能會出現亮點、暗點等故障，這些壞點通常不會影響到螢幕的正常運作。所以在選購螢幕時，若壞點數量不超過 3 個，則屬於正常的範圍。

考量到亮點、暗點以及壞點等情況，很難在選購時當場發現，因此以下將介紹如何在把螢幕搬回家後，對 LCD 螢幕的亮點和暗點進行全方位檢測。

純色圖片檢測

檢測螢幕的亮點、暗點問題，最簡單的方法就是透過軟體開啟全黑與全白圖片，亮點會與全黑圖片形成對比，而全白圖片則可清楚顯示出暗點的情況。

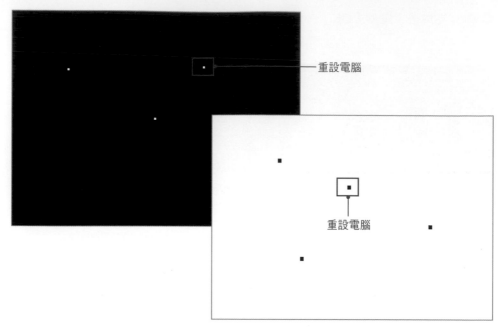

重設電腦

重設電腦

▶ 檢測螢幕的亮點與暗點

暗室檢測

主要用於察看螢幕邊緣是否封裝完好，而無光線外漏的問題。方法是在一間可排除光線干擾的暗室中，只接上電源，然後查看螢幕四周是否有漏光現象，若出現漏光的問題，則表示螢幕的封裝品質不佳，不過 LED 螢幕出現這種情況比較正常，一般可以忽略。

29-4 檢測電腦穩定性 > 燒機

誰也不希望工作或娛樂到一半時電腦突然罷工，對於電腦來說，穩定性是最重要的。但是穩定性是相對模糊的概念，怎樣才能知道電腦是否穩定呢？通常的做法是：賦予其繁重的工作，看看電腦在極限狀態下是否會出現問題。

實際上，電腦穩定與否並不完全取決於硬體，系統或應用軟體存在的缺陷也有可能導致系統不穩定。無論是硬體還是軟體原因，都比較隱蔽，本節就讓電腦中的隱形問題現形。

29-4-1　燒機軟體概述

燒錄軟體就是賦予電腦沉重工作的程式。一個燒錄軟體的好壞，與其能否提供恰當的工作量是有直接關係的，過輕或過重都不能正確反映電腦狀態。目前專門用於測試電腦穩定性的燒機軟體有很多，如 Super Pi、ORTHOS、IntelBurnTest 等，它們都頗受廣大使用者好評。

本節選擇了 Super Pi 作為燒機軟體，這款軟體可以提供了繁重的數據運算，對 CPU 的穩定性有較好的測試效果。ORTHOS、IntelBurnTest 可對 CPU 和記憶體的穩定性進行測試，各位可以根據自己需要進行選擇。

29-4-2　開始燒機測試

測試時需要選擇計算的位數，這裡為了便於檢視結果，使用了 1M 計算量。各位在燒機時可以選擇更大的計算量，如 16M 或 32M。透過 16M 的計算量，說明電腦比較穩定；若能透過 32M 計算量則說明電腦有較好的穩定性。

☞ 操作：燒機

1M 計算量常用來測試電腦效能，所用時間越短說明電腦越快。

- ❑ 軟體名稱：Super Pi
- 下載網址：http://www.superpi.net/Download/

❶ 單擊「Calculate」按鈕。

❷ 選擇計算量。

❸ 單擊「OK」按鈕。

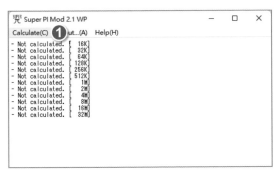

▶ 選擇計算量

④ 單擊「確定」按鈕，開始測試。

⑤ 單擊「OK」按鈕。

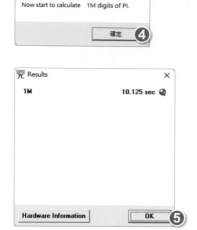

計算中

▶ 完成測試

透過本章的內容，相信你已經了解如何偵測與維護硬體，並學會如何使用工具清理、保養電腦，接著提供常見故障的檢測與排除方法，讓你能獨立解決電腦的故障問題，最後再使用燒機軟體來檢測新機硬體的穩定性，相信這些工具都會成為你未來 DIY 之路的好幫手。

30 打造穩定的作業系統

作業系統的預設設定能滿足我們多數的使用需求，但是個別差異必然會導致有一些設定與自身的需求不符，這個時候就需要去調整作業系統。本章會涉及許多系統設定，未必都是你需要的，請考慮不同設定的影響範圍，完善自己的作業系統。

30-1　管理電源計畫

作業系統會根據電源計畫控制裝置的供電情況，但是有得有失，例如一直供電雖然方便使用，但是能源消耗就較多。要如何根據自己的情況控制消耗呢？這一節就讓你具備這樣的能力。

30-1-1　設定關閉的時機

如果希望電腦一直運轉，而不是閒置一會就自動睡眠，可以變更一下電源設定，讓裝置永不關閉。

☞ 操作：設定關閉的時機

❶ 按下 Win + I 快速鍵，開啟「系統」設定視窗。

❷ 單擊「電源」項目。

▶ 選擇設定項目

❸ 單擊「螢幕與睡眠」，展開設定選項。

❹ 將「插電時，在下列時間後關閉螢幕」的狀態設定為「永不」；這時「睡眠」狀態會自動變更為「永不」。

▶ 設定裝置關閉時機

30-1-2 變更電源計畫

有的時候可能你需要更細節的調整電源計畫，例如希望硬碟永遠處於工作狀態，這當然有點費電，但能讓電腦最快的進入工作狀態。

👉 操作：調整電源計畫

❶ 按下 Win + S 快速鍵，輸入「編輯電源計劃」關鍵字後，單擊「編輯電源計劃」功能。

▶ 開啟電源計畫

❷ 單擊「變更進階電源設定」。

⊳ 開啟進階設定

❸ 設定硬碟的時間為「0」，此值為 0 就是不關閉，單擊「確定」按鈕。

⊳ 設定時間

30-2　管理與維護硬碟

硬碟算是很常見的裝置，新增硬碟擴充儲存容量，也是常用的升級方法。硬碟在硬體安裝之後，有許多地方需要調整，底下介紹 Windows 提供的磁碟調整技巧。

30-2-1　連接新的硬碟

新的硬碟在安裝之後，需要初始化才能算是被正確辨識。

操作：初始化硬碟

❶ 在開始按鈕上單擊右鍵，執行「磁碟管理」功能。

▶ 開啟磁碟管理

❷ 在未初始化的磁碟上單擊右鍵，執行「初始化磁碟」功能。

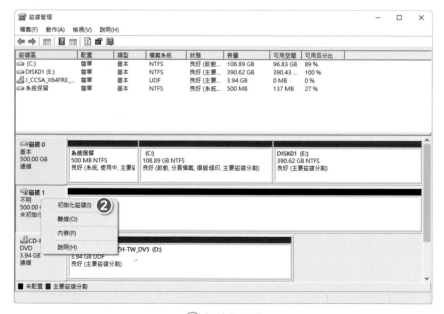

▶ 初始化磁碟

❸ 選擇「MBR（主開機記錄）」選項，單擊「確定」按鈕。

▷ 選擇磁碟分割模式

30-2-2　建立簡單磁碟區

經過初始化的磁碟就可以被正確辨識了，接下來需要將磁碟的空間新增為簡單磁碟區，這個過程確定一些重要的磁碟參數，並格式化磁碟。

☞ 操作：新增簡單磁碟區

❶ 在未配置的空間上單擊右鍵，執行「新增簡單磁碟區」功能。

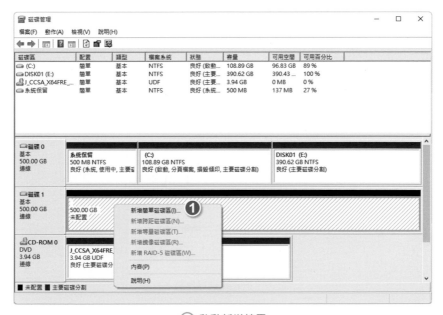

▷ 啟動新增精靈

❷ 了解磁碟區精靈的作用，單擊「下一步」按鈕。

▷ 了解精靈

❸ 將全部或部分空間分配給磁碟區，單擊「下一步」按鈕。

▷ 設定容量

❹ 指定磁碟機代號，單擊「下一步」按鈕。

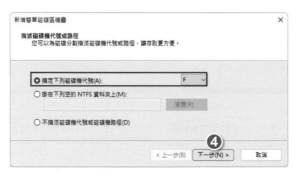

▷ 設定磁碟機代號

❺ 以預設方式格式化磁碟機，單擊「下一步」按鈕。

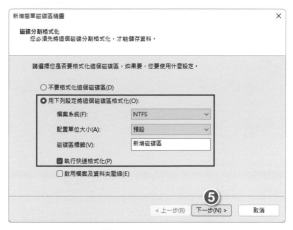

▶ 確認格式化資訊

❻ 單擊「完成」按鈕。

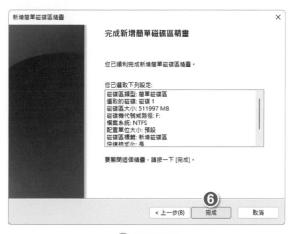

▶ 完成新增

30-2-3　壓縮硬碟

透過上一小節的方法我們新增了一個磁碟區，不過將整個磁碟作為一個磁碟區，實在是有點太大了。解決方法有兩個，一是在建立的時候只分配部分空間，然後重複建立簡單磁碟區的操作；二是在大的磁碟區上壓縮出一部分空間，然後用來建立新的簡單磁碟區。後者操作起來比較麻煩一點，但是壓縮功能是調整磁碟容量的必備技巧，所以我們採用後一種方式來新增其他磁碟區。

☞ 操作：壓縮磁碟區

❶ 在新增的磁碟區上單擊右鍵，執行「壓縮磁碟區」功能。

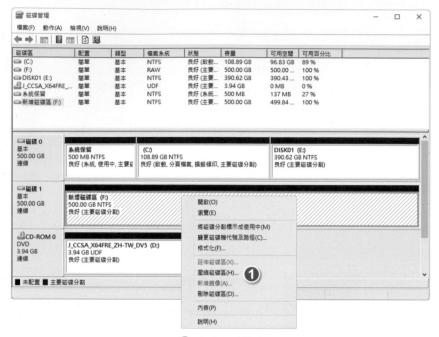

▷ 啟動壓縮精靈

❷ 輸入壓縮的容量，單擊「壓縮」按鈕。壓縮出來的空間也是未配置的，可用它建立簡單磁碟區。

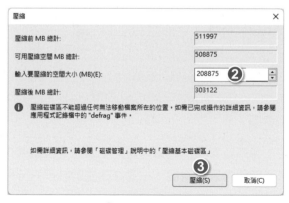

▷ 設定壓縮容量

30-2-4　延伸硬碟

如果某個磁碟區的空間不足了，而相鄰磁碟區還沒有使用或轉移了資料，就可以將同一個硬碟的其他磁碟區刪除為未配置的空間，然後透過延伸磁碟區功能，擴充容量空間不足的磁碟區。

操作：延伸磁碟區

❶ 在準備刪除的磁碟區上單擊右鍵，執行「刪除磁碟區」功能。

❷ 單擊「是」按鈕。

▶ 刪除磁碟區

❸ 在需要擴充容量的磁碟區上單擊右鍵，執行「延伸磁碟區」功能。

▶ 延伸磁碟區

❹ 了解延伸精靈的作用，單擊「下一步」按鈕。

❺ 設定空間用量，單擊「下一步」按鈕。

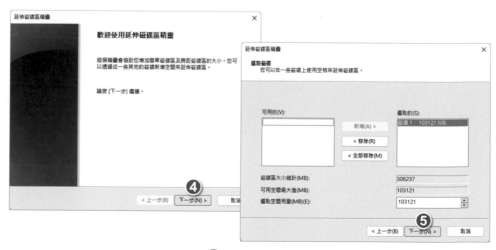

▶ 設定空間用量

❻ 單擊「完成」按鈕。

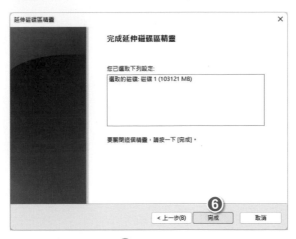

▶ 完成延伸

完成磁碟區調整後，可用資料夾重新命名的方法，對磁碟機重新命名。明確的磁碟機名稱將有助於後續管理。

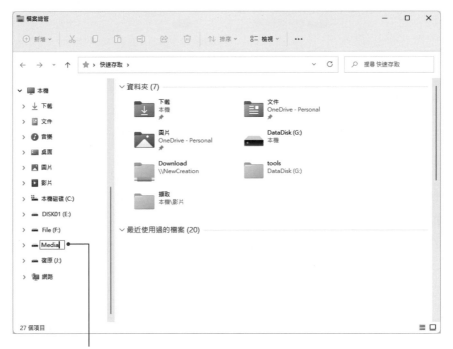

重新命名的磁碟機

30-2-5　設定磁碟配額

為了防止磁碟空間被超量使用，可以為磁碟機設定使用配額，當所用容量接近限額的時候就會提醒使用者，而超量使用會被阻止。

☞ 操作 1：對所有使用者的限制

❶ 在磁碟機上單擊右鍵，執行「內容」功能。

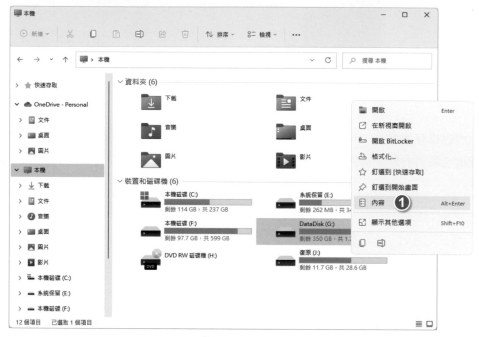

▶ 開啟內容視窗

❷ 切換到「配額」頁籤。

❸ 單擊「顯示配額設定」按鈕。

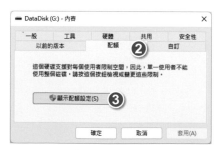

▶ 顯示配額設定

❹ 勾選「啟用配額管理」和「拒絕將磁碟空間給超過配額限制的使用者」核取項。

❺ 選擇「將磁碟空間限制在」選項。

❻ 設定限制的額度。

▶ 設定配額

☞ 操作 2：對特定使用者的配額限制

❶ 在配額項目視窗，執行「配額－新增配額項目」功能。

▶ 新增配額項目

❷ 單擊「進階」按鈕。

▶ 展開進階使用者

❸ 單擊「立即尋找」按鈕。

❹ 選取要限制的使用者帳戶。

❺ 單擊「確定」按鈕。

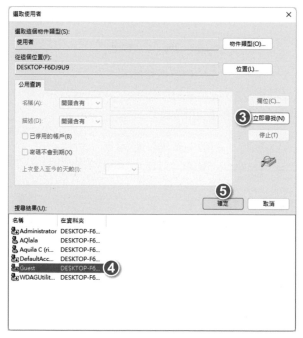

▶ 選取帳戶

❻ 確認帳戶，單擊「確定」按鈕。

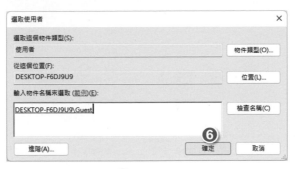

▶ 確認帳戶

❼ 選擇「將磁碟空間限制在」選項。

❽ 設定限制額度，單擊「確定」按鈕。

▶ 設定限制

30-2-6　清理磁碟

使用中的系統會產生一些垃圾檔案，日積月累也會消耗許多磁碟空間。手動清理是很麻煩的，好在系統內建了清理工具，能隨時將磁碟中無用與垃圾檔案給清理掉。

☞ 操作：清理磁碟

❶ 選取要清理的磁碟機。

❷ 單擊「查看更多」按鈕。

❸ 執行「清理」功能。

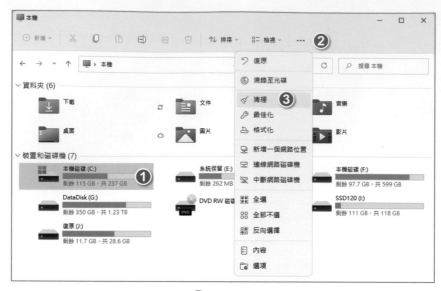

▶ 啟動清理

❹ 勾選要清理的項目後，單擊「確定」按鈕。

❺ 單擊「刪除檔案」按鈕，確定要永久刪除。

▶ 永久刪除檔案

30-2-7　檢查磁碟

在使用過程中，磁碟可能會產生一些邏輯錯誤，這並不是硬體損毀，所以很容易修復。磁碟檢查工具就能幫我們檢查並修復磁碟。

☞ 操作：檢查磁碟

❶ 單擊選取要檢查的磁碟機。

❷ 單擊「查看更多」按鈕。

❸ 執行「內容」功能。

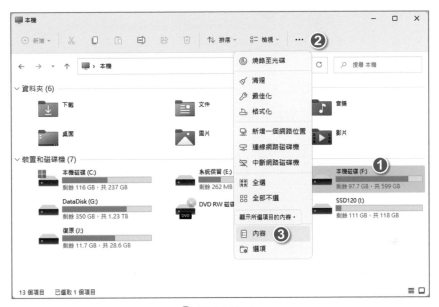

▶ 開啟內容視窗

❹ 切換到「工具」頁籤。

❺ 單擊「檢查」按鈕。

▶ 選擇工具

⑥ 選擇「掃描磁碟機」選項。

⑦ 單擊「關閉」按鈕。

正在掃描

▶ 掃描磁碟機

30-2-8 最佳化磁碟機

在硬碟上，一個檔案可能會被儲存在多個不連續的區域中，這導致硬碟磁頭不能連續讀取，速度就會略慢。最佳化工具就是調整磁區讓檔案儲存在相臨區域，進而提高磁碟讀取效能。

> **深入探討 最佳化磁碟機**
>
> 　　最佳化磁碟機不適用於 SSD 固態硬碟，最佳化的結果非但不會提升效能，還會降低使用壽命。但傳統式硬碟就建議一段時間要最佳化一次，好維持高效的資料存取效能。

☞ 操作：最佳化磁碟機
....
此工具僅適合 HDD 傳統硬碟，SSD 固態硬碟無須使用，以免影響其使用壽命。

❶ 單擊「最佳化」按鈕。

▷ 選擇工具

② 選取磁碟機。

③ 單擊「最佳化」按鈕。

正在整理磁碟機

▷ 最佳化磁碟機

最佳化磁碟機功能是可以設定排程的，單擊「變更設定」按鈕就能選擇執行週期以及要進行最佳化的磁碟機，若沒有頻繁增刪檔案，家用電腦一個月整理一次即可。

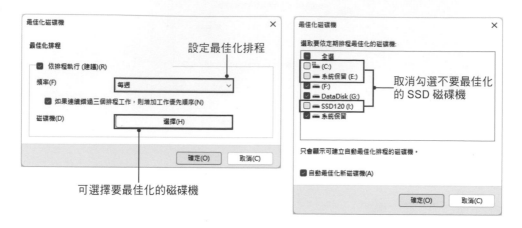

設定最佳化排程

可選擇要最佳化的磁碟機

取消勾選不要最佳化的 SSD 磁碟機

30-3　管理記憶體

記憶體對系統效能的影響是比較大的，為了便於了解和管理記憶體，底下介紹一些檢查以及配置記憶體的技巧。

30-3-1　了解記憶體使用狀況

如果想要了解某個程式耗用的記憶體或目前有多少記憶體可用，可以開啟「工作管理員」檢視。開啟工作管理員的快速鍵為 Ctrl + Shift + Esc。

☞ 操作：檢視記憶體使用狀況

❶ 在工作管理員，單擊「更多詳細資料」。

▶ 展開工作管理員

❷ 切換到「效能」頁籤。

❸ 選擇「記憶體」選項。

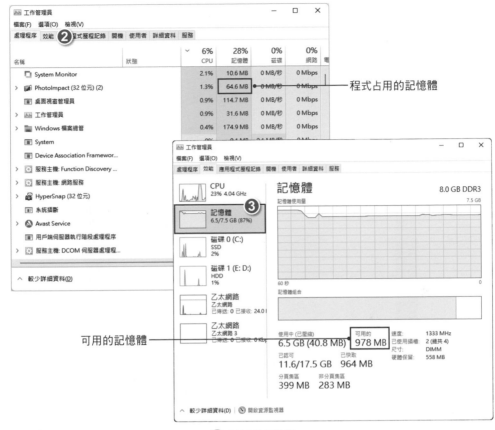

程式占用的記憶體

可用的記憶體

▷ 了解使用狀況

30-3-2 設定虛擬記憶體

虛擬記憶體就是將一部份硬碟空間當作記憶體，以預先讀取一部分可能用到的資料，減少在硬碟上尋找資料的時間。

☞ 操作：設定虛擬記憶體

如果系統磁碟機的空間不夠多，可以參考以下操作，將虛擬記憶體設定在其他磁碟機上。

❶ 單擊「搜尋」圖示。

❷ 輸入程式名稱中的關鍵字,如「進階系統」後,會列出所有符合的項目。

❸ 單擊找到的「檢視進階系統設定」程式。

▶ 開啟進階系統設定

❹ 單擊「效能」下的「設定」按鈕。

▶ 選擇效能設定

⑤ 切換到「進階」頁籤。

⑥ 單擊「變更」按鈕。

▶ 變更虛擬記憶體

⑦ 取消勾選「自動管理所有磁碟的分頁檔大小」。

⑧ 選取系統磁碟機。

⑨ 選擇「沒有分頁檔」選項。

⑩ 單擊「設定」按鈕。

⑪ 單擊「是」按鈕。

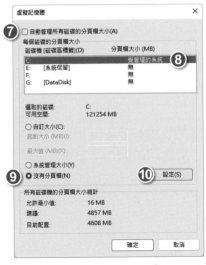

▶ 取消系統磁碟機的分頁檔

⑫ 選取另外一個磁碟機。

⑬ 選擇「自訂大小」選項。

⑭ 設定起始大小和最大值，通常 1000MB 或 2000MB 就足夠了。

⑮ 單擊「設定」按鈕後再單擊「確定」按鈕。

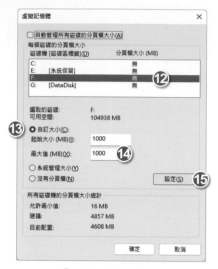

▶ 自訂虛擬記憶體

30-3-3　診斷記憶體

如果感覺記憶體不穩定，但是自己又不能確定是否為記憶體故障，可以使用系統內建的「記憶體診斷」工具掃描一下，如果發現問題可考慮更換記憶體。

☞ 操作：診斷記憶體

❶ 用搜尋程式的方式執行「Windows 工具」（Windows 10 名為：系統管理工具）後，即可在「Windows 工具」資料夾下，雙擊「Windows 記憶體診斷」程式捷徑。

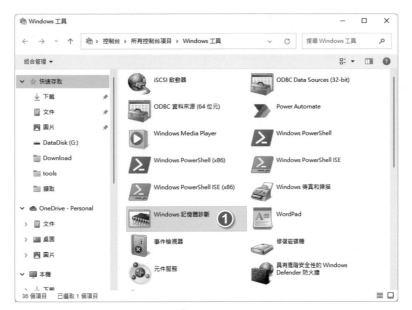

 選擇工具

❷ 選擇「立即重新啟動並檢查問題」選項。

 重新啟動並檢查

檢查會分為兩個階段且耗時較長,中途若感覺電腦沒有什麼反應了,請不要終止檢查,實際上仍在檢查中。

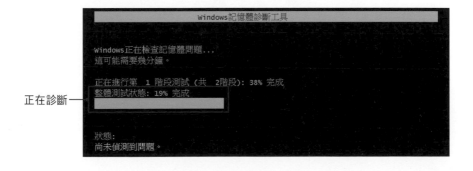

30-4　管理輸入裝置

適宜的調整輸入裝置，可以降低錯誤機率，使輸入更準確。Windows 11 在設定滑鼠和鍵盤時涉及了幾個設定項目，筆者將有關滑鼠和鍵盤的設定內容彙整在此小節，避免大家找不到或找不全設定。

30-4-1　調整滑鼠

滑鼠是最常用的輸入裝置，系統也提供了豐富的設定。你可以根據自己的需要調整主要按鍵、捲動行數或速度等。

☞ 操作 1：調整捲動行數

❶ 在「設定」視窗，選擇「藍牙與裝置」。

❷ 單擊「滑鼠」項目。

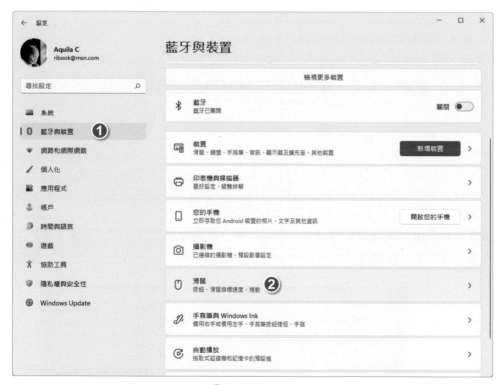

▷ 選擇設定項目

❸ 選擇「一次捲動多行」選項。

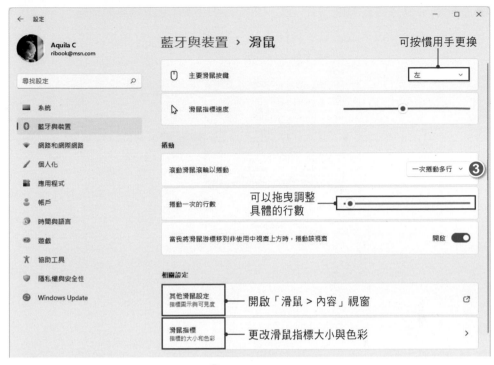

▷ 設定捲動行數

☞ 操作 2：調整滑鼠雙擊速度

❶ 單擊「藍牙與裝置 > 滑鼠」視窗下的「其他滑鼠設定」，開啟「滑鼠 - 內容」視窗，按個人習慣拖曳調整滑鼠雙擊按鍵的速度。

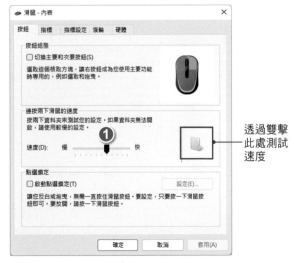

▷ 調整滑鼠雙擊速度

❷ 切換到「指標」頁籤。

❸ 在配置中選擇適宜配置方案,如「放大」可以讓滑鼠指標更大一些。

▶ 放大指標

❹ 切換到「指標設定」頁籤。

❺ 拖曳調整指標移動速度,單擊「確定」按鈕。滾輪的部份在「滑鼠與觸控板」中調節更方便,所以在這裡就不必再進行設定了。

▶ 調整移動速度

在「設定」視窗「藍牙與裝置 > 滑鼠」視窗下單擊「滑鼠指標」，會進入「協助工具 > 滑鼠指標與觸控」設定視窗，從中可設定滑鼠指標大小與色彩。

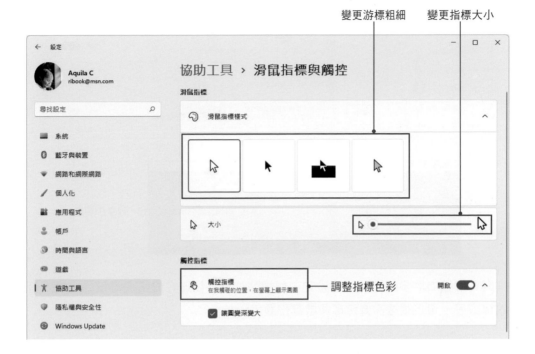

變更游標粗細　　變更指標大小

調整指標色彩

30-4-2 　調整鍵盤

鍵盤需要設定的部份主要是按鍵速度，這影響你的輸入速度和準確度。不過 Windows 11 也新增了許多功能鍵的設定，可按個人習慣與需要進行設定。

☞ 操作 1：螢幕小鍵盤

有觸控螢幕的人，不妨試試螢幕小鍵盤，輸入比較方便，不必配備外接鍵盤。

❶ 從「設定」視窗進入「協助工具」，選擇「鍵盤」選項。

❷ 將「螢幕小鍵盤」設定為「開啟」狀態。

螢幕小鍵盤

輕鬆存取還有許多輔助的按鍵設定，如相黏鍵可以快速完成快速鍵操作、設定音效提醒等，可以根據需要選擇開啟部份設定。

▶ 協助工具下的鍵盤設定項目

篩選鍵可以減少誤觸機率，對於手指不是很靈活的人可能會有幫助。一般人是不需要在這裡調整速度的。

篩選鍵這裡可以精確設定鍵盤反應速度，這一點在其他設定位置是做不到的。只要將「忽略快速按鍵（慢速鍵）」設定為「開啟」，並設定「接受按鍵輸入之前稍候」的秒數即可。

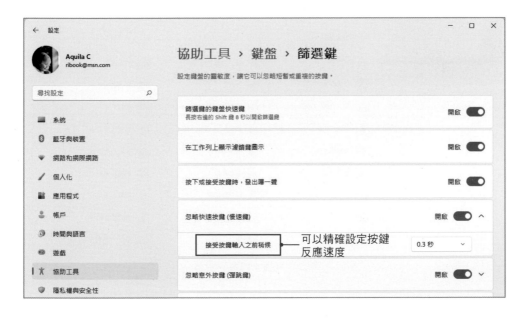

☞ 操作 2：設定鍵盤速度

一般人基本是用不到慢速鍵的，所以設定速度就要到「控制台」。如電子競技可能需要較快速的鍵盤反應速度，就可以在鍵盤視窗進行調整。

❶ 單擊「搜尋」。

❷ 輸入「控制台」關鍵字。

❸ 單擊「控制台」應用程式。

❹ 單擊「鍵盤」功能。

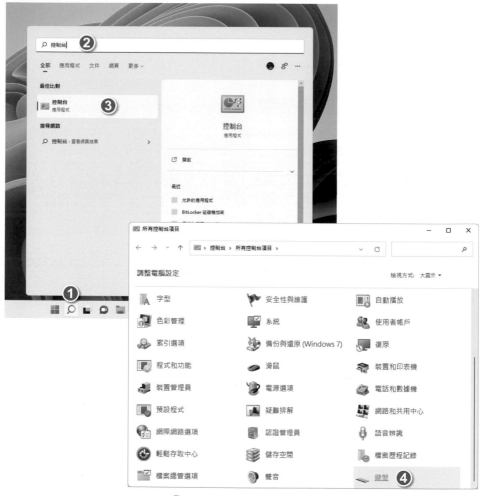

▶ 開啟「鍵盤－內容」視窗

❺ 拖曳調整「重複延遲」。

❻ 拖曳調整「重複速度」後，單擊「確定」按鈕。

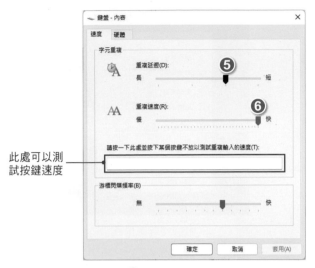

此處可以測
試按鍵速度

▶ 調整速度

30-5　管理輸出裝置

人的眼睛對圖像的感知是有差異的，所以別人看著很舒適的畫面，可能你並不習慣。為了改善這種情況，可以對螢幕進行調整。另外 2K 和 4K 螢幕可能需要更大顯示比例才能適合日常應用，這些都將在本節得以解決。

30-5-1　高解析螢幕應用

2k、4k 高解析螢幕分別是指 2560*1440 和 3840*2160（或更高）的螢幕。在這樣的高解析度下，若螢幕尺寸維持在 27 吋左右，可以看到的文字或圖像只有一般螢幕的二分之一或四分之一。若是購置了 2k、4k 螢幕，若系統無我自動調整，就必須自行調整螢幕的顯示比例。

☞ 操作：自訂螢幕顯示比例

系統以及應用軟體雖然主要是服務多數人，但開發的時候很難面面俱到，好在 Windows 11 有貼心的自訂顯示比例功能，讓有特殊需求的用戶也能自行調整至舒適的顯示比例。

❶ 在桌面上單擊右鍵。

❷ 在快顯選單中執行「顯示設定」功能。

▶ 選擇設定項目

❸ 在「顯示器」設定畫面下單擊「比例」功能。

▶ 進階縮放設定

❹ 設定自動縮放大小的比例。

❺ 單擊「套用」按鈕。

❻ 將電腦中尚未儲存的工作檔案儲存完成後,再單擊「立即登出」按鈕。另外,
也可工作告一段落後,再自己手動登出完成套用。

Chapter
30
打造穩定的作業系統

▶ 自訂顯示比例

登出,再登入系統後,就會看見系統自訂顯示比例顯示的結果了。

30-5-2 變更解析度

液晶螢幕是有預設解析度的，在預設解析度下顯示效果最好。然而應用軟體有時會錯誤的把螢幕的解析度改掉，卻沒有自動恢復。遇到這種情況，可以手動調整解析度。

操作：變更解析度

不知道螢幕的預設解析度（也叫最佳解析度）是多少，可以看一下螢幕邊框是否有標示。若沒有，請參考螢幕的說明書。

❶ 在「設定」的「系統 > 顯示器」視窗中，單擊展開「解析度」功能選單。

❷ 選擇合適的解析度。

系統偵測到的最佳解析度

▶ 變更解析度

若解析度設定錯誤，造成螢幕無法顯示，可以進入安全模式下重新設定。

30-5-3　調整螢幕

色彩差異會影響視覺體驗，可是一般的人很難用肉眼進行色彩調整。好在系統提供了校正工具，用它就可以輕鬆改善視覺體驗。

👉 操作：校正螢幕

❶ 在「設定」的搜尋框中輸入「校正顯示器色彩」後，單擊「校正顯示器色彩」功能。

❷ 閱讀歡迎訊息了解精靈的基本作用，單擊「下一步」按鈕。

❸ 接下來會提示基本色彩設定的注意事項，單擊「下一步」按鈕。

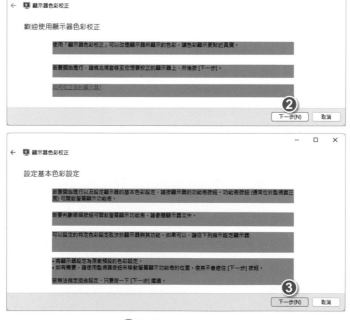

▶ 啟動校正色彩精靈

④ 檢視適中的色差補正參考圖片。

⑤ 拖曳調整色差補正。

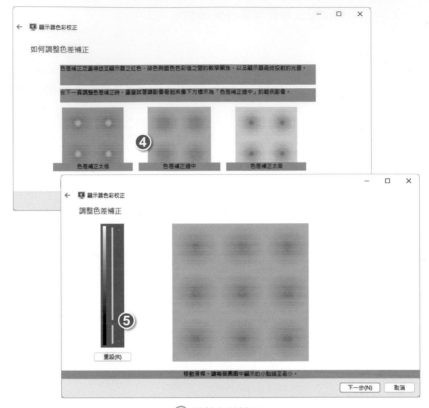

▶ 調整色差補正

⑥ 單擊「跳過亮度與對比調整」按鈕。

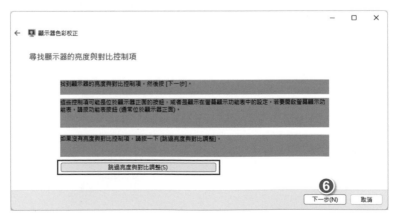

▶ 跳過亮度與對比調整

❼ 檢視中性灰的參考圖片。

❽ 拖曳調整色彩平衡。

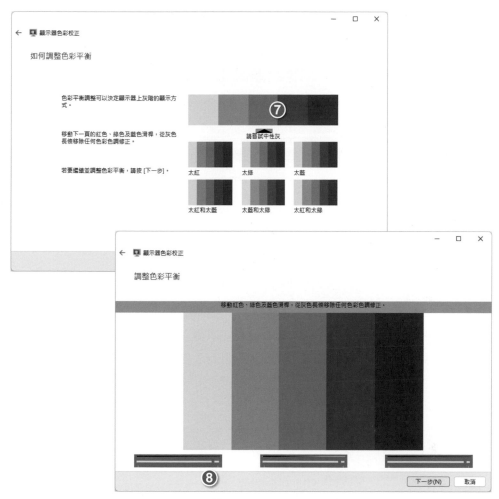

⊳ 調整色彩平衡

⑨ 單擊「完成」按鈕。

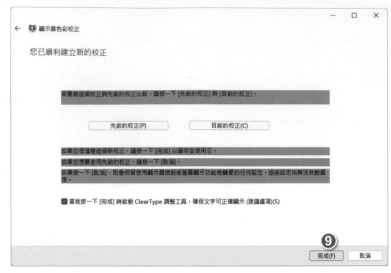

▷ 完成設定

30-5-4　調整文字

在校正色彩之後，會自動彈出 Clear Type 文字調整精靈，此精靈之作用是改善文字的顯示效果。若不小心關閉了精靈，可以到「顯示」視窗它。

☞ 操作：Clear Type 文字調整

❶ 勾選「開啟 Clear Type」核取項，單擊「下一步」按鈕。

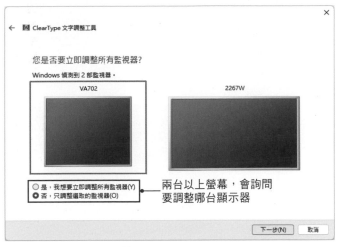

兩台以上螢幕，會詢問
要調整哪台顯示器

▶ 開啟 Clear Type

❷ 在接連出現的四幅圖片中分別選出看起來最舒適的文字。

▶ 選擇文字效果

❸ 單擊「完成」按鈕。

▶ 完成設定

30-5-5 調整多顯示器與開關夜間光線

越來越多人使用多螢幕操作環境，在使用前必須調整好各顯示器的位置，並設定好主顯示器。

☞ 操作：調整多顯示器

❶ 在「顯示器」設定畫面下，左右拖曳調整顯示器至正確位置。

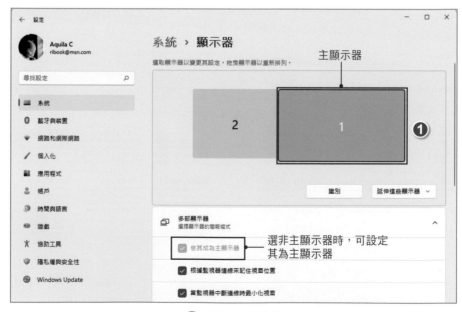

▶ 調整顯示器位置

❷ 單擊「開啟」「夜間光線」。

❸ 單擊「展開」夜間光線設定項目。

❹ 調整光線強度。

❺ 單擊「開啟」排程夜間光線功能,然後「展開」設定項目。

❻ 選擇自己「設定時間」。

❼ 設定開啟夜間光線的時間段。

▶ 設定與調整夜間光線

30-5-6　新增字型

應用程式所用到的字型都是儲存在系統的字型資料夾,如果需要安裝字型,可在選取的字型檔案上單擊右鍵執行「顯示其他選項」功能,再執行「安裝」功能,字型就會被複製到系統的字型資料夾並完成安裝。

從控制台可以進入「字型」視窗,直接將要安裝的字型拖曳到字型區域也可以完成安裝。這裡主要是檢視已經安裝了哪些字型。

30-5-7　選擇顯示效果

若電腦比較老舊執行作業系統不太流暢，可以考慮降低顯示效果以改善系統效能，具體操作方法如下。

☞ 操作：套用最佳效能

❶ 按下 Win + S 快速鍵，輸入「進階系統」關鍵字。

❷ 單擊執行搜尋到的「檢視進階系統設定」功能。

▶ 開啟「系統內容」視窗

❸ 單擊「效能」右側的「設定」按鈕。

▶ 開啟「效能」視窗

❹ 選擇「調整成最佳效能」選項，單擊
「確定」按鈕。

設定最佳效能

30-5-8 螢幕投影放映選擇

當我們需要將主顯示器的螢幕畫面投影片其他螢幕上，可按下 Win + P 快速鍵，
從彈出的「投影」工具欄選擇投影方式。這裡提供了四種配對方式：「僅電腦螢
幕」或「僅第二個螢幕」只會用到一個螢幕顯示內容；「同步顯示」是兩個螢幕
顯示一樣的內容；「延伸」是第二個螢幕顯示第一個螢幕超出的部分。

有四種投影方式可以選擇

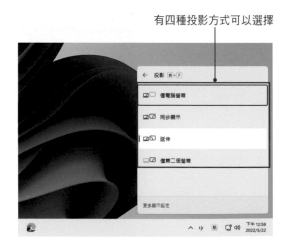

在「顯示器」設定畫面下，也有與多螢幕相關的設定；設定前需先選取延伸顯示器。

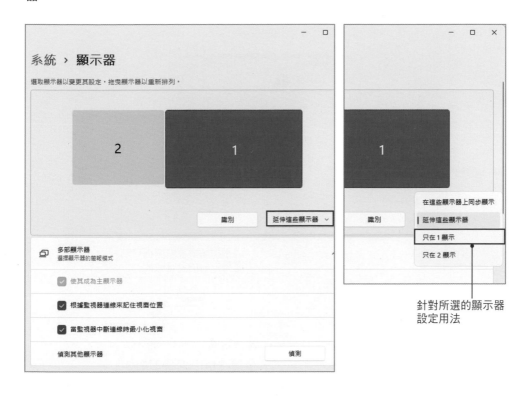

針對所選的顯示器設定用法

30-6　進一步加快啟動

電腦啟動快慢與硬體有關，與系統設定也有關係。在硬體無法升級的情況下，適當調整設定，會讓電腦啟動更快。

30-6-1　設定開機選項

調整開機選項可以增加開機時使用的硬體資源，這不需要任何投入，只是簡單修改一下即可達到加快開機的目的。

☞ 操作：調整開機選項

❶ 按下快速鍵 Win + R，在「執行」方塊輸入 msconfig 指令，單擊「確定」按鈕。

▶ 開啟「系統設定」視窗

❷ 單擊「進階選項」按鈕。

▶ 開啟進階選項

❸ 勾選「最大記憶體」核取項，單擊「確定」按鈕。

▶ 調整硬體資源

30-6-2 設定開機啟動的程式

有些程式並不是經常用到，那麼它隨開機啟動就意義不大，可以將這類程式從開機啟動程式中去掉，以加快開機。

☞ 操作：停用開機程式

❶ 按下 Ctrl + Shift + Esc 快速鍵，開啟「工作管理員」，切換到「開機」頁籤。

❷ 選擇程式。

❸ 單擊「停用」按鈕即可禁止它隨著開機啟動。

▶ 停用開機程式

30-6-3 免密碼自動登入系統

家中的電腦一般不會有人亂動，可以取消登入密碼，以加快開機速度。如果是辦公室或其他場所，請不要這樣做，以免帶來安全風險。

👉 操作：取消登入密碼

❶ 按下快速鍵 Win + R 開啟「執行」方塊，輸入指令 control userpasswords2，
單擊「確定」按鈕。

▶ 開啟「使用者帳戶」視窗

❷ 選取帳戶。

❸ 取消勾選「必須輸入使用者名稱和密碼，才能使用這台電腦」核取項。

▶ 選擇帳戶

❹ 輸入帳戶的密碼並確認，單擊「確定」按鈕。

▶ 確認帳戶密碼

30-7　減少效能消耗

開機的時候系統會載入自動狀態的服務，這些服務也會消耗一定資源，如果你是對每一分消耗都錙銖必較的使用者，可以嘗試調整它們，來降低資源消耗。

30-7-1　檢視服務狀態

工作管理員的「服務」頁籤會列出系統中的服務，並顯示服務的狀態。「執行中」的服務會消耗資源；「已停止」的服務就不會消耗什麼了。

服務頁籤　服務的狀態欄

可開啟服務視窗

30-7-2　設定服務啟動類型

隨開機啟動服務都是「自動」類型，如果設定成手動，就只有在使用的時候才會啟動，也就沒什麼浪費了。由於系統功能是依賴服務工作的，所以不能全部停用，下面列出的幾個服務通常是可以關閉或設定手動狀態的。

- **Remote Registry**：本服務允許遠端使用者修改本機登錄檔，建議關閉。

- **Secondary Logon**：本服務替換憑證下的啟用程式，建議一般使用者關閉。

- **SSDP Discovery**：本服務啟動家用網路上的 UPNP 設備，建議關閉。

- **IP Helper**：如果你的網路通訊協定不是 IPV6，建議關閉此服務。

- **IPsec Policy Agent**：使用和管理 IP 安全性原則，建議一般用戶關閉。

- **System Event Notification Service**：記錄系統事件，建議一般使用者關閉。

- **Print Spooler**：如果你不使用印表機，建議關閉此服務。

- **Windows Image Acquisition (WIA)**：如果不使用掃描器和數位相機，建議關閉此服務。

- **Windows Error Reporting Service**：當系統發生錯誤時提交錯誤報告給微軟，建議關閉此服務。

操作：設定服務類型

❶ 在「服務」視窗，雙擊準備調整的服務。

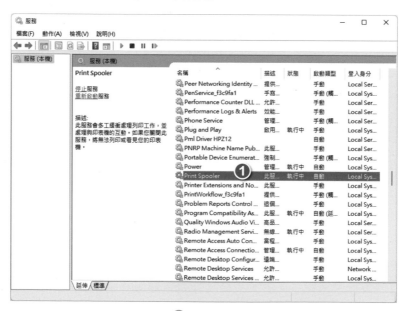

▶ 選擇服務

❷ 將啟動類型設定為「手動」，單擊「確定」按鈕。

(▶) 設定啟動類型

30-8　管理應用程式

借助程式自身功能和系統工具，可以完全控制電腦上的應用程式，如移除它們或
是強制關閉程式，甚至讓它們在指定的時間執行。

30-8-1　移除功能或程式

在「程式和功能」視窗可以移除安裝在電腦上的應用程式。其實這個移除過程是
使用應用程式自己附帶的移除功能，系統只是把它們整理到一起方便你移除。

☞ 操作：移除程式
....

❶ 按下 Win + I 快速鍵，在「設定」畫面下選擇「應用程式」。

❷ 單擊「應用程式與功能」。

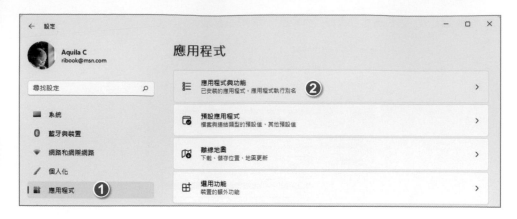

❸ 單擊要解除安裝之應用程式的「更多」按鈕。

❹ 單擊「解除安裝」按鈕。

❺ 單擊「解除安裝」按鈕,確定要移除程式。

▶ 移除程式

30-8-2　結束正在執行的程式

如果某個程式耗用資源較多，而你暫時用不到它就可以關閉程式，程式出錯處於沒有回應狀態時，也可以用下面的方法結束。

👉 操作：強制結束程式

❶ 選取程式。

❷ 單擊「結束工作」按鈕。

▶ 結束程式

30-8-3　程式工作排程器

並不是所有的程式都有排程功能，可有時候我們希望程式可以定期執行或在指定的時間執行，就要用到系統的排程工具。

👉 操作：排程程式

❶ 按下 Win + S「搜尋」快速鍵。

❷ 輸入要搜尋的關鍵字：工作。

❸ 單擊搜尋到的「工作排程器」應用程式。

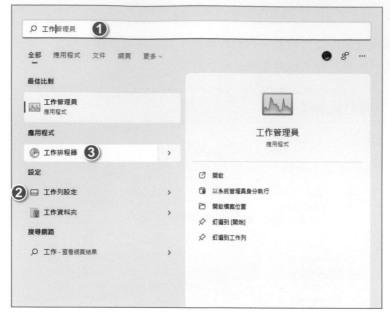

▶ 啟動工作排程器

❹ 選擇「建立基本工作」選項。

▶ 啟動排程精靈

❺ 輸入名稱，單擊「下一步」按鈕。

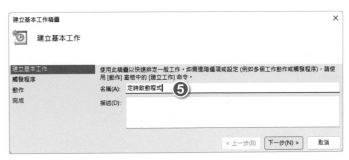

▷ 設定名稱

❻ 選擇執行週期，單擊「下一步」按鈕。

▷ 選擇執行週期

❼ 設定執行的日期和時間。

❽ 單擊「下一步」按鈕。

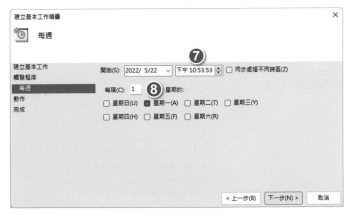

▷ 設定時間

❾ 選擇「啟動程式」選項，單擊「下一步」按鈕。

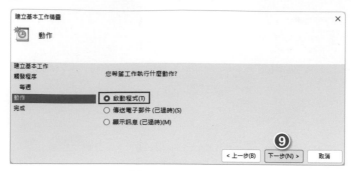

▶ 設定程式的動作

❿ 輸入或瀏覽程式位置，單擊「下一步」按鈕。

▶ 設定程式路徑

⓫ 單擊「完成」按鈕。

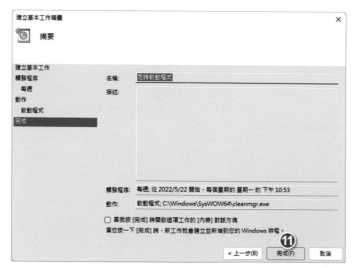

▶ 完成排程

30-9　進階管理常用的系統工具

群組原則、登錄檔和事件檢視器光聽名字就已經很進階了，它們確實可以幫你做許多事，如解決惡意篡改、深挖系統功能或發現系統問題等等。接下來就為你介紹這幾個進階工具的使用技巧。

30-9-1　備份登錄檔

登錄檔控制著程式和系統的運行，若出現錯誤就可能導致系統崩潰，所以在修改之前應進行備份。

☞ 操作：備份登錄檔

❶ 按下快速鍵 Win + R 開啟「執行」方塊，輸入 regedit 指令，單擊「確定」按鈕。

▶ 開啟登錄檔

❷ 在準備修改的機碼上單擊右鍵，執行「匯出」功能。執行「檔案－匯出」功能則可備份登錄檔的全部內容。

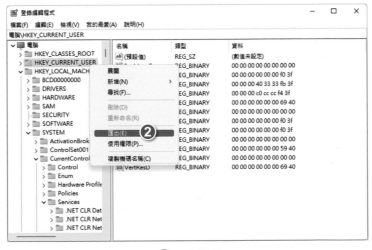

▶ 匯出機碼

❸ 輸入容易辨識的名稱，單擊「存檔」按鈕。如要恢復，雙擊儲存的檔案即可。

▶ 儲存備份

30-9-2 修改登錄檔

備份登錄檔之後，就可以著手修改了。接下來就以修改 Windows 11 更改後，為人所詬病的快顯選單功能，因為它稱其為了簡潔與美觀，將一些常用的功能都隱藏了，使用者就得多一層手續才能執行。

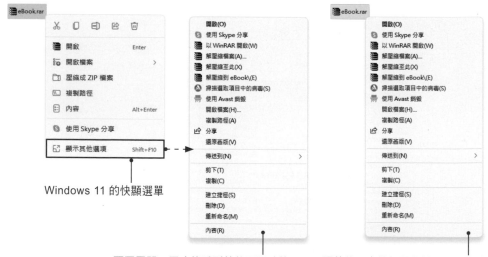

Windows 11 的快顯選單

要再展開一層才能看到其他可用功能　　　　調整後，直接打開的快顯選單內容

☞ 操作：修改登錄檔

❶ 執行「編輯 > 尋找」功能，尋找 CLSID 機碼。具體位置如下：

電腦 \HKEY_CURRENT_USER\SOFTWARE\CLASSES\CLSID\

❷ 在 CLSID 機碼上單擊右鍵。

❸ 執行「新增 > 機碼」功能。

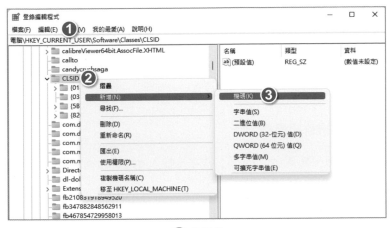

▶ 選擇值

❹ 新增的機碼為：{86ca1aa0-34aa-4e8b-a509-50c905bae2a2}

❺ 再於新增的機碼下新增另一機碼：InprocServer32

❻ 雙擊 InprocServer32 機碼中的「預設值」，開啟「編輯字串」視窗。

❼ 直接單擊「確定」按鈕，不須編輯字串內容。

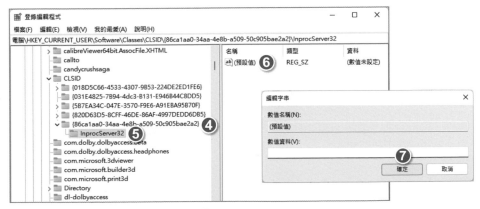

▶ 設定數值資料

如果想要恢復到 Windows 11 預設的快顯選單模式，只要刪除掉新增的機碼即可，或是雙擊修改前備份的登錄表檔案。

30-9-3　編輯本機群組原則

過往 Windows 多次因為更新造成系統無法開機或不穩定的災情，因此停用更新以確保系統穩定與相容性的需求開始出現。Windows 11 雖然以提供延後更新功能，但若想完全停掉更新，改由自己按需要手動更新的話，可透過編輯本機群組原則的方式達到目的，然而要注意的是，系統遲遲未更新到最新狀態，有可能會因系統漏洞而造成資安問題。這裡僅以停用更新為例，示範使用編輯本機群組原則的方法。

📑 操作：修改本機群組原則

❶ 按下快速鍵 Win + R 開啟「執行」方塊，輸入 gpedit.msc 指令，單擊「確定」按鈕。

▶ 開啟編輯器

❷ 逐層展開「電腦設定 > 系統管理範本 > Windows 元件 > Windows Update > 管理使用者體驗」。

❸ 雙擊「設定自動更新」。

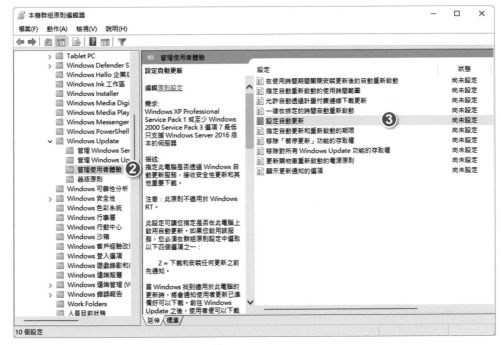

▶ 選擇設定項目

④ 選擇「已停用」選項，再單擊「確定」按鈕。

▶ 設定頻率

30-9-4 稽核與事件

如果感覺系統不是太穩，可以用事件檢視器看看近期有哪些失敗的系統事件，然後再嘗試解決。如此一來在抓問題的時候，就不會有如大海撈針般浪費許多時間了。

☞ 操作：建立稽核

❶ 按下 Win + S 快速鍵，輸入「事件」關鍵字。

❷ 單擊搜尋到的「事件檢視器」應用程式。

▶ 啟動事件檢視器

❸ 選擇「建立自訂檢視」選項。

▶ 啟動自訂檢視

❹ 設定事件等級。

❺ 選擇事件記錄器。

❻ 選擇關鍵字，單擊「確定」按鈕。

(▶) 設定檢視條件

❼ 輸入檢視的名稱，單擊「確定」按鈕。使用的時候雙擊這個檢視就會列出符合條件的所有事件。

(▶) 設定名稱

每個工具都有許多用途，書中也只是介紹其中一些典型的應用技巧。學習之後，自己多多研究將會有更多發現。

31 電腦組裝 DIY 技巧與配置

經過各章的介紹後，本章便是從理論走向實戰，實際了解應從何時、何地購買到最超值的電腦裝置。本章將從硬體採購指南、裝機必備軟體等方面為你做最後的補充，唯有完整掌握 DIY 的採購、組裝技巧，才能在實戰中更加得心應手。

31-1　DIY 採購技巧

採購硬體的過程中，除了要對硬體有基本的認識外，還需要熟悉各種供貨的商家及殺價、檢測等相關知識，才能買到物美價廉的產品。以下將從硬體的購置出發，為你介紹各種採購時的基本技巧。

31-1-1　選擇合適的賣場

硬體的價格、服務和品質是購買硬體實戰中必須注意的三大問題。

採購場所	價格	服務	品質	注意事項
知名 3C 賣場	殺價空間大	退換方便	參差不齊	裝機時請殺價高手和電腦高手陪同
地域性店面	價格較高	親民但品項少	較難保證	僅採購日常常見小元件
知名線上購物網站	價格較低	不親民但品項齊全	品質平穩	運費可能會抵消價格優勢

價錢

購買硬體時，最好能事先透過網路了解各項硬體元件當天的報價。由於受到廠商庫存量的影響，電子產品的價位幾乎每時每刻都在變動，所以不同的地方，硬體報價往往會有不小的差異。如台北、台中、高雄等地的建國商場、光華數位新天地、三創數位生活園區等等，往往同一件硬體的價格就會相差數十甚至數百塊之多。

除了到電子街或電子商場直接購買硬體外，目前也興起到大型購物網站購買商品的途徑，如 PCHome 線上購物或原價屋、蝦皮等；這些購物網站上的產品都會有清楚的標價，因此你可以在反覆比價後，挑選出售價最低、服務最好的產品。

光華數位新天地

PCHOME 線上購物

服務

售後服務也是選購硬體時的重要考量。一旦使用中出現故障，坊間的維修站多半僅能檢測出硬體的錯誤所在，很難在短時間內對有故障問題的硬體進行修復。因此唯有具備廠商保固的售後服務，才能安全又有效率的協助你完成硬體的維修作業。

硬體的售後服務也跟品牌、產品類型有關,有的品牌提供三年保固,而有些甚至提供到府維修、終身保固等;這些售後服務不會因為購買途徑的不同而受到影響,所以無論你是從實體店家購買還是從線上購買,享有的保固服務都是一樣的。此外,大型硬體製造商在全台均設有專門的維修站,方便消費者享受售後維修服務。

▶ 線上購買的硬體同樣能享有保固服務

商品品質

品質與品牌也有很大的關係,購買時可認明較有口碑的大廠品牌,於品質上較有保障。另外要注意的是,在採購時不可一味追求低價位,因為有些黑心商家可能會為了利潤,而瘋狂推銷低價位的雜牌產品,此時千萬不能輕易上當!

31-1-2　擴充性真的重要嗎？

購買硬體時，應根據使用需求考量硬體的擴充性及升級性，以 M.2 規格為例：若擁有或將要購買 M.2 SSD 裝置，那麼在裝機時就要考慮主機板支援的規格，如支援 Gen3 卻買 Gen4 的 M.2 SSD，就無法完全發揮 Gen4 的效能了。若根本沒有此類裝置，就可迴避支援此技術的主機板，因為主機板上支援的每一項技術，都是由消費者付錢的。

硬體升級

目前許多新推出的應用程式或遊戲，對硬體效能的要求不斷提升。如果你是遊戲玩家，這種感覺也會更加明顯，例如以前可能只要 4 GB 記憶體就足以執行大部分的遊戲；但現在遊戲對記憶體的需求往往為 8 GB 以上、夠力的獨立顯示卡等等，迫使玩家不得不跟隨著這股升級的潮流不斷升級自己的電腦。

▶ 炫麗的畫面及特效讓遊戲對於硬體的要求越來越高

升級硬體一般有兩種方式：一是額外增加硬體，如增加記憶體容量；二是將舊式硬體淘汰換新，例如，以高階顯示卡替換中低階顯示卡等。如果組裝時沒有考慮硬體升級的可能性，等到真正需要時，原有的主機板可能不支援高階顯示卡或新的記憶體規格，導致整台電腦也必須一併更新，反而增加了額外的支出。所以在購買前，你應該對電腦的汰換時間有所規劃。例如，兩年就汰換，則沒有必要考慮擴充性，因為新買的電腦在兩年內多半不需要升級也能滿足需求；若三年或更久才會考慮汰換電腦，則應選擇有較大升級空間的硬體配備，這期間很可能因硬體能力不足，而更換某些元件。

擴充性

假如日後要增加安裝獨立顯示卡、硬碟等裝置，是否有足夠的擴充插槽供它們使用呢？電腦的擴充性主要由主機板決定，例如常見的 PCIe、M.2、USB 連接埠等，其數量與類型會根據不同廠牌而有所差異，你可以根據日後的需要進行選購，以免因插槽不足帶來擴充上的困擾。

31-1-3　量體裁衣不追新

最新等於最好？有些新產品在效能方面確實十分出色，且一般都改進了舊有硬體的缺失，但這裡並不推薦初學者一味追求最新科技，除了新技術商品過高的價位外，與其他裝置也可能存有相容上的問題。以下將就「價位」與「品質」兩方面為你分析一些選購時需要注意的事項。

價位

新技術產品的效能確實無可挑剔，但其價位卻也是令人不敢恭維。如果預算並不寬裕，切記不要搶在新品剛上市發售時就急於購買；由於 3C 產品跌價快，通常只要熱潮一過、成熟期到來，價格自然就會回歸基本盤，屆時就不必怨嘆自己多花冤枉錢了！

品質

正常來說新品的品質應該是極佳的，但也有可能會遇到過渡期產品，若其發展前景無法被廣大消費者或廠商所接受，一段時間後往往就會無疾而終，最明顯的例子就是一度與 Blu-ray Disc 平分秋色的 HD DVD，因產業標準競爭失敗，早已退出市場。

31-1-4　壓價與談判

在實體店家購買裝置時，殺價往往是省錢的最後一步，但在談妥價錢之前，你還可以藉由比價的方式對市價有更多的了解。以下介紹比價和殺價的一些小技巧，讓你買的開心、用的放心。

多比價

購買硬體時可以多看幾家店，詢問各家販售的最低價格。不同經銷商對同樣產品的進貨價格不一定相同，透過口頭詢問和比較，各家價格誰高誰低就很清楚。

購買之前，還可以利用原價屋提供的估價網站進行評估，了解各處的價格是否
划算。

原價屋線上估價：http://coolpc.com.tw/evaluate.php

在眾多店面中貨比三家是不吃虧的必勝法門

殺價

銷售商提供的價格並不一定是產品的最低價，除了先查詢上面介紹的估價系統
外，此時可以使用一些小技巧套出產品的最低價錢。這些技巧大多得靠個人的殺
價經驗，例如可以利用「我剛剛在別間問到最便宜的價格是多少⋯」來引出底價；
或是挑選人少時再前往購買，如此一來店家會較有時間與你溝通，只要口氣平
和、避開沒有權限的工讀生，即可探知店家的價格底限。為了讓殺價技巧更加爐
火純青，在出門前上網了解硬體資訊，或是到網路上先查詢該硬體的最低行情，
這樣就可以更有自信地與商家討價還價。

選購硬體時，在同一間可靠的商店內買齊所有產品，往往可以比分別在數家採購
更為省錢，由於購買量大，也有較好的議價空間。

▶ 一次購買所需硬體會有更好的議價空間

此外，經銷商所定的價位與廠商間往往會有一定的出入，俗話說：「買的玩不過賣的」，店員每天要面對大量的客戶，其實對買方的心理已經有相當的研究，因此也不必每件商品都用最低價買到。如果自認不是舌燦蓮花的殺價高手，不妨選擇一間可靠的商店統一購買需要的產品，雖然不是最便宜的價格，但起碼會合理許多；也可以多詢問資深店面的報價，其價位和行情多半比較吻合，畢竟人家也是做口碑的！

31-1-5　退換貨與保固

任何一款產品都需要有退換貨及保固條款，消費者於購買時務必要詢問清楚。盒裝與散裝的硬體，其售後服務也不盡相同，這也是購買時就應該了解清楚的事項。

此外若是在網路上購買的商品，按照消費者保護法在七天之內，可享受無需任何理由免費退換的服務。但需要注意的是，如果是在實體店家購買的商品，拆封後除非有非人為的故障，否則不予更換；硬體的保固一般都至少在一年到三年之間，保固的更換方式也要注意，例如：保固是保換「新品」還是「良品」等區別。

購買電腦時，經銷商有時還會贈送鍵盤、滑鼠及耳機等配備，按照交易習慣，這些贈品一般均不予保固或僅有三到六個月的保固期；如果你不需要這些低價的配備，不妨要求折抵價錢，自己再另行購買這些鍵盤等周邊裝置。

ⓟ 贈送鍵盤和滑鼠是很常見的促銷手段

31-2 主機配置參考

採購硬體前，首先應該清點自己準備購置哪些裝置，並預估整體金額，所以出門前，你可先整理並列出一份採購清單，以便對性能和價格等做一番比較。

需要什麼功能？

不同的需求會影響所要購入的硬體等級，家裡應用比較少，買高階 CPU 和顯示卡也沒有價值。實際上任何一款 CPU 和顯示卡都能滿足上網和追劇、看影片的需要，又何必浪費呢？

效能與價格比

許多不同品牌的產品都標榜有類似的功能，但在實際的效能上卻各有差異，如 i3/i5/i7 處理器，雖內建顯示晶片，宣稱支援高清晰影音播放等，但實際效果則遠遜於配備獨立顯示卡的電腦，這時就需要依據你的需求進行商品比較！首先將符合需求的零件填入清單，然後再根據效能進行配置調整，如硬體間支援與否、是否可完全發揮裝置效能等，如此一張既符合需求，又具備高 CP 值的採購清單就完成了！

下表是一個簡易的採購清單，讀者自製時不妨參考使用：

店名 _____ 日期 _____

零組件	產品名稱	數量	價格（新台幣）
CPU			
RAM			
主機板			
顯示卡			
螢幕			
系統碟			
資料碟			
卡			
機殼			
電源供應器			
鍵盤			
滑鼠			
印表機 / 事務機			
作業系統			
價格加總：			

完成採購清單後，接著即可開始實際的硬體選購，下面為大家列舉目前網路上較流行的配備清單，以供大家參照。不過由於硬體的價格變動較為頻繁，因此你若想要獲得最新、最即時的資訊，可以參考以下的網站：

🔘 ▸ 原價屋線上估價：http://www.coolpc.com.tw/evaluate.php

31-2-1　萬元低價上網機

輕度使用者可選用經濟實惠的主機配置，也能把價格壓低在萬元以下（不含螢幕約一萬元），這種配置已可滿足上網瀏覽看影片、線上會議、遠距教學、日常文書辦公和網路遊戲的需求，如果是供家中使用，建議配置 1920×1080 FHD 高解析且在 24 吋以下的螢幕，這樣影像與文字顯示效果較能兼顧，免得解析度太高文字顯得太小。例如下表的配置方式：

零組件	產品重點規格	數量	價格
CPU	Intel Pentium Gold 7400	1	約 2800
主機板	H610 DDR4（保固三年以上）	1	約 2500
RAM	8GB DDR4-3200	1	約 800
顯示卡	CPU 內建	無	
螢幕	20 吋螢幕	1	約 2500
硬碟	M.2 SSD 512G	1	約 1300
音效卡	主機板內建	無	
網路卡	主機板內建	無	
機殼	ATX 機殼 + 500W 電源 組合	1	約 1900
電源供應器	（包含上一項目）	無	
鍵盤	無線鍵鼠組		約 400
滑鼠	（包含上一項目）	無	0
價格加總：			12,200

零組件	產品重點規格	數量	價格
CPU	AMD Athlon 3000G	1	約 1900
主機板	B450M（保固三年以上）	1	約 2000
RAM	8GB DDR4-3200	1	約 800
顯示卡	CPU 內建	無	
螢幕	20 吋螢幕	1	約 2500
硬碟	M.2 SSD 512G	1	約 1300
音效卡	主機板內建	無	
網路卡	主機板內建	無	
機殼	ATX 機殼 + 500W 電源 組合	1	約 1900
電源供應器	（包含上一項目）	無	
鍵盤	無線鍵鼠組		約 400
滑鼠	（包含上一項目）	無	0
價格加總：			10,800

■ 主要功能：上網、線上會議、遠距教學、聊天、看影片、聽音樂、執行一般文書軟體皆可勝任，還可以玩一些網路遊戲。關於滑鼠、鍵盤，建議在預算充足的情況下，挑選好一點的人體工學鍵盤與滑鼠，好讓自己的雙手得到最好的照顧，這個錢能花就花。

■ 適用族群：學生、上班族、家庭主婦。

以往經濟型電腦常因要求低價而採用前一代的 CPU 與主機板，但在 Intel 12 代 CPU 上市後，建議採用最新一代的 CPU 與主機板，Intel Pentium 雙核心四執行緒已能很好的支援一般應用了，尤其搭配了 M.2 SSD，完全解決硬碟資料傳輸瓶頸造成的效能問題，所以輕度使用者也必要追求更高檔的元件，反而建議將錢花在眼睛看得到的螢幕（抗藍光就可以了）與手接觸得到的鍵盤與滑鼠上，提高觀感與觸感使用品質，讓使用電腦的經驗整個提升起來。

以上配置如預算足夠，還可考慮拉高一個等級，如採用 i3、1TB SSD 或加裝 HDD 資料碟。

31-2-2 經濟實用的網路 / 網頁遊戲機

現在硬體效能強悍，玩網路遊戲並不會需要很高的配置，如上一節推薦上網機就能流暢的玩多數遊戲。但是考慮遊戲發燒友可能會有更高的遊戲需求，這裡再推薦一套較高的配置，有需要者可參考下面清單：

零組件	產品重點規格	數量	價格
CPU	Intel i3-12100（4 核 8 緒）	1	約 4200
主機板	H610 DDR4（保固三年以上）	1	約 2500
RAM	16GB DDR4-3200 (8GB*2)	2	約 1600
顯示卡	Nvida GTX1050TI 4G	1	約 5000
螢幕	20 吋螢幕	1	約 2500
硬碟	M.2 SSD 512G	1	約 1300
音效卡	主機板內建	無	
網路卡	主機板內建	無	
機殼	ATX 機殼 + 550W 電源 組合	1	約 3000
電源供應器	（包含上一項目）	無	

零組件	產品重點規格	數量	價格
鍵盤	無線鍵鼠組		約 400
滑鼠	（包含上一項目）	無	0
價格加總：			20,500

零組件	產品重點規格	數量	價格
CPU	AMD Ryzen R3-4350G （4 核 8 緒）	1	約 4000
主機板	A520（保固三年以上）	1	約 2300
RAM	16GB DDR4-3200 (8GB*2)	2	約 1000
顯示卡	Nvida GTX1050TI 4G	1	約 4500
螢幕	20 吋螢幕	1	約 2500
硬碟	M.2 SSD 512G	1	約 1300
音效卡	主機板內建	無	
網路卡	主機板內建	無	
機殼	ATX 機殼 + 550W 電源 組合	1	約 3000
電源供應器	（包含上一項目）	無	
鍵盤	無線鍵鼠組		約 400
滑鼠	（包含上一項目）	無	0
價格加總：			約 19,000

以上配置的 CPU 都以內含顯示卡，因此在預算考量下可先不買顯示卡，如此約可省下 5,000 元預算，待需要加強顯示效能時再選購合適的顯示卡。

■ 主要功能：此配置已能輕鬆編輯影像與視訊，也可流暢的玩單機和網路遊戲，辦公軟體更是不在話下。

■ 適用族群：上班族、學生、喜歡嚐鮮的 SOHO 族。

Intel i3 核心與執行緒數量雖較 i5 少，但主頻要高於多數的 i5，而遊戲在不太需要多核心的情形下，使用高頻的 i3 更為划算。雖然 i3 內建顯示晶片，但是當玩遊戲變得吃力時，就要考慮配備獨立顯示卡。GTX1050TI-4GB 獨立顯示卡配 i3 與 R3 玩遊戲還是沒問題的，主流遊戲大都能勝任。

31-2-3　專業級的繪圖 / 影片工作機

中高階專業級的繪圖與遊戲機，以至於多媒體剪輯製作等，一定要安裝獨立顯示卡，而高階的顯示卡甚至比 CPU 還要貴，3、4 萬的繪圖專用顯示卡是很常見的，由此也可知道顯示卡在特定專業應用上的重要性，完全按專業應用需求而定，價格跨度很大。以下即提供建議清單供大家參考，一般而言，遊戲或繪圖學習者可選 Geforrce 卡，而 CAD 設計繪圖與專業影片渲染工作者，建議選 Quadro 繪圖卡。

零組件	產品名稱	數量	價格（新台幣）
CPU	Intel Core i9-12900KF	1	約 17000
RAM	32G DDR5-4800（8GB*4）	4	約 6000
主機板	Z690 1H1P/Intel2.5G/WiFi 6E 四年保以上	1	約 10000
顯示卡	Quadro RTX4000 8GB GDDR6 PCI-E	1	約 34000
螢幕	27 吋 2K 國際色彩標準	1	約 10000
SSD 硬碟	2TB M.2 PCIe	1	約 8000
傳統硬碟	6TB SATA3 HDD	1	約 5000
音效卡	主機板內建		
網路卡	主機板內建		
機殼	ATX 水冷散熱器空間	1	約 3000
電源供應器	650W 80 PLUS 金牌	1	約 3000
散熱	水冷式	1	約 3000
鍵盤	機械式鍵盤	1	約 2300
滑鼠	無線、靜音、捕捉精準、中鍵寬大、DPI 可調、自定義按鍵	1	約 800~3500
繪圖板	8192 階壓力感應	1	約 3000~12000
價格加總：			約 105,100 ～ 116,800

- 主要功能：對於重度的繪圖與影片渲染剪輯工作者而言，繪圖專用的 Quadro 顯示卡是必須的，如果想要體驗的是高階遊戲，就請改用 Geforce 系列有光追技術的顯示卡，CPU 則可改用 i7 或 R7 等級，繪圖板就不需要了。

- 適用族群：繪圖與影片渲染剪輯工作者。

滑鼠與繪圖板對繪圖工作者而言是需要長時間接觸與使用的設備，因此在選購上更是重要。滑鼠強調在高 DPI 可調、捕捉精準、中鍵寬大與握感舒適上，因此人體工學滑鼠是首選，甚至可以考慮使用軌跡球，完全不需要動到手腕，但熟悉操作需要一點時間。繪圖板的靈魂所在就是感壓等級了，專業工作者使用 8192 階是必須的。

31-2-4　零組件選購建議與規劃

製作好配置清單後，即可前往賣場準備採購。在購買前，本節提供以下幾點重點建議：

- 購買硬體最好以大廠牌為主，並且盡量選擇向可靠的代理經銷商購買。

- 注意硬體的保固問題，CPU、硬碟、記憶體、顯示卡、主機板等裝置，保固期一般在三年以上。

- 若預算不足，購買硬體時應以主要裝置（CPU、硬碟、記憶體、顯示卡）優先、周邊配備次之為選購原則。

- 滑鼠或鍵盤需要用心挑選。由於二者是人們使用最頻繁的裝置，選用具備人性化設計的產品，在使用中才不會造成手部的傷害。

31-3　電腦周邊設備概覽

組裝好電腦後，可依照個人需求額外添購一些電腦周邊裝置，如隨身碟、印表機、掃描器等。以下將對這些常見的電腦周邊裝置進行介紹。

31-3-1　隨身碟 / 行動硬碟

多媒體技術和網際網路的普及，使得人們之間數位資料的交換越來越頻繁。USB隨身碟或行動硬碟已經成了電腦使用者的必備儲存工具。

USB 隨身碟

小巧輕便，目前已有 1 TB 推出 512GB 以上的產品；隨身碟市場充斥著 USB 2.0/3.0、USB 3.2（Type-C）介面，其中要記得 USB 版本越高，傳輸速率越大，千萬別以價格為第一導向，免得買到傳輸速率極低的舊代產品，傳個大檔會等到

不耐煩。當然,也要注意自己的電腦介面是否有支援,例如支援 USB 3.2 但沒支援 Type-C 時,就不能買 Type-C 的隨身碟,但可以買同時擁有 USB 與 TYPE C 兩種介面的,這樣可用來在電腦、筆電,以及使用 Type-C 介面的平板與手機間使用。

SanDisk、金士頓等大廠的產品,耐用又實惠,於購買時可以優先考慮。

▶ SanDisk Ultra USB Type-C 隨身碟

行動硬碟

容量比隨身碟大上許多,目前已發展至與家用硬碟不相上下的程度;大容量的使用傳統硬碟,用來長期備份資料用,目前有 16TB 一顆的;小容量的使用傳輸速率快、輕且不怕碰撞的 SSD 硬碟,但至少也都是 1TB 起跳。

常見的介面主要有 USB2.0、USB3.0 和 Type-C 等。從外觀上看來,行動硬碟的外型與一般硬碟機相似,常見的有 1.8、2.5 及 3.5 英吋的產品,主要應用於筆電的容量擴充,以及家用資料備份。

WD、創見、威剛等知名廠商,都推出了不少行動硬碟的產品,其產品品質精良,口碑較好,可做為採購的首選。

31-3-2　數位相機與攜帶式儲存裝置

雖然手機也有拍攝功能,但是喜歡攝影的消費者往往會選擇更為專業的數位相機。數位相機的相片品質要遠超過手機,目前高階數位相機拍攝的相片與光學相機也相差無幾,越來越多的人用它從事攝影藝術。如果野外拍攝大量圖片怕相機本身的儲存空間不夠,還可以透過添購儲存裝置的方式解決。

31-3-3　繪圖板 / 手寫板

除了滑鼠與鍵盤外,繪圖板與手寫板更是美工人員常用的輸入裝置;繪圖板和手寫板的原理相同,都是採用感應觸控壓力的方式進行輸入操作。

◎ 繪圖板

適合美工底子深厚的使用者，它可根據筆觸力道的不同，模擬出不同粗細的線條。

Wacom、ACCU 等產品，定位準確且感應靈敏，配備的應用軟體也十分豐富，選購時不妨先到可試用的店家測試看看。

▶ 繪圖板

◎ 手寫板

除了手寫筆外，多半還會搭配無線滑鼠；在功能上，手寫板可以進行文字輸入、游標定位和繪圖等。如右圖中，滑鼠中間的小面板可用於手寫輸入，平時亦可當做一般滑鼠使用。

手寫板廠商有 Wacom、蒙恬等，其產品書寫流暢、精準美觀，是使用者的最佳選擇。

▶ 手寫板

31-3-4 網路攝影機 / 視訊裝置

網路攝影機和視訊裝置的應用日漸普及，如日常生活中的網路聊天、視訊會議、影像電話等，都會使用到這類影音傳送技術。

目前網路攝影機的像素可達千萬以上，具有自動變焦、臉部追蹤以及製作大頭貼等功能；另外網路攝影機多半還會內建一組小型麥克風，讓使用者的聲音可以一併傳送到遠端電腦。

網路攝影機的製造廠商有羅技、創新未來、微軟等，它們的產品影像清晰、準確，是即時通訊的好幫手。

▶ 網路攝影機

31-3-5 多媒體喇叭 / 麥克風

多媒體喇叭與麥克風分別是電腦的音效輸出 / 輸入裝置。

多媒體喇叭　　　　　　　　　　　麥克風　　　附有耳機的防回音麥克風

◎ 多媒體喇叭

多媒體喇叭的材質有木頭、金屬或塑膠等，其材質主要是影響外觀的設計，如塑膠材質的可塑性強，外型多變新穎。多媒體喇叭支援的聲道數是衡量性能的指標之一，目前多媒體喇叭支援的聲道有 2.1、5.1 等多種類型；若想發揮其多聲道的功能，則還需要加上音效卡的支援。一般較知名的多媒體喇叭品牌有 aibo、ATake、Logitech 羅技、金嗓、KINYO 等等。

◎ 麥克風

麥克風的外形多變，一種是搭配耳機使用的麥克風，這類麥克風使用較方便，且可透過旋轉、扭曲麥克風的支架，調整為最佳的說話位置。另一種是獨立式麥克風，具有雜訊消除、靜音切換等功能，其錄音效果也更為清晰。

31-3-6 藍牙裝置

藍牙是一種無線傳輸技術，一般家用裝置的傳輸距離約在 10 公尺以內，最高傳輸速率約為 2.1Mbps。目前藍牙裝置已經被各項裝置廣泛應用，例如：藍牙耳機、藍牙手機、藍牙數位相機等。

藍牙耳機

頸掛式藍牙喇叭

藍牙裝置可在傳輸範圍內與電腦或其他裝置進行檔案交換，但凡是無線傳輸的技術，其安全隱私都是不得不考量的問題。所以購買裝置時最好了解內部的加密功能是否完善，以防使用過程中無線訊號被中途攔截。

購買藍牙產品時，最好能選擇大品牌，品質會較有保障。

31-3-7　掃描器 / 印表機 / 多功能事務機

掃描器、印表機或多功能事務機是辦公室的必備裝置，它們也是電腦常用的輸入、輸出裝置。

掃描器　　　　　　　　　印表機　　　　　　　　多功能事務機

◎ 掃描器

可以將照片、報紙、雜誌，甚至衣物、小型廣告看板進行掃描，並將獲取的影像訊息在電腦中顯示，以便進行編輯或儲存。掃描器的性能參數主要來自於解析度的高低，解析度越高，掃描所得的影像也越清晰，目前 3200DPI 是相當普遍的解析度規格。

掃描器的知名品牌有 HP、EPSON、RICOH 以及全錄等。

◎ 印表機

主要有噴墨式、雷射兩種類型。噴墨式印表機是以噴嘴向紙張噴墨的方式進行列印的；而雷射印表機則是以電子成像為原理列印的。目前的印表機大多為彩色列

印，速度可達每秒 20 頁以上，最高解析度為 5760DPI 左右。常見的印表機知名品牌有 Lenovo、HP、Canon 和 EPSON 等。

◎ 多功能事務機

集彩色列印、傳真、掃描、影印四項功能於一體的產品，是 SOHO 族和中小企業提高工作效率、節省成本的最佳利器。

多功能事務機的品牌有 Canon、HP、Panasonic 與 EPSON 等等。

31-3-8　無線基地台 / 無線網路卡

無線網路具有安裝方便、線路隱密等優點，目前已經有越來越多的使用者，偏好選用無線網路作為辦公室或家庭上網的環境；如果想架構無線網路系統，則需要一組無線基地台與無線網路卡。

無線基地台　　　USB 無線網路卡　　　PCI-E 無線網卡

◎ 無線基地台

無線基地台也稱為無線 AP，除了有發送無線訊號的天線外，也具備網路線插槽，因此可以同時提供無線與有線的上網服務。目前新型的無線基地台還具有 Dual-WAN（雙外部網路備援機制）、WDS（Wireless Distribution System；無線橋接系統）等功能，且支援多種傳輸協定，包括 IEEE 802.11a/b/g/n/ac/ax 等。

◎ 無線網路卡

目前的無線網路卡主要使用 USB 與 PCI/PCI-E 介面。在電腦上安裝無線網路卡後，即可和無線基地台連接成為區域網路。

不過無線訊號容易受距離和障礙物等的干擾，在架設時要特別注意，電腦與無線基地台最好在同一樓層，並避免太厚的牆壁阻隔，距離也要控制在 50 公尺以內。如果真的有困難，則可考慮使用無線橋接技術（WDS）進行跳板連結。

31-4　內建 APP 程式

Windows 11 內建了眾多的 APP 程式，因此大多數日常應用並不用外求第三方軟體，接下來會簡單的介紹幾款實用的 APP 程式，讓你掌握這些程式可以用在哪些地方，以免浪費了 Windows 11 免費又好用的功能。

◎ 郵件

電子郵件是我們不可或缺的溝通方式，系統內建的「郵件」程式也非常簡單實用，它參考了網頁電子郵箱的特點，同時也有不錯的安全性，無論個人還是企業用戶都可以選擇它作為通訊工具。

▶ 郵件

◎ 行事曆

為了防止遺忘重要的約會，你可能會將事情記錄在本子上，可還是可能錯過某些約會。那麼將事情記錄在工作或日常使用的電腦上吧，到了約會時間它就會彈出訊息提醒你。

以上行事曆的作用，它用準確的時間記錄下約會，並且能提醒你赴約。這對工作與生活來說都是很方便的，比記事本更加可靠。

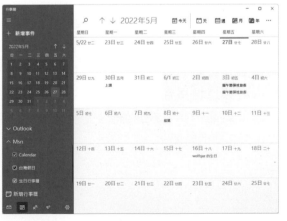

▶ 行事曆

◎ 相片

「相片」程式是內建的圖片瀏覽與管理工具,基本上不具備什麼編輯功能,主要是方便你尋找或觀看圖片。透過這個工具你可以瀏覽網路硬碟、本地磁碟機或是行動裝置上的相片。

▶ 相片

◎ 天氣

氣象訊息與生產、生活息息相關,想要隨時知道全球各地的天氣狀況,那麼「天氣」程式一定不要錯過。它的訊息準確、及時,遠比電視的氣象預報要方便的多。

▶ 天氣

◎ 新聞

除了提供最新新聞,也會根據個人看新聞的習慣以及喜好頻道推播合乎我們興趣的新聞內容,減少許多篩選新聞的時間。

▶ 新聞

◎ 地圖

電子地圖不算新事物，
Google 之前就有類似的服
務。這次微軟將「地圖」
程式內建在系統中，更側
重簡單和實用。除了查看
地理位置外，這個「地圖」
程式最主要的功能就是規
劃路線，提供一些行車建
議。

▶ 地圖

31-5　安裝常用 APP 程式

除了內建的 APP 程式外，Windows「市集」中還有許多好用的程式，其中大部
分是免費的，你隨時可以根據需要選擇並安裝。

☞ 操作：安裝 APP 程式

請進入「市集」，然後進行以下操作：

❶ 單擊想要安裝的 APP 程式。

▶ 選擇程式

❷ 單擊「取得」按鈕，開始安裝程式。

▶ 安裝程式

本章介紹了硬體裝置的採購技巧，以及日常生活、工作中實用的 APP 程式等。在採購前，應結合所在環境進行評估，如果是在賣場眾多的都會地區，建議可時常到賣場走走，加強對目前技術與裝置的相關認知；或者是利用網路資訊來充實自己，同樣也是一條精進的捷徑。

32 常見系統 / 軟硬體故障排解

作業系統在使用過程中，偶爾會有一些小問題出現，其實解決起來並不難，也不太需要判定故障原因。掌握一些通用的解決方法，往往就能起死回生。本章就介紹幾個通用的解決辦法，讓大家可以簡單的修復一些系統故障。

32-1 系統無法啟動怎麼辦？

從作業系統啟動到顯示登入畫面這段時間，系統主要是在載入系統檔案、登錄檔、硬體驅動程式、隨開機啟動的軟體和啟動各種服務，所以故障發生在這一階段，通常是其中的某一個環節出現了問題。

如果故障發生在新增某個硬體之後，那麼請將硬體從主機中拆除，通常這需要更換硬體，很難從設定方面糾正。如果是軟體故障，使用系統修復台的自動修復往往可以奏效；若修復不成功，還可以考慮系統還原或重設系統等。

☞ 操作：自動修復

無法開機時，使用系統修復光碟可進入「進階選項」畫面，或是在 Windows 環境下按下 Win + I 快速鍵，在「系統 > 復原」的「進階啟動」項目上按下「立即重新啟動」按鈕，即可進行自動修復的操作。

❶ 選擇「繼續」選項。

▶ 進入「疑難排解」畫面

❷ 選擇「進階選項」。

▶ 進入「進階選項」畫面

❸ 選擇「啟動修復」選項。

▶ 進入「啟動修復」畫面

啟動修復後，系統就會開始診斷並修復了。

▶ 系統診斷修復中

32-2　系統經常出現藍色當機畫面怎麼辦？

出現藍色當機畫面，是系統不穩定的表現，它通常是由記憶體損壞、驅動程式衝突、硬碟故障、感染病毒等原因導致的。

記憶體

記憶體中的部分晶片出現故障，還能湊合使用，但是記憶體用量較大時，則會立即崩潰，導致系統出現藍色當機畫面，新機最容易碰到這種情況，解決故障只能是找商家更換記憶體。

▶ 記憶體品質差，容易導致故障

驅動程式

如果更新驅動程式以後，系統出現藍色當機故障，原因多半是驅動程式衝突，使用系統還原功能還原系統即可解決問題。

硬碟

硬碟電路或碟片損壞、硬碟溫度過高，也可能會導致藍色當機畫面，不過此種情況發生機率較小。

感染病毒

病毒 / 木馬破壞作業系統後，也容易發生此類故障，解決方法是到「安全模式」下查殺病毒 / 木馬，不過一些「較厲害」的病毒可能無法徹底清除，此時可以考慮還原或重灌系統，若還原或重灌系統後，故障不再出現，則可確定是病毒 / 木馬引起的。這種原因導致出現藍色當機畫面的機率還是比較高的。

32-3　怎麼進入安全模式？

安全模式是不載入第三方驅動程式的最小化系統模式，可以修復許多系統問題，如刪除被鎖定的檔案、掃毒與殺毒、恢復登錄檔等等。實際上有時候系統不太穩定，只要進入安全模式，然後重新啟動電腦也可能就正常了，所以在一發現系統不穩定又不知原因時，進入安全模式再重回正常模式也常能使系統恢復穩定。

☞ 操作 1：進入安全模式一

❶ 在登入畫面上單擊一下。

❷ 按住 Shift 鍵後單擊「電源」按鈕。

❸ 再單擊「重新啟動」按鈕。

▶ 進入開機選擇選項畫面

④ 單擊「疑難排解」。

▶ 進入疑難排解畫面

⑤ 單擊「進階選項」。

▶ 進入進階選項畫面

⑥ 單擊「啟動設定」按鈕。

▶ 進入啟動設定畫面

⑦ 單擊「重新啟動」按鈕。

▶ 重新啟動系統

⑧ 用數字鍵 4~6 或 F4~F6 就可以選用一種安全模式。

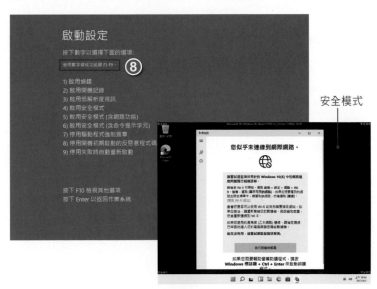

安全模式

▶ 選擇安全模式

📑 操作 2：進入安全模式二

在不登出系統的情形下，也可藉由設定開機選項的方式，讓系統重新啟動時直接進入安全模式。

❶ 按下 Win + R 快速鍵開啟「執行」方塊，輸入指定：msconfig，再按下「確定」按鈕。

❷ 單擊選取「開機」頁籤。

❸ 勾選「安全開機」核取項，並選擇開機方式後，單擊「確定」按鈕。

❹ 單擊「重新啟動」按鈕可立即啟動，否則就先關閉「系統設定」視窗，稍後再重新啟動。

▶ 進入安全模式

使用此方法重新開機進入安全模式後，當想要重新開機進入一般正常模式時，記得必須重複上述過程，但改為取消勾選「安全開機」核取項，即可重新開機進入正常模式。

32-4　Windows 11 升級失敗怎麼辦？

如果 Windows 11 升級失敗，可能是因為自動下載的安裝檔案不完整，除了可參考介紹的安裝方法手動安裝系統外，也可以考慮刪除預設資料夾下的檔案，讓系統重新下載檔案。這裡我們先從系統自動排解更新問題著手，解決不了再手動處理。

操作 1：用更新疑難排解解決問題

更新發生問題最快的解決方法，就是使用「更新」疑難排解功能。

❶ 按下 Win + I 快速鍵，進入「系統 > 疑難排解」設定畫面。

❷ 單擊「其他疑難排解員」。

▶ 進入其他疑難問題排解畫面

❸ 單擊 Windows Update 的「執行」按鈕，讓系統自行排解問題。

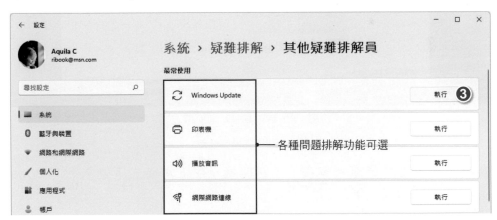

▶ 執行更新問題排解功能

操作 2：刪除下載不完整的升級檔案

更新問題排解不了時，有可能是下載的升級檔案不完整或部份檔案毀損，故可試
著刪除它們後，重新下載更新檔案來解決問題。

① 進入安全模式後，按下 Win + E 快速鍵開啟「檔案總管」視窗。

② 進入「C:\Windows\SoftwareDistribution\Download」資料夾。

③ 按下 Ctrl + A 快速鍵，選取全部檔案。

④ 按下 Del 鍵或單擊「刪除」按鈕，刪除選取的檔案。

⑤ 重新開機，進入正常系統模式。

刪除不完整的檔案

刪除了已下載的更新檔案後，重新開機，在正常模式下進入「Windows
Update」設定畫面，更新系統。

32-5 系統徹底損毀怎麼辦？

可以用重設的方法拯救電腦，重設電腦包括兩個分支，一種是保留個人檔案移除應用程式，另外一種基本上就等於移除所有檔案安裝系統。這兩種方式與手動重新安裝作業系統區別不大，不過操作上要簡單很多。

◎ 保留我的檔案

這種方式會保留檔案，不過之前安裝的應用程式會被全部移除，系統設定也會恢復到預設狀態。適合解決程式衝突或設定錯誤而導致的系統故障，但保留了個人檔案。

👉 操作：重新整理電腦

❶ 按下 Win + I 快速鍵，進入「設定 > 復原」畫面。

❷ 單擊「重設此電腦」項目的「重設 PC」按鈕。

▶ 重設 PC

❸ 選擇使用「保留我的檔案」的方式重設電腦。

❹ 選擇由「本機重新安裝」，等安裝好後再立即更新電腦，可加速安裝進程，同時也避免因網路不穩、或斷線拉長安裝時間而失敗的風險。

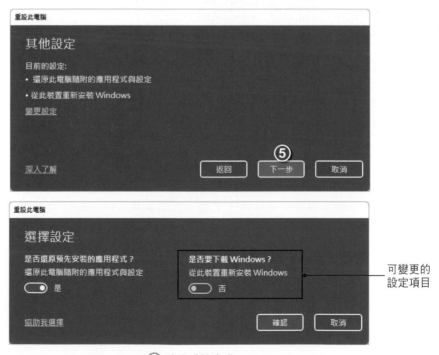

③ 保留我的檔案
移除您的應用程式與設定，但保留您的個人檔案。

移除所有項目
移除您所有的個人檔案、應用程式及設定。

④ 本機重新安裝
從此裝置重新安裝 Windows

▶ 選擇重設方式

❺ 確定重設方式無誤後，按下「下一步」按鈕。也可以按一下「變更設定」，
調整重設方式。

▶ 確定重設方式

可變更的
設定項目

❻ 重設前可按一下「檢視將會移除的應用程式」，確保重設 PC 不會造成工作影響，否則就要取消重設。按下「重設」按鈕即可重設 PC。

重新整理後，桌面會出現一個檔案，用瀏覽器開啟即可看到哪些程式被移除。

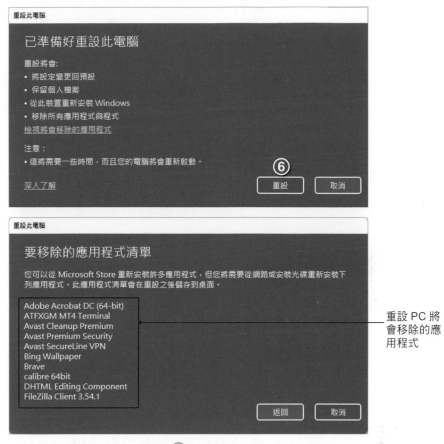

▶ 重設 PC

◎ 移除所有項目

這種方式其實就是重灌作業系統，不過操作被簡化了，方便初學者使用。當系統感染病毒或非常不穩定時可用這種方法修復。

☞ 操作：重灌系統

❶ 執行「重設 PC」功能後，選擇「移除所有項目」選項。

❷ 選擇「本機重新安裝」方式。

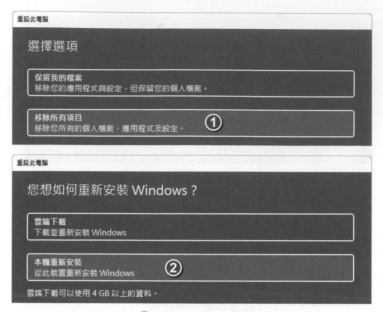

▷ 選擇重設電腦方式

❸ 選擇「變更設定」選項。

❹ 選擇是否要確實清理檔案，以及要清理哪些磁碟機中的檔案等等後，按下「確認」按鈕。

❺ 按下「下一步」按鈕。

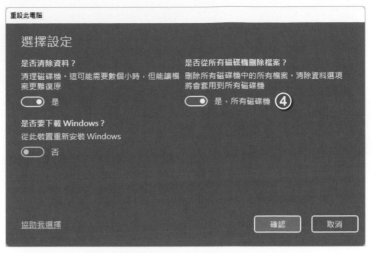

選擇檔案清除方式與要清除的磁碟機

6 確認設定內容無誤後，按下「下一步」。

7 確認重設方式後，按下「重設」按鈕，開始重設電腦。

本章介紹的方法適用於大多數的軟體或系統故障，具有通用性。如果自己無法判定問題所在，不妨嘗試上述的解決方式，也許會有驚喜。

電腦選購、組裝與維護自己來

作　　者：硬角色工作室
企劃編輯：莊吳行世
文字編輯：王雅雯
設計裝幀：張寶莉
發 行 人：廖文良

發 行 所：碁峰資訊股份有限公司
地　　址：台北市南港區三重路 66 號 7 樓之 6
電　　話：(02)2788-2408
傳　　真：(02)8192-4433
網　　站：www.gotop.com.tw
書　　號：ACH024300
版　　次：2022 年 09 月初版
　　　　　2024 年 02 月初版三刷
建議售價：NT$620

國家圖書館出版品預行編目資料

電腦選購、組裝與維護自己來 / 硬角色工作室著. -- 初版. -- 臺
　北市：碁峰資訊, 2022.09
　　面；　公分
　ISBN 978-626-324-258-6(平裝)
　1.CST：電腦硬體　2.CST：電腦維修
471.5　　　　　　　　　　　　　　　　111011393